HISTOIRE NATURELLE

DE LA

FRANCE

3ᵉ PARTIE

OISEAUX

avec 132 figures dans le texte et 27 planches en couleur.

PAR

Émile DEYROLLE

PARIS

EMILE DEYROLLE, NATURALISTE

46, RUE DU BAC, 46

HISTOIRE NATURELLE

DE LA

FRANCE

3ᵉ PARTIE

OISEAUX

HISTOIRE NATURELLE

DE LA

FRANCE

3ᵉ PARTIE

OISEAUX

avec 132 figures dans le texte et 27 planches en couleur.

PAR

Émile DEYROLLE

PARIS

ÉMILE DEYROLLE, NATURALISTE

46, RUE DU BAC, 46

INTRODUCTION

Bien que la France soit le pays qui compte parmi ses illustrations, les naturalistes les plus célèbres, il est resté l'un des plus mal partagés dans la réalisation des ouvrages d'histoire naturelle élémentaire, jusqu'ici il n'existait pas de traité d'escriptif destiné aux débutants et embrassant les trois règnes de la nature ; par nos relations avec les nouveaux amateurs, nous avons été mieux que tout autre à même de comprendre leur desideratum et c'est pour donner satisfaction à leur désir d'avoir entre les mains un ouvrage simple, pratique et accessible à toutes les bourses, que nous avons décidé la publication d'une série de volumes à bon marché qui donneront la description des principales espèces d'animaux, de plantes, de minéraux, de fossiles, etc. Pour leur rédaction, de bienveillants auteurs ont bien voulu nous prêter leur concours sans lequel il nous eut été impossible de mener à bien ce travail, nous tenons à leur en témoigner ici notre très sincère gratitude.

Nous avons voulu que cette histoire naturelle de la France soit un résumé succinct permettant aux plus nouveaux naturalistes de déterminer les spécimens des trois règnes qu'ils peuvent trouver en France, et dans ce volume nous avons dû prêcher d'exemple en suivant notre programme et en restant, autant que possible, clair et surtout concis.

Nous avons donc fait des descriptions réduites à l'indispensable, comptant beaucoup sur les figures pour les rendre plus claires, ces dessins ont été faits tous d'après nature par M. Migneaux, dont le talent et l'exactitude comme naturaliste ne sont plus à faire connaître, il est certainement, comme artiste, le plus précieux auxiliaire que puisse avoir un auteur.

Un grand nombre d'espèces sont représentées de grandeur naturelle, d'autres ont du être réduites du tiers ou de la moitié.

Pour faciliter les comparaisons, nous avons groupé les dessins suivant leur grandeur relative en indiquant la réduction proportionnelle non seulement sur les planches mais encore dans les listes qui les accompagnent.

Nous avons dit quelques mots des mœurs de chaque groupe en insistant plus particulièrement sur leur rôle comme utile et nuisible ; à ce point de vue, il se peut que nous différions d'opinion avec les idées admises, mais ce que nous en disons est le résultat de nombreuses observations faites sur la nature même ; chaque année, il passe dans nos ateliers de préparation, quelques milliers d'oiseaux. Nous avons examiné le contenu du jabot d'un très grand nombre et c'est d'après ce que nous avons vu et constaté que nous en parlons.

Nous aurions pu ne pas restreindre ce travail à 332 espèces en y joignant celles de passage tout à fait accidentel en France, mais ces raretés exceptionnelles pour notre faune ne devaient pas, à notre avis, faire partie de cette nomenclature, nous nous sommes donc borné à énumérer les espèces vraiment françaises. Pour éviter les nomenclatures complexes, nous n'avons pas tenu compte des subdivisions à l'infini qu'on a fait subir dans ces derniers temps aux genres, on trouvera, par exemple, autour, épervier, faucon, émerillon, crécerelle, réunis dans le genre faucon, parce que le but essentiel est de permettre la détermination des espèces et non pas de rendre l'étude difficile en adoptant des divisions et des noms nouveaux.

La mesure que nous donnons pour chaque oiseau s'entend du bout du bec à l'extrémité de la queue, l'animal étant dans la position du repos, les ailes repliées le long du corps ; la forme des becs est très exactement représentée dans les planches, on pourra les comparer avec la nature ; leur examen seul, dans bien des cas, permettra de déterminer l'espèce.

Nous donnons ci-après la nomenclature des diverses parties d'un oiseau pour permettre de suivre les descriptions.

1. Mandibule inférieure.
2. Mandibule supérieure.
3. Front.
4. Dessus de la tête.

5. Nuque.
6. Haut du dos.
7. Bas du dos.
8. Sus-caudales.
9. Queue composée de plumes appelées rectrices.
10. Sous-caudales.
11. Abdomen.
12. Poitrine.

13. Gorge.
14. Tarse.
15. Doigts.
16. Épaules.
17. Pouce.
18. Remiges secondaires.
19. Remiges primaires.
20. Sourcil.
21. Joue.
22. Collier.
23. Moustache.

La queue est dite *étagée* lorsque les rectrices médianes sont plus longues que les suivantes qui diminuent graduellement.

Elle est *droite* lorsque l'ensemble de toutes les rectrices se trouve à peu près sur le même plan, la queue étant demi-étendue.

La queue *fourchue* est celle dont les rectrices externes sont les plus longues, les médianes étant les plus courtes.

Queue etagée

Dans l'aile, les grandes plumes du vol ou *grandes remiges* (**f**) se distinguent aisément de celles qui suivent qui sont les *remiges secondaires* (**e**) ; lorsque l'aile est au repos elle est plus ou moins recouverte par les plumes dites les *couvertures de l'aile* (**d**). La première remige (**g**)

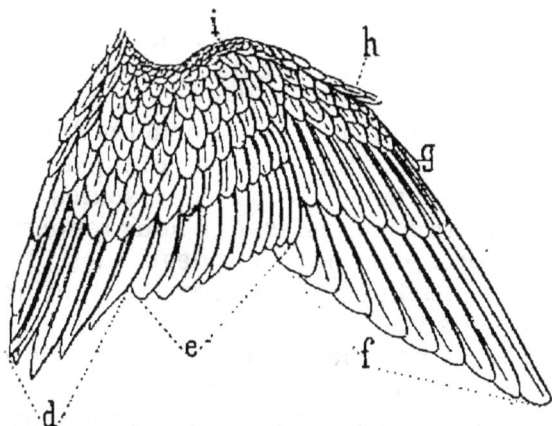

est parfois si réduite qu'elle devient impropre au vol, certains passereaux (hippolais) présentent ce caractère.

Le pouce (**h**) est garni de plumes courtes et raides.

L'épaule (**i**) est couverte de plumes fines et serrées.

Nous donnons plus loin quelques notions élémentaires sur la façon de préparer les oiseaux, pensant ainsi être utile à ceux désireux de conserver les souvenirs de leurs chasses et de leurs excursions ; ce qu'ils voudraient savoir c'est préparer les oiseaux avec toute la justesse dans les attitudes et toute la perfection des taxidermistes passés

maîtres, en cela nous regrettons de ne pouvoir les satis-
faire, ils ne pourront acquérir qu'à la longue l'habileté
de ces préparateurs, si mauvais que soit le début, qu'ils
ne se découragent pas, la persévérance est le corollaire
indispensable à la pratique qui elle seule donne l'habileté.

LE MONTAGE DES OISEAUX

Pour le collectionneur, la série des oiseaux de son pays
est non seulement un grand livre de souvenir qui lui
rappelle ses excursions, ses bonnes fortunes de chasseur,
les amis qui furent ses compagnons, mais encore c'est un
sujet d'étude, un recueil d'observations qui peuvent avoir
un but de réelle utilité surtout au point de vue agricole,
pour peu qu'il prenne soin d'examiner les restes de
nourriture qui se trouvent dans l'œsophage de chaque
sujet, en notant l'époque de l'année et même l'heure de
la journée à laquelle il a capturé chacun des oiseaux qui
composent sa collection, il aura réuni des renseigne-
ments sur leurs mœurs qui peuvent seules montrer les
services, parfois très contestés, que nous rendent certaines
espèces granivores, comme les moineaux, les pinsons, qui
deviennent essentiellement insectivores au printemps, au
moment des couvées.

Sur l'étiquette de chaque oiseau, on inscrit le nom
français adopté et le nom latin ; il est aussi fort utile
d'indiquer la dénomination vulgaire du pays et la date de
la capture, puis l'endroit exact où il aura été pris. Dans
le bas, un numéro d'ordre servira de référence à un
cahier où seront consignés tous les détails qu'on pourra
avoir sur la nourriture, les mœurs, la nidification, etc.

Au bout de quelques années, on sera tout étonné d'avoir
réuni des documents d'un réel intérêt scientifique, que
seront heureux de consulter les savants ornithologistes.

Pour réunir une telle collection scientifique, il suffit de
vouloir, car la préparation et la conservation des oiseaux
est chose facile, nous allons le démontrer.

Avant de se mettre à préparer un oiseau, il faut commencer par enlever toutes les souillures qui pourraient altérer les plumes, taches de boue ou de sang ; avec un tampon de coton imbibé d'eau ou une petite éponge, on lave bien la place salie, on rince jusqu'à ce que les plumes soient bien propres ; pour les sécher on peut, avec un bout d'aile de poule les secouer vivement en tenant l'oiseau par le bec, et en agitant les plumes pour faire évaporer l'eau ; si on veut aller plus vite, on saupoudre l'animal d'argile smectique pulvérisée qui absorbe l'eau, on secoue la poudre d'argile mouillée, et on en remet de la sèche jusqu'à ce que la plume ait repris toute sa fraîcheur.

Il ne faut pas craindre que l'argile smectique altère les plumes, il suffit d'avoir soin de bien agiter jusqu'au fond du duvet pour la faire tomber, et éviter qu'elle y adhère, ce qui arriverait si on la laissait sécher dessus.

L'oiseau bien propre, on introduit dans le bec un tampon d'étoupe ou de coton, pour éviter que le sang ou les matières qui peuvent se trouver dans l'œsophage ne coulent et ne salissent l'animal, puis on passe dans les narines un fil

On coupe la peau sur le sternum.

dont on noue les deux extrémités en le laissant à peu près de la longueur de la tête et du cou réunis.

L'oiseau ainsi préparé, on le place devant soi *Scalpel* sur le dos, la tête à sa gauche et on fend la peau sur le sternum, tout le long de la carène, avec le doigt ou l'extrémité du manche du scalpel (1) on sépare

---

(1) Tous les outils nécessaires pour la préparation des animaux ainsi que les yeux d'émail, les perchoirs, etc., se trouvent dans de bonnes conditions à la maison Émile Deyrolle, naturaliste, 46, rue du Bac, Paris.

doucement la peau de la chair, sans se presser, jusqu'à ce que l'on sente la saillie de l'articulation de l'épaule et celle de la cuisse, on verse largement du plâtre dans l'ouverture ainsi pratiquée, pour absorber le sang et la graisse qui pourraient tacher les plumes.

Cette opération faite d'un côté, on retourne l'oiseau et on la répète sur l'autre partie, toujours avec force plâtre, puis on examine bien soigneusement où est l'articulation de l'épaule, car il s'agit de séparer l'aile du tronc, et on coupe jusqu'à ce que l'on voit l'articulation de l'humérus

On coupe l'aile à l'articulation de l'humérus au corps

avec l'os coracoïde et le bréchet, on sépare ce premier os des autres, puis on coupe les muscles qui peuvent encore attacher l'aile au tronc ; cela demande au début certaines précautions, mais avec un peu de soin et en se servant d'un scalpel coupant bien et de bons ciseaux fins, cela ne présente pas de réelle difficulté ; les deux épaules étant détachées, il faut couper le cou à la base du tronc. Des ciseaux un peu forts suffisent dans les oiseaux de petite ou de moyenne taille pour couper les vertèbres du cou, pour les plus gros il faut se servir de la pince coupante ; avec les ciseaux ou le scalpel on sépare les muscles et les organes qui entourent le cou pour enlever les dernières attaches qui peuvent le relier au tronc.

La partie la plus épineuse du dépouillage est faite lorsqu'on en est là, il ne s'agit plus que d'enlever le corps.

De la main gauche, avec le pouce et l'index, on prend le corps à l'endroit d'où on a détaché les ailes, on soulève

l'oiseau, et de la main droite on fait glisser la peau le
long du dos jusqu'à ce qu'on ait bien dégagé l'articulation
de la cuisse, on sépare à l'articulation celle-ci de la
jambe, qu'on laisse dans la peau comme cela est indiqué,

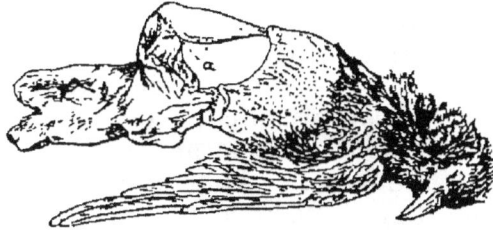

On sépare la cuisse au point **a**

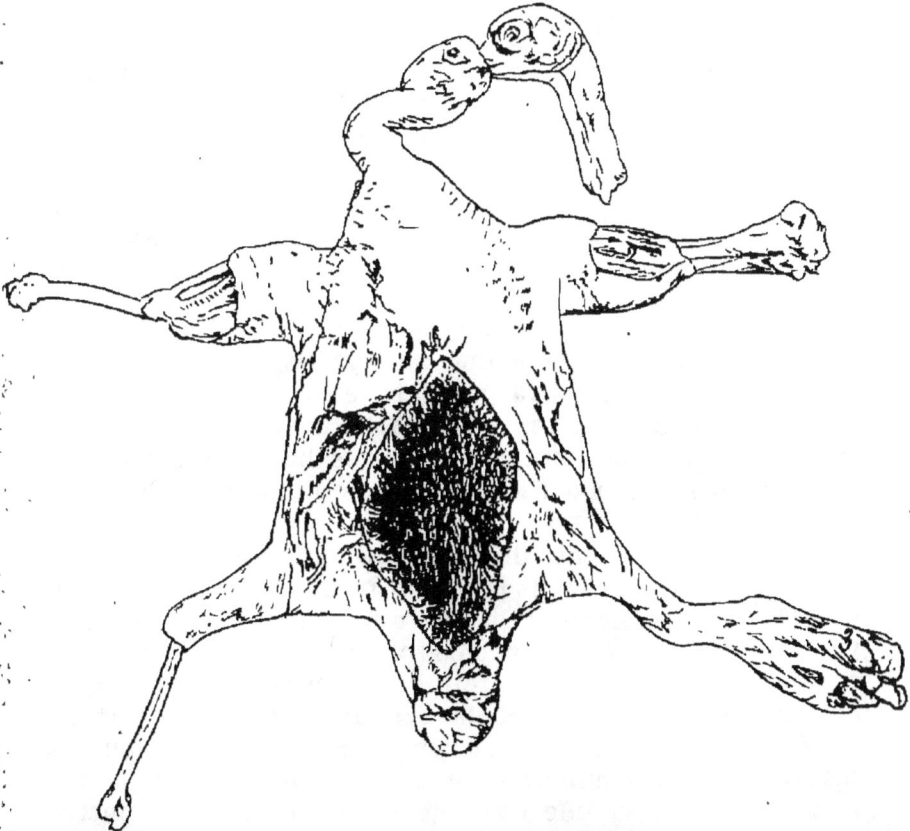

Oiseau dépouille, la peau entièrement retournée la plume se trouve à l'intérieur, les membres à droite sont encore garnis de chair, ceux de gauche sont complétement dépouillés.

on en coupe tous les muscles qui les relient, et on dégage la peau jusqu'à la base du croupion, on sépare la colonne vertébrale au-dessus du renflement que présente cet organe, et le tronc se trouve entièrement séparé.

Pendant toute l'opération il ne faut pas ménager le plâtre, on ne saurait même trop en mettre, c'est le seul moyen d'empêcher le sang de souiller les plumes. Il ne faut pas s'inquiéter de celui qui pourrait rester dans les plumes, il sera toujours facile de le faire tomber en les secouant avec un bout d'aile de poule.

Il nous reste à dépouiller la tête, les ailes, les pattes, et le croupion. Commençons par la tête.

Prenez la partie du cou dépouillée de la main gauche, élevez-le de façon à renverser la peau sur la tête, dégagez doucement les muscles du cou, toujours en tirant la peau par en bas, vous apercevez bientôt la tête, continuez l'opération, toujours en saupoudrant de plâtre, et lorsque vous apercevez le tube de peau qui est le conduit auditif qui pénètre dans le crâne, avec la pince de dissection arrachez-le aussi profondément que possible, de façon à ne pas laisser de trou sur la peau extérieure de la tête ; cela fait à droite et à gauche vous arrivez aux yeux, il faut quelques précautions pour ne pas couper la paupière, en prenant bien soin de tirer sur la peau de façon à étendre autant que possible celle qui est adhérente au globe de l'œil, on la coupe facilement au ras de cet organe, laissant ainsi la paupière entière et intacte, la première incision faite, on voit où il faut couper. On arrête le dépouillage un peu avant la base du bec, car à cet endroit la peau est souvent plus ou moins adhérente au crâne, et on pourrait la déchirer.

On détache le cou du crâne et on coupe même une petite partie de l'occiput pour agrandir le trou et pouvoir retirer plus facilement la cervelle, on enlève les deux yeux, la langue et les muscles reliant les mâchoires, sans cependant les séparer ; la tête bien décharnée, on enduit l'os de savon arsenical largement distribué, surtout dans l'intérieur du crâne et des yeux, à l'articulation des mandibules, aux endroits en un mot où il peut rester quelque peu de viande, ce préservatif empêchant la putréfaction et provoquant la dessication. On bourre ensuite l'intérieur du crâne et les cavités des yeux de coton haché si l'oiseau est petit, d'étoupe coupée si la taille le permet.

On passe au dépouillage des ailes, pour ce qui est autour de l'humérus ça ne présente aucune difficulté, il suffit de détacher la peau pour mettre à nu les muscles qu'il faut enlever; à partir du coude, les grandes plumes adhérant plus ou moins au cubitus, il ne faut pas essayer de détacher la peau, on la déchirerait, on ne peut que la faire glisser du côté du radius pour voir les muscles qui sont autour de ces deux os, on en enlève le plus possible, soit à l'aide de ciseaux droits ou courbes, soit avec la pince à dissection ou le scapel, tous

Ciseaux courbes

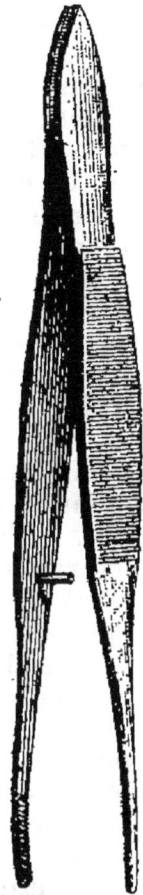

Pince à dissection

les moyens sont bons pour arriver au résultat et on fait comme l'on peut suivant la taille et la construction de l'animal auquel on a affaire.

Une recommandation importante : ne séparez pas l'humérus du radius et du cubitus, laissez plutôt plus que

moins des tendons qui les relient entre eux, sans quoi ça
vous gênera beaucoup pour le montage.

Les deux ailes dépouillées, toujours avec le plâtre en
poudre, vous saupoudrez la peau intérieure pour éviter
les taches de graisse et vous laissez votre oiseau retourné.
Vous continuez l'opération pour les cuisses : vous procédez
de même façon que pour la tête et les ailes; prenant la
tête du tibia de la main gauche, de la main droite vous
faites glisser la peau jusqu'au bout, pas trop cependant,
car parfois les plumes sont insérées jusque dans les
muscles; il est donc important de s'arrêter a temps car
il vaut mieux laisser un peu de viande que de déchirer la
peau, on coupe tout ce qu'il est possible d'enlever.

Pour le croupion le dépouillage se borne à enlever les
glandes uropygiales qui sont sur le dessus et de gratter
le peu de chair qui peut exister à la base des plumes, puis
on imprègne le tout d'une bonne couche de savon arsenical.

Si l'animal est très gras et que la peau présente des
pelotes de graisse, vous grattez au scalpel pour les
enlever, de même que les parties de chair qui pourraient
y adhérer encore.

Ainsi dépouillé, votre oiseau est complètement retourné,
les plumes en dedans et la peau en dehors. Vous tirez la
queue, les pattes, les ailes, pour remettre tout en place,
vous retournez également le cou et la tête, en vous
servant du fil passé dans le bec pour faire revenir la tête
en place, vous secouez votre oiseau pour faire tomber
l'excès de plâtre et remettre les plumes en bonne situation.

La première fois qu'on essaye de dépouiller un oiseau
on ne va pas vite et on commet bien quelques trous dans
la peau, surtout si on fait ce premier essai avec un sujet
gras, dont la peau est toujours fine et facilement déchi-
rable ; n'essayez pas alors de poursuivre l'opération du
montage, vous aurez mille peines et n'obtiendrez pas un
bon résultat. Pour remettre en état un oiseau mal dépouillé,
il faut une main très habile et ayant l'expérience de ce
travail, abandonnez votre sujet et recommencez avec un
autre, vous économiserez du temps et ne soumettrez pas
votre patience à une épreuve trop pénible.

L'oiseau bien dépouillé, bien retourné, secoué, lissé et
posé à plat sur le dos dans la position où il était lorsque
vous avez commencé, vous choisissez une carcasse en fil

de fer proportionnée à sa taille, nous en donnons plus loin le résumé, les ailes étendues, les pattes écartées, le cou, la tête et la queue placés en position, vous disposez dessus la carcasse comme vous devez la mettre dans l'intérieur, pour bien vous rendre compte des distances où doivent arriver les fils de fer.

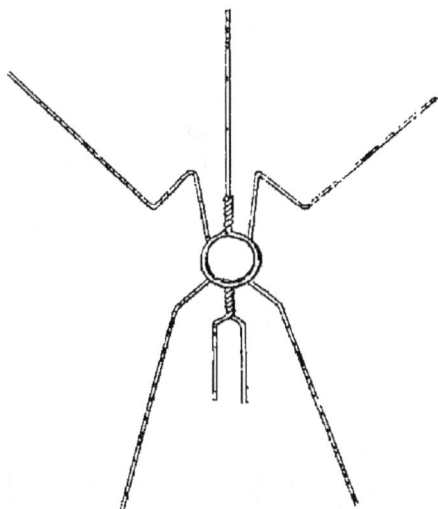

Carcasse préparée, en haut au centre la tige pour la tête, à droite et à gauche les fils de fer destinés aux ailes, en bas la fourche pour la queue et de chaque côté les fils de fer pour les pattes.

Pour la tête, vous tournez autour du fil de fer qui doit supporter le cou, du coton ou de la filasse, qui donne le diamètre voulu du cou, puis vous enfilez le dit mandrin dans le cou après l'avoir enduit de savon arsenical, en laissant dépasser du bec tout ce que le fil de fer a de trop long.

Pour les pattes, tirez l'os pour introduire tout près de l'articulation la pointe de votre fil de fer et le faire passer sous le derrière du tasse, en le faisant sortir sous la plante du pied dans la partie charnue la plus épaisse, vous mettez l'anneau un peu sur le côté et refermez la chair enlevée de la jambe en tournant autour de l'os et du fil de fer du coton ou de l'étoupe, représentant comme forme et volume ce que vous avez retiré en dépouillant, vous enduisez ce mannequin de savon arsenical et, tirant la patte, vous remettez la peau en place ; si besoin est, vous faites décrire un angle au fil de fer comme il est indiqué à la figure ci-dessus.

Pour les ailes, l'opération est différente, suivant que vous voulez monter le sujet au repos les ailes repliées, ou au vol, dans une position animée, les ailes étendues ou plus ou moins détachées du corps ; nous allons donc examiner les deux systèmes.

Pour le montage d'un oiseau au repos, il n'est pas indispensable de mettre du fil de fer dans les ailes si la taille ne dépasse pas celle du merle ; sur l'humérus on reforme en étoupe ou coton tourné autour de l'os la forme qu'avait cette partie avant le dépouillage ; sur le radius, vers son milieu, on attache un fil qu'à l'aide d'une aiguille on fait passer à travers la bourre qui entoure l'humérus, et près de la tête de ce dernier, puis on replie l'aile dans la position du repos en tirant sur le fil. On comprend que l'attache sur le radius doit être faite de telle façon qu'elle ne glisse pas, et pour cela il est bon de cirer préalablement le fil pour que le nœud ne bouge pas de place ; avant de replier, on aura soin de bien enduire toute la peau interne de savon arsenical.

Les deux ailes ainsi préparées, on attache les deux bouts des fils en laissant entre les deux têtes d'humérus la distance qu'elles avaient sur l'animal, ce qui est facile à observer, en examinant le corps qu'on en a retiré. Il est fort important, pour la bonne tournure de l'oiseau, que l'humérus ait bien, par rapport à l'extrémité de l'aile et au corps la direction qu'il avait, il faut y regarder à deux fois pour bien observer la distance qu'il faut laisser entre le radius et l'humérus d'une part, et entre les deux radius quand on les réunit, d'autre part.

Pour la position du vol, il faut passer un fil de fer dans les ailes, on étend l'aile de façon à mettre les os sur la même ligne droite, on passe le fil de fer le long de l'humérus puis le long du radius et du cubitus entre les deux os, on le fait pénétrer bien au centre de l'articulation et on le tourne par l'anneau pour l'aider à traverser, après son passage on le fait suivre entre l'os et la peau le plus loin possible, dans tous les cas de telle façon qu'il tienne bien l'aile entièrement ouverte lorsqu'il est droit ; ça demande parfois quelques tâtonnements ; si la pointe du fil de fer venait à s'émousser ou prendre une mauvaise direction, il ne faudrait pas hésiter à le retirer, refaire la pointe à la lime pour recommencer.

*

Si le fil de fer est trop long, on le laisse dépasser en dehors, cette extrémité sera ensuite coupée soigneusement après le montage, le long de l'os et ne paraîtra pas, se trouvant recouvert par les plumes.

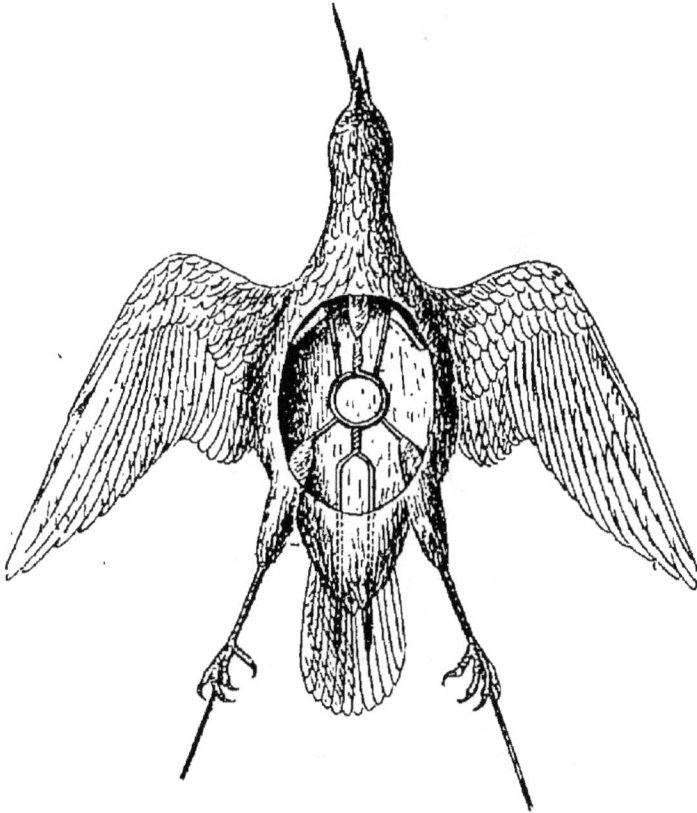

Au centre du corps de l'oiseau tous les anneaux se trouveront superposés les uns aux autres.

Au centre du corps de l'oiseau, il y aura donc l'anneau de la tête, celui de la queue, les deux des ailes si elles doivent être étendues et ceux des pattes, soit 4 ou 6 anneaux, suivant la posture que doit occuper l'animal ; si les ailes n'en ont pas, tous ces anneaux devront se trouver au-dessus du fil attachant les ailes.

A la base de l'anneau de la tête, on attachera solidement un fil ciré, deux autres fils y seront fixés sur la circonférence, la divisant ainsi à peu près en trois parties

égales, les extrémités internes de ces trois fils seront
passées dans tous les anneaux qui seront placés dans
l'ordre que nous avons indiqué (la tête, la queue, les ailes,
les pattes), puis on liera fortement chaque fil avec son
extrémité correspondante, de telle sorte que tous les
anneaux se placent à peu de chose près les uns sur les
autres ; après un premier lien, il est bon de repasser à

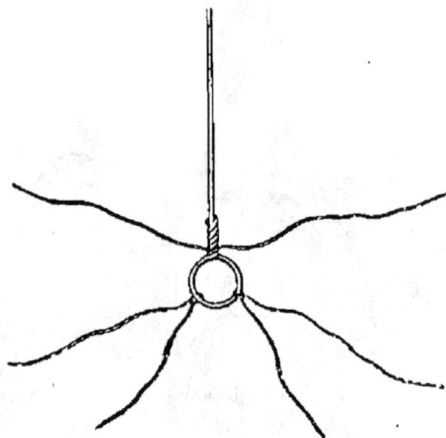

*L'anneau qui supportera la tête aura trois attaches
avec lesquelles on fixera les autres anneaux.*

nouveau les fils sous l'anneau pour faire un second nœud
au-dessus et donner plus de solidité à cette attache qui
a besoin d'être absolument fixe. C'est l'âme de notre
monture ; si un anneau bouge, il est indispensable
d'ajouter de nouveaux nœuds jusqu'à ce qu'on ait obtenu
une fixité parfaite.

Voilà notre animal tout préparé. Avant de le bourrer,
on examine si tout est bien en place, si les pattes ne sont
pas trop courtes ou trop longues, si le cou est bien
proportionné, car il est encore temps de corriger quelque
peu si besoin est en tirant ou en refoulant.

On procède alors au bourrage, mais avant on badigeonne
tout l'intérieur de l'animal de savon arsenical, puis on
commence par mettre en-dessous de l'anneau central du
coton haché ou de la filasse coupée et ce en quantité
suffisante pour former le dos de l'oiseau, c'est souvent
parce que le dos n'est pas assez bourré que les oiseaux
montés par des novices ont mauvaise tournure ; on bourre

ensuite le côté des ailes puis celui des pattes, on forme de même la poitrine, le ventre. C'est avec une presserelle qu'on introduit la bourre de la main droite, tandis qu'avec la gauche on soutient la peau et en pressant on juge de la quantité de bourre placée et de sa suffisance ; nous ne pouvons donner des indications précises sur la quantité à mettre, c'est affaire d'appréciation, il s'agit de remplacer ce qu'on a retiré ; on s'aidera en comparant avec la nature ; si on en mettait tant que la peau peut en contenir, certainement il y aurait trop ; il s'agit de savoir s'arrêter à temps.

Pour fermer l'ouverture pratiquée au ventre, on recoud la peau à points croisés avec un fil laissé lâche d'abord, et qu'on serre ensuite peu à peu à l'aide de la presserelle en rapprochant de droite à gauche les bords de la peau avec la main gauche. Tout en cousant, si on s'aperçoit de défectuosité dans le bourrage, on rectifie en ajoutant ou en retirant, suivant le besoin ; le dernier point fait, on noue le fil et il ne reste plus qu'à percher l'animal, c'est-à-dire à lui donner la position naturelle voulue.

C'est là qu'est tout le talent du préparateur, celui qui a bien observé l'attitude et les mouvements de l'espèce d'oiseau qu'il prépare, fera un bon montage, si, au contraire, vous n'avez pas bien vu si cet oiseau marche les pattes écartées ou rapprochées, si la jambe est cachée ou complètement découverte, si l'aile est relevée à l'épaule avec l'extrémité au-dessus de la queue ou pendante sur le côté ou en dessous, si vous ne savez pas la position de la queue, du cou, de la tête, etc , vous ne ferez qu'un bien piètre montage. C'est assez dire qu'on ne saurait trop étudier les postures des oiseaux, si on veut arriver à leur donner une bonne tournure naturelle.

Suivant que l'oiseau marche ou perche, on le place sur une planche à plat ou sur un perchoir tourné ; nous

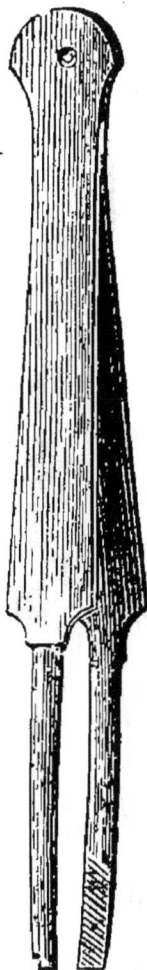

Pince bruceile

n'avons pas besoin de dire que le support doit être proportionné à la taille de l'animal ; avec une vrille on perce
deux trous pour passer les fils de fer des pattes, qu'on
replie en dessous.

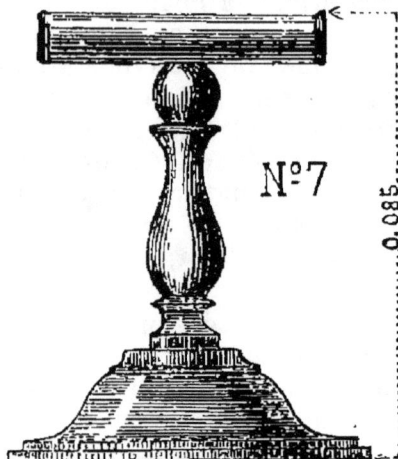

Pied d'oiseau percheur

N° 7

0.085

Avant de percher son oiseau, il faut donner
aux pattes une position voisine de celle
qu'elles doivent avoir définitivement, puis on
passe les deux fils de fer dans les trous du
support et on dispose les pattes dessus, on
redresse le corps en ajustant les ailes, la
queue, le cou et la tête ; le tout étant supporté
par des fils de fer, il est aisé de leur donner
la tournure désirée. Lorsque chaque partie
est bien en place, on ajuste les couvertures
des ailes avec une pince fine, on retrousse
les touffes de plumes et on les rabat dans
la situation voulue, on lisse les plumes, si

Presserelle
fine

l'oiseau est au repos on arrête les ailes avec un fil de fer
passé en travers du corps et relié par un fil qui passe à
l'extérieur sur le dos, puis on s'occupe de la tête.

Pour placer les yeux on écarte les paupières avec une
pince fine, on introduit dans l'orbite, par petites parties,
une quantité de mastic suffisante pour tenir l'œil, environ
une fois et demie le volume de ce dernier, on coupe avec
la pince *ad hoc* le fil de fer qui lie les yeux artificiels
ensemble et on les place chacun dans l'orbite de l'animal

on glisse une épingle sous la paupière pour la ramener partout au-dessus de l'œil, et on dispose ensuite la peau du tour de façon que la paupière soit bien en place; ici non plus nous ne pouvons donner des explications suffisantes pour permettre à nos lecteurs de bien faire en suivant nos conseils; il faut, avant de dépouiller l'oiseau bien voir la disposition qu'on devra donner à la face; il n'y a rien à inventer, il suffit de copier la nature pour l'imiter aussi servilement que possible, chaque oiseau a une physionomie particulière, et chaque mouvement différent se traduit par une modification dans l'œil et la disposition des plumes.

Dans certains rapaces, dans les aigles surtout, il y a au-dessus de l'œil un petit os qu'on appelle l'arcade sourcilière, il recouvre l'organe comme un sourcil très saillant; il faut avoir soin de le conserver après le crâne au moment du dépouillage, sans quoi il faut le remplacer par un petit morceau de carton.

On coupe le fil de fer qui dépasse le bec, puis on le replie de façon à le faire entrer à la base de la mandibule supérieure; à l'inférieure on pique une épingle qu'on arrête

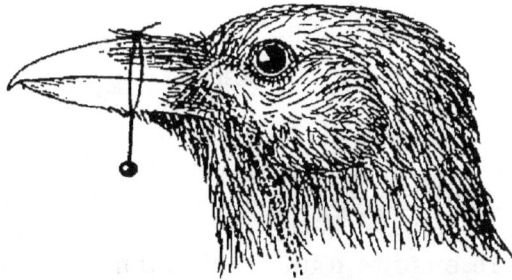

On coupe le fil de fer qui dépasse du bec et on le replie dans le crâne suivant la ligne pointillée.

bien, puis on y fixe un fil qu'on lie au-dessus de façon à empêcher les mandibules de se déranger pendant la dissecation; si le bec doit rester ouvert, on met entre les deux mandibules un morceau de liége qui donne juste l'écartement voulu et on les fixe toujours de la même façon par une épingle reliant les deux mandibules en traversant le liége.

Votre oiseau doit être terminé, si, par suite de fausse manœuvre ou d'accident quelconque il se trouvait que des plumes ne veulent pas reprendre leur place ou aient besoin d'être contenues, on fixe dans l'oiseau quelques longues épingles et on passe sur les plumes des fils que l'on serre plus ou moins en les maintenant sur les épingles, quand l'oiseau est bien sec, c'est-à-dire après deux ou trois semaines environ, on enlève les épingles et on coupe le fil avec des ciseaux en ménageant bien les plumes.

Ficelage d'un oiseau

Les oiseaux qui ont les pattes colorées de même que le bec, ont souvent besoin d'avoir ces teintes rehaussées par un peu de couleur ; on se sert de peinture à l'huile qu'on recouvre ensuite d'un vernis blanc très léger (1).

En suivant ces conseils, vous arriverez certainement, cher lecteur, à préparer des oiseaux de façon à les conserver, si vous voulez atteindre la perfection des taxidermistes habiles, il vous suffira de persévérer, d'étudier, et si vous avez le tempérament quelque peu artiste, vous arriverez... mais pas du premier coup à très bien faire ; il faut forger longtemps pour devenir bon forgeron.

_____

(1) Tous les instruments pour la préparation des animaux, les yeux d'émail, les perchoirs, etc., peuvent être obtenus dans de bonnes conditions d'exécution et de prix, à la maison Émile Deyrolle, naturaliste, 46, rue du Bac, à Paris.

PRÉPARATION DES ŒUFS

La préparation des œufs est chose fort simple, il suffit de les percer d'un petit trou à chaque extrémité, de façon à en extraire le contenu.

Pour faire ce petit trou, on se sert d'un petit instrument en acier qu'on roule entre les doigts en appliquant la

pointe à l'endroit où on veut opérer l'ouverture ; on la proportionne à la taille de l'œuf, et juste suffisante pour y

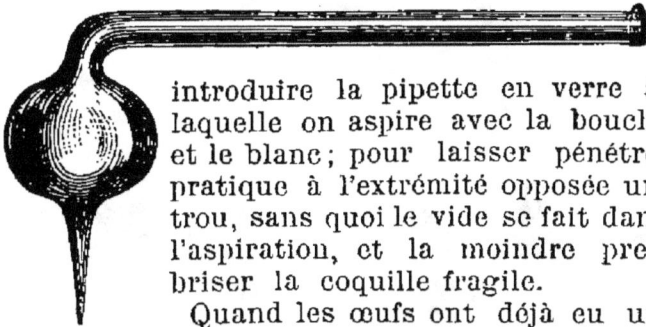

introduire la pipette en verre à l'aide de laquelle on aspire avec la bouche le jaune et le blanc ; pour laisser pénétrer l'air on pratique à l'extrémité opposée un tout petit trou, sans quoi le vide se fait dans l'œuf par l'aspiration, et la moindre pression peut briser la coquille fragile.

Quand les œufs ont déjà eu un commencement d'incubation, on est obligé de pratiquer un trou de taille proportionnée à l'embryon qu'il s'agit d'en extraire, les ciseaux à pointe fine doivent être employés pour cette opération délicate ; l'œuf vidé, on remet le morceau de la coquille enlevé et on le soutient avec une pièce de papier transparent, le collodion gommé que vendent les pharmaciens pour appliquer sur les plaies fait un très bon office pour réparer les œufs.

Les collections de coquilles d'œufs doivent être conservées dans de petites cuvettes en carton avec porte-étiquette comme on le fait pour les minéraux, les appliquer contre des carrés de carton, ou les enfiler en chapelet, c'est les vouer à une prompte destruction.

TABLEAU SYNOPTIQUE DES FAMILLES

Patte présentant trois doigts dirigés en avant et un seul en arrière (fig. 1) .... **A.**

Patte ayant deux doigts dirigés en avant et deux en arrière *(Pic, Torcol, Coucou)* (fig. 2). **Grimpeurs.**

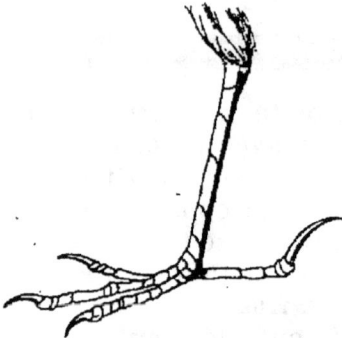 

fig. 1   fig. 2

Patte ayant trois doigts dirigés en avant mais pas de pouce en arrière, le doigt postérieur manquant doigts et ongles courts *(Outarde)* .... **Coureurs.**

A. Les doigts réunis par une membrane qui sert à la natation, ailes bien développées *(Canards, Cygnes, Mouettes)* (fig. 3)..................... **Palmipèdes.**

fig. 3

Les doigts réunis par une membrane ou élargis par une membrane festonnée qui occupe les bords, ailes petites, étroites, pointues *(Grèbes, Plongeons, Macareux)* .... **Plongeurs.**

A. Les doigts externes réunis à leur base (fig. 4) **Martins pêcheurs**

Patte de martin-pêcheur.

fig. 4

Tous les doigts libres......................... *a*.

a. Tarses forts, doigts puissants armés d'ongles
crochus et rétractiles, bec crochu, fort, (*aigles,
vautours, chouettes*) (fig. 5 et 6)............... **Rapaces.**

fig. 5

fig. 6

Tarses grêles, ongles peu ou point rétractiles,
bec variant de forme, mais jamais crochu
comme chez les rapaces .... *b.*

b. Tarses très longs, grêles et minces, ongles longs
effilés, bec le plus souvent long et mince, pouce
variable (*cigogne, heron, becasse*) (fig. 7)...... **Echassiers.**

fig. 7, *Cigogne*

Tarses moyens, bec se rétrécissant vers l'extrémité qui est pointue (*Corbeau, Moineau, Fau-
vette*) (fig. 8)................ .... **Passereaux.**

. fig. 8

Tarses moyens plutôt courts et assez robustes,
présentant parfois un ergot ou éperon chez les
mâles, bec large à l'extrémité, la mandibule
supérieure recouvrant entièrement l'inférieure
et ayant l'extrémité interne excavée en forme
de cuillère (*Perdrix, Pigeons*)................ **Gallinacés.**

FAMILLE DES RAPACES

Pointe des ongles acérée...................... **A.**
Pointe des ongles émoussée.. .... **B.**
A. Yeux placés latéralement...................... *a.*
Yeux placés de face (fig. 9).................... **Chouettes.**

fig. 9

a. Bec presque droit à la base, courbe à partir du tiers antérieur, queue arrondie (fig. 40)...... **Aigles.**
Bec se recourbant dès la base (fig. 11).......... **1.**

fig. 10   fig. 11

1. Ailes très longues pointues, dépassant la queue. **Balbuzards.**
Ailes ne dépassant pas la queue................ *a.*
a. Bord de la mandibule supérieure droit....... ... **Circaëtes.**
Bord de la mandibule supérieure festonné....... *β.*

fig. 12   fig. 13

Bord de la mandibule supérieure présentant une ou deux dents (fig. 13) .... *γ.*

β Queue longue, échancrée, les plumes latérales
     étant plus longues que les médianes .... **Milan.**

.   Queue non échancrée......................... δ.

9. Tarses et ongles courts...................... **Buses.**

    Tarses et ongles longs et grêles .... **Buzards.**

γ. Les plumes du ventre rayées transversalement.. **Eperviers.**

    Les plumes du ventre marquées de tâches arron-
      dies ou longitudinales........... .... **Faucons.**

B. Tête et cou nus, ou en partie garnis de plumes
      duveteuses.................................. **Vautours.**

    Tête et cou en partie dénudés, garnis à certaines
      places de plumes de même contexture que
      celles du corps .... **Percnoptère.**

    Tête et cou garnis de plumes longues effilées, la
      mandibule inférieure avec une touffe de
      plumes raides simulant un pinceau de crin ... **Gypaëte.**

FAMILLE DES RAPACES

Les rapaces comprennent les vautours, les aigles, les
buses, les chouettes, tous oiseaux se nourrissant exclusivement de matières animales et surtout de la chair
des animaux.

Ce sont des oiseaux de grande taille pour la plupart,
quelques-uns même, comme les vautours, les aigles,
peuvent être classés parmi les plus grands spécimens
des oiseaux vivants, c'est à peine si quelques espèces
exotiques les surpassent en dimension.

Tout dans leur organisation indique le rôle qu'ils
sont appelés à jouer dans la nature, leurs ailes sont
considérables, ils ont le bec très fort terminé en croc
acéré, les pattes sont robustes et armées de griffes
crochues bien faites pour saisir une proie agile, mais
qu'ils sont assurés d'atteindre grace à leur vol puissant
et de maîtriser avec des armes aussi redoutables que
le sont leur bec et leurs ongles.

Ils ont été divisés en deux groupes bien distincts, les

rapaces diurnes et les rapaces nocturnes qui comprennent les chouettes, tous les autres faisant partie de la première division.

LES VAUTOURS

Les vautours sont de grands oiseaux facilement reconnaissables à leur cou et leur tête à peu près nus, car ces parties ne sont recouvertes que de plumes courtes et duveteuses.

On a raconté sur leurs mœurs et leur voracité bien des histoires invraisemblables; ils vivent plus volontiers d'animaux morts, d'ordures animales de toutes sortes, les grandes espèces recherchent les moutons, les chèvres qui périssent parmi les troupeaux et que les bergers abandonnent; poussés par la faim ils attaquent même les animaux vivants et choisissent de préférence les faibles, les malades; les petites espèces comme les percnoptères fréquentent les abords des abattoirs, les équarrissages et se repaissent de toutes les immondices qui sont jetées, même des excréments humains; dans certaines villes d'Algérie, Constantine par exemple, on les voit tout le jour voletant autour des endroits où ils savent trouver des débris de viande, des restes de boucherie ou de tannerie; lorsqu'on ne les tourmente pas ils deviennent volontiers familiers et ne partent que lorsqu'on est tout près d'eux.

Les ongles des vautours sont proportionnellement assez courts et comme ils se posent volontiers par terre l'extrémité est usée et arrondie, ils ne peuvent donc pas emporter de lourdes proies dans les airs comme les aigles et les faucons, aussi pour nourrir leurs petits ils ne leur apportent pas des proies comme le font les autres rapaces mais ils leur dégorgent la nourriture qu'ils ont amassée dans leur jabot.

Ils font leur nid dans les trous des rochers, jamais sur les arbres, pondent un petit nombre d'œufs, un ou deux seulement, et ne font qu'une nichée chaque année; ils mettent toujours une certaine hésitation à abandonner leur nid pendant le temps d'incubation et lorsque les jeunes sont trop faibles pour prendre leur essor, mais ils ne combattent pas pour défendre leur progéniture comme on l'a raconté, lorsque le danger leur semble imminent ils déguerpissent au plus vite et ne reviennent que longtemps après en tournant autour de leur trou pour s'assurer qu'ils n'ont plus rien à craindre.

Vautour fauve — *Vultur fulvus* (Briss.)

Taille 1 m. 20, corps brun fauve, le ventre plus

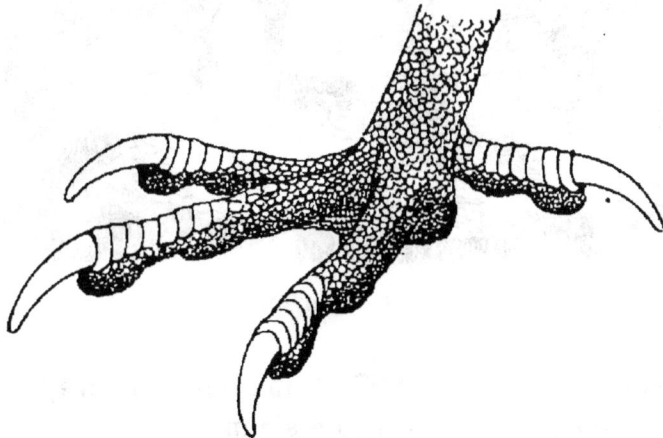

Patte de vautour fauve

foncé, les grandes couvertures des ailes de même couleur et bordées de gris fauve, les grandes pennes des ailes et de la queue brun roux, la tête couverte d'un duvet blanchâtre, très fin, de même que le cou, à la base duquel est une collerette de plumes de même couleur que le dos chez les jeunes et qui devient blanc pur chez les vieux. Cire du bec et pattes gris bleuâtre, iris brun.

Vautour fauve

Œuf de 0,095 sur 0,07, d'un blanc grisâtre, quelquefois avec des taches terre de sienne.

Sa vraie patrie est l'Algérie où il est très commun, mais on le rencontre assez souvent dans le midi de la France pour que nous ayons dû le signaler.

Vautour moine — *Vultur monachus* (Linn.)

Taille 1 m. 25, entièrement d'un brun foncé presque
noirâtre, les parties de la tête et du cou qui ne sont pas
recouvertes d'un duvet serré, et laissent la peau à nu,
sont d'un bleuâtre assez sale, de même que la cire du bec.

Vautour moine

Niche dans les Pyrénées, où il arrive en avril pour
partir en octobre, on le rencontre aussi parfois en
Provence et dans les Alpes méridionales.

Œufs de 0,096 sur 0,06, d'un blanc sale, marqués
surtout au gros bout de taches brunes terre de sienne.

Percnoptère — *Vultur percnopterus* (Linn.)

Taille 0,70, plumage d'un blanc jaunâtre uniforme, sauf les grandes plumes des ailes qui sont noires, tête et dessous du cou nus d'un jaune orangé, avec une collerette de plumes longues et effilées ; bec et ongles brun foncé, cire et pattes jaunes, iris brun.

Percnoptère jeune et adulte.

Les jeunes sont presque entièrement d'un brun foncé, à mesure qu'ils avancent en âge le plumage se parsème de plumes blanches.

Œuf, 0,07 sur 0,04, d'un blanc jaunâtre entièrement maculé de tâches brunes.

Il est très commun en Algérie et vit aussi, dans les parties montagneuses de la France, les Pyrénées, les Alpes, les Cévennes surtout.

LE GYPAÈTE

Vivant toujours dans les endroits inaccessibles des montagnes, cet oiseau n'a pas été facile à observer,

Gypaète.

aussi a-t-on raconté sur son compte les histoires les plus fantastiques, on l'a accusé d'enlever des agneaux, des chevreaux, voire même des enfants, ses pattes courtes, assez grêles, ses ongles émoussés comme ceux des vautours ne lui permettent pas de commettre ces forfaits ; la vérité est qu'il se nourrit de charogne, qu'il préfère les os, qu'il digère avec beaucoup de facilité ; lorsqu'ils sont trop gros il les laisse tomber de très haut sur un rocher afin de les casser et les avale ensuite ; autour des aires qui ont pu être visitées on a trouvé souvent une certaine quantité d'écailles de tortues, il est donc évident qu'il s'en nourrit ; il est probable que pour les dévorer il les laisse tomber comme les os, de très haut, afin de les briser.

Son aire, placée dans un trou de rocher, est construite de buchettes recouvertes de brindilles de bois plus petites ; au centre, il amasse des débris de peaux, de poils, des crins et pond un œuf quelquefois deux.

Cet oiseau ne paraît pas redouter la présence de l'homme, lorsqu'il vole il ne se dérange pas volontiers de sa route et passe ainsi parfois à portée du chasseur, aussi a-t-il été tué en grand nombre au point de devenir rare et même très rare dans nos contrées.

Gypaète barbu — *Gypaetus barbatus* (Linné)

Taille 1 m. 50, le Gypaète est le plus grand oiseau qui vive sauvage en France, le dessus du corps est noir avec des tâches médianes blanchâtres au milieu des plumes des épaules, les grandes plumes des ailes et de la queue sont brunes, avec les tiges blanches ; tout le devant du corps est d'un jaune rouille, plus ou moins foncé suivant l'âge de l'animal, les jeunes sont même tout bruns ; le bec est brun il en part une bande noire qui traverse l'œil pour se recourber derrière la tête.

Une barbiche noire se trouve à la mandibule inférieure ; l'œil a l'iris blanc et on voit la scleroptique qui
est d'un rouge vermillon. Les pattes sont gris bleu.

Le gypaëte habite les hautes montagnes des Alpes
et des Pyrénées.

Œuf de 0,09 sur 0,08, d'un blanc sale ou roussâtre
parfois avec des macules plus foncées.

LES AIGLES

Les aigles sont de grands oiseaux dont tout le corps
est couvert de plumes, leur plumage est sombre, leurs
ailes longues, la queue large, leur tête a un caractère
de férocité que certains auteurs ont pris pour une
allure noble, il est évident pour les naturalistes que
l'œil de l'aigle assez enfoncé et abrité par une arcade
sourcillière très proéminente a un air féroce et sévère,
tous sont du reste des carnassiers émérites, chassant leur
proie et préférant les animaux vivants aux charognes
qu'ils ne dédaignent cependant pas ; certaines espèces
comme le pygargue se nourrissent aussi de poisson,
l'aigle pêcheur appelé aussi balbuzard fluviatile fréquente constamment les bords des eaux et fait volontiers
la chasse aux poissons qui flanent à fleur d'eau comme
les brochets, les carpes, les truites ; tous ces oiseaux
ont les pattes robustes terminées par des ongles longs,
recourbés et acérés, bien faits pour enlever des proies ;
aussi partout où ils sont fréquents sont-ils très
redoutés des bergers et des cultivateurs, c'est à leur
compte que doivent être reportés tous les méfaits dont
on a accusé les vautours et les gypaëtes, car eux seuls
sont organisés pour saisir des chèvres, des agneaux
voire même des enfants, et les emporter pour les

dévorer ; heureusement ces dangereux voisins sont
devenus rares, il n'est guère parmi les grandes espèces
que le pygargue que l'on rencontre, encore n'est-ce
pas fréquent, et les sujets qui s'égarent dans le centre
de la France sont-ils des jeunes, qui sont plus ou
moins déroutés dans le sens propre du mot.

Les aigles vivent isolés ou par couples, ils construisent leur nid ou aire le plus souvent à la cime des
arbres, parfois sur un rocher escarpé ; c'est une construction énorme qui atteint 2 mètres de diamètre et
est composée de branches assez grosses d'abord, puis
de brindilles, le centre est tapissé de substances plus
molles ; la ponte est souvent d'un œuf quelquefois
deux, la femelle couve seule.

Aigle Impérial — *Aquila imperialis* (Bechs.)

Aigle impérial

Taille 0,85 à 1 m., brun noirâtre, l'abdomen plus clair et plus roussâtre, le sommet de la tête et le derrière du cou d'un brun gris assez clair, ailes et queue noires, cette dernière avec des bandes irrégulières grises. Ce qui caractérise tout particulièrement cette espèce ce sont les deux grandes taches blanches dessus les ailes qui n'existent que chez les adultes, les jeunes sont d'un brun presque uniforme avec les parties qui doivent devenir blanches plus claires, le ventre, le dessus du cou, les épaules parsemés de plumes d'un brun cendré, blanches aux épaules, ils sont alors assez difficiles à distinguer des espèces voisines.

Œuf de 0,075 sur 0,05, d'un blanc sale avec des taches irrégulières d'un brun rougeâtre.

Il se trouve dans les Alpes et les Pyrénées, et seulement dans les parties inaccessibles, aussi est-il très rare dans les collections.

Aigle pygargue — *Aquila albicilla* (Linné)

Taille 0,85 mâle, 0,95 femelle, d'un brun cendré uniforme avec la tête et le cou plus clairs, grandes plumes des ailes brunes, plumes de la queue blanches, les jeunes sont d'un brun presque uniforme avec des plumes d'un brun cendré parsemées par tout le corps, la queue plus ou moins maculée de brun, l'iris brun, le bec jaune brun, la cire et les pattes jaunes.

Il habite les montagnes, mais est de passage régulier dans toute la France vers la fin d'octobre, on le tue parfois aux environs de Paris, paraît plus fréquent sur les côtes maritimes.

Œuf 0,07 sur 0,055, d'un blanc azuré sans taches.

Aigle pygargue

Aigle fauve — *Aquila fulva* (Linné).

Taille 0,75 à 1 m. 10. Il ressemble beaucoup au précédent, il est d'un brun noirâtre avec le dessus du cou d'un roux vif, mélangé de brun chez les jeunes, petites couvertures des ailes roux de rouille chez les adultes, queue brune, les deux tiers inférieurs des plumes barrés de bandes gris foncé ; chez les jeunes elle est parfois d'un blanc sale à la base avec des marbrures grises ; les cuisses sont de couleur claire parfois presque blanches chez les jeunes.

Il est assez commun dans les Alpes, mais habite les endroits inaccessibles.

Œuf 0,08 sur 0,06, d'un blanc sale avec des tâches de rouille plus nombreuses vers le gros bout.

2

. Il est une espèce très voisine appelée aigle doré qui diffère surtout par la queue moins arrondie, les commissures du bec s'étendant jusqu'au milieu des yeux tandis qu'elles s'arrêtent au devant chez l'aigle fauve,

Aigle fauve

les plumes de la poitrine plus étroites et pointues ; il est aussi plus élancé et plus agile ; il habite surtout l'Europe occidentale et est très rare en France.

Aigle criard — *Aquila nœvia* (Briss.)

Taille 0,69 à 0,74, plumage brun unicolore variant sensiblement d'après l'âge des sujets, les grandes plumes des ailes presque noires, la queue plus foncée que le corps, bec noir, cire jaune, pattes d'un brun plus ou moins jaunâtre, œil brun.

L'aigle criard habite les contrées méridionales de la France où il est rare.

Aigle criard

Œuf 0,06 sur 0,05, d'un blanc bleuâtre marqué de taches de rouille.

Aigle Bonelli (Pl. 1, fig. 1) — *Aquila fasciata* (Temm.)

Taille 0,70 environ, parties supérieures brunes, gorge et ventre blancs, roux chez les jeunes, toujours variés de taches oblongues et brunes, queue brune en dessus, plus claire en dessous, traversée de bandes plus claires qui, en dessous, chez les jeunes sujets, se confondent avec des taches irrégulières bordant la partie interne des plumes, bec brun, cire et pieds d'un jaune sale, iris brun.

L'aigle Bonelli, ou à queue barrée, habite surtout le midi, il paraît passer parfois à l'automne dans presque toutes les contrées de la France, on le tue dans les environs de Paris où il est toutefois assez rare.

Aigle botté — *Aquila pennata* (Briss)

Taille 0,45 à 0,50, dessus brun foncé, la tête et
quelques couvertures des ailes plus claires, la région
des oreilles et le front plus foncé ; gorge, abdomen d'un
blanc jaunâtre plus foncé chez les jeunes, avec des
traits bruns au centre des plumes, plus nombreux
à la gorge ; dessous des ailes blancs chez les adultes

Aigle botte

queue brune en dessus, beaucoup plus claire en
dessous, œil rouille, doigts et cire jaune clair, bec noir
bleuâtre à la base.

C'est la plus petite espèce de nos contrées, elle habite
les forêts du centre et du sud, mais n'est commune nulle
part.

Œuf 0,045 sur 0,055, d'un blanc sale un peu azuré,
parfois avec des taches rousses peu apparentes.

Aigle pêcheur — *Balbuzard fluviatile* (Pl. 1, fig. 3).
Pandion haliœtus (Cuv.)

Taille 0,55 à 60, dessus du corps brun avec la tête d'une teinte plus claire mélangée de lignes brunes, dessous blanc excepté à la poitrine où les plumes sont brunes au centre et d'un blanc roussâtre sur les bords; une bande brune part de l'œil et va jusqu'au-dessus des ailes; grandes plumes des ailes brun foncé; queue brune, les deux médianes seules n'ont pas de bandes transversales et sont unicolores, bec noir, cire et pieds bleuâtres, iris jaune.

Œuf 0,06 sur 0,045, d'un blanc sale avec des taches irrégulières brunes plus foncées et plus nombreuses au gros bout.

Aigle Jean le blanc — *Circaetus gallicus* (Gmel.)

Taille 0,75, dessus d'un brun fauve plus foncé aux parties inférieures, sur les ailes et la queue; gorge, poitrine

Aigle Jean le blanc

d'un brun roussâtre; ventre blanc avec des taches brunes arrondies, parfois les taches se trouvent réduites à la grosseur d'un pois et la poitrine est blanche flamméchée de brun chez les très vieux, queue brun foncé en dessus, avec trois bandes transversales parfois peu visibles, le bout des plumes terminé de blanc.

Cire et doigts brun jaunâtre, bec noir bleuâtre, iris jaune.

Œuf de 0,065 sur 0,045 d'un blanc sale sans taches.

Il est assez répandu dans toutes les contrées de la France, il arrive en mai pour repartir en septembre.

LES BUSES

Les buses sont des rapaces essentiellement utiles parce qu'ils détruisent des quantités considérables de petits rongeurs tels que mulots, campagnols et autres, ce sont des mammifères qui vivent à nos dépens qui font la base de leur nourriture, il est évident que parfois elles attrapent une jeune alouette, une mésange mais ce sont petits péchés qu'on peut leur pardonner; elles n'attrapent pas les pigeons ni les poulets, elles n'ont ni la force de les emporter dans leurs pattes à doigts courts, ni la puissance nécessaire pour les dépecer, car leur bec est, proportionnellement à leur taille, assez grêle; on doit donc déplorer l'ignorance des nemrods agriculteurs qui ne manquent pas de tuer les buses chaque fois que l'occasion se présente.

bec de buse

Nous ajouterons qu'elles détruisent aussi beaucoup de reptiles, elles attaquent les vipères dont elles redoutent les dents venimeuses, mais adroites et courageuses elles finissent toujours par avoir raison de leur ennemi, leur broyent la tête d'un coup de bec et les avalent entières la tête la première.

Les buses ont une physionomie particulière, leur

corps massif, leur tête grosse leur donnent une allure
lourde qui permet de les reconnaître au premier coup
d'œil.

Buse vulgaire — *Buteo vulgaris* (Linné)

Taille 0,60 à 0,70, cet oiseau, le plus commun des
rapaces français, varie considérablement quant à la
coloration ; certains exem-
plaires passent au blanc jau
nâtre au point d'avoir les
parties inférieures sans aucune tache brune, et le dos
très largement maculé de
blanc ; dans ces exemplaires
les barres de la queue ne se
trouvent plus que sur les
barbes externes des rectrices
du milieu.

Le type le plus ordinaire est
brun noirâtre en dessus, le
bord des plumes un peu plus
clair, celles de l'occiput blanches à la base ; le dessous
est brun varié de gris par des
bandes transversales au ventre

Buse vulgaire

et longitudinales à la gorge et à la poitrine produites ici
par le bord des plumes qui est jaune clair ; la queue
est brune rayée de dix à quatorze bandes brunes en
dessus et blanchâtres en dessous.

Pattes et cire jaune, bec brun, iris brun plus ou moins
foncé.

Œuf de 0,055 sur 0,045 variant de couleur, le fond

Buse vulgaire

est toujours blanc mais ils sont plus ou moins largement maculés de taches grises et rousses, quelquefois elles manquent complètement.

Elle niche dans les rochers et sur les grands arbres et se nourrit de petits mammifères et oiseaux, de grenouilles, de serpents et d'insectes.

Buse pattue — *Archibuteo lagopus* (Brunn.)

Taille 0,60 à 0,68, un peu plus petite que la précédente, comme chez elle les variations de couleur sont fréquentes. elle s'en distingue par ses pattes emplumées

Buse pattue

jusqu'aux doigts, la queue est blanche, terminée par un liseré jaunâtre précédé d'une large bande brun foncé et parfois d'une seconde bande de même couleur mélangé de roussâtre.

Doigts et cire jaune, iris noisette, bec noirâtre.

Œuf 0,055 sur 0,045 d'un blanc sale avec taches rousses et grises plus ou moins nombreuses.

La buse pattue est rare en France, elle est de passage assez régulier dans certaines contrées.

Elle a la même nourriture que la buse vulgaire.

Buse bondrée (pl. 1, fig. 2) — *Pernis apivorus* (Linné)

Le dessus est brun, sauf le dessus de la tête qui est d'un gris cendré chez les adultes et varié de blanchâtre et de gris chez les jeunes, ses plumes sont toujours arrondies et écailleuses, ce qui permet aisément de distinguer cette espèce de la buse vulgaire ; le dessous est brun plus ou moins maculé de blanc suivant l'âge et les sujets, avec un trait brun plus foncé au milieu des plumes. Queue ondulée de brun cendré en dessous avec trois larges bandes brunes plus foncées dont une presque à l'extrémité des plumes.

Pattes et cire jaunes, iris plus ou moins jaune, bec brun.

Œuf 0,050 sur 0,045, d'un blanc sale jaunâtre avec taches roussâtres plus ou moins nombreuses.

Cette espèce se nourrit de petits mammifères, de reptiles et surtout d'insectes, elle mange particulièrement les guêpes et les abeilles, d'où son nom apivore, pas les insectes adultes dont elle semble redouter la piqûre, mais les larves qu'elle trouve en quantité dans les nids qu'elle déterre. Elle aime beaucoup les fruits.

Elle se montre surtout en Anjou, en Auvergne et dans les Ardennes ; elle émigre de septembre en novembre.

LES MILANS

Les milans sont de grands oiseaux qui se distinguent de leurs congénères par une queue très longue, presque de la taille du corps, dont les plumes latérales sont plus longues que les médianes ; les pattes sont courtes, les doigts courts ; le bec est mince et grêle ; ce sont des voliers gracieux qui parcourent les airs sans paraître faire mouvoir leurs ailes.

Ce sont des oiseaux paresseux qui souvent, pour avoir des proies faciles, n'hésitent pas à entrer dans les cours des fermes pour attraper les poussins ou les canetons, ils poursuivent même les faucons et autres rapaces et les forcent à abandonner leur proie ; ils se nourrissent aussi de campagnols et de mulots, mais ne nous rendent pas de grands services au point de vue agricole.

Milan royal — *Milvus regalis* (Briss.)

Taille 0,65 à 0,70, d'un roux de rouille plus foncé dessus, avec un trait d'un brun noir occupant le centre des plumes ; la tête et le cou sont garnis de plumes blanches très effilées avec une ligne brune étroite au centre ; les grandes plumes des ailes noires, queue rouille, très échancrée, les plumes du milieu les plus courtes, blanchâtres en dessous.

Pattes et cire jaune, bec brun, iris jaune.

Œuf de 0,06 sur 0,042 d'un gris roussâtre avec des taches rougeâtres plus ou moins nombreuses et variant de couleur.

Cet oiseau passe au printemps et à l'automne, il est sédentaire dans quelques contrées du sud de la France.

Il se nourrit de petits mammifères, d'oiseaux, de reptiles, et ne néglige pas les charognes à l'occasion ; on le dit lache, mais la vérité c'est qu'il a des pattes grêles pour son corps et le développement considérable de ses ailes et de sa queue.

Milan royal

Milan noir — *Milvus niger* (Briss.)

Taille 0,58 à 0,65, il ressemble beaucoup au milan royal, est généralement un peu plus petit, et brun plus ou moins foncé au lieu d'être roux de rouille comme le précédent, les plumes de la tête et du ventre sont marquées au centre d'un trait brun noirâtre.

Cire et pieds jaunes, iris brun foncé, bec noir.

Œuf de 0,055 sur 0,042, d'un blanc gris ou rougeâtre avec de nombreuses taches d'un brun roux.

Milan noir

Ses mœurs et ses habitudes sont les mêmes que chez le précédent, il est plus rare en France et semble confiné aux contrées méridionales.

LES BUZARDS

Les buzards ont le corps élancé, les ailes et la queue longues, les pattes longues et grêles, les ongles courbés et acérés, ils habitent de préférence le bord des marais, construisent leur nid par terre et font surtout la chasse aux reptiles et aux insectes ; parfois cependant ils ne dédaignent pas les petits mammifères ou oiseaux qu'ils peuvent saisir ; le buzard ordinaire est accusé de causer de grands dommages aux oiseaux aquatiques dont il mange les œufs et les petits ; il fait, dit-on, une guerre continuelle aux poules d'eau et aux becs-fins qui vivent dans les roseaux ; c'est la plus grande espèce qui habite nos contrées ; il paraît différer de mœurs de ses congénères à livrée grise chez les mâles qui, d'une taille plus faible, nous rendent de grands services en se contentant de reptiles, de batraciens et d'insectes, ces derniers buzards ne sont pas aussi communs.

Buzard ordinaire — *Circus rufus* (Briss.) (Pl. 1., fig. 4)

Taille 0,50 à 0,55, plumage brun en dessus, plus roux en dessous ; dessus de la tête et gorge roux clair, région de l'œil et de l'oreille brune, queue blanchâtre en dessous.

Cet oiseau varie beaucoup de coloration, parfois le plumage est varié de roux clair et certains exemplaires sont d'un brun uniforme sans aucune tache.

Cire et pieds jaunes, bec brun foncé, iris brun roux.

Œuf de 0,04 à 0,05 sur 0,03 à 0,04 d'un blanc azuré sans taches le plus souvent.

Il vit dans presque toutes les régions de la France, habite les contrées marécageuses, fait son nid dans les roseaux ou sous les buissons.

———

Les trois espèces qui suivent sont assez voisines pour présenter quelques difficultés dans leur détermination, toutefois, la comparaison des différences que nous signalons ci-après ne laissera aucun doute sur leur identité.

Le plus foncé pour les mâles en dessus est le buzard cendré, le plus clair est le pâle.

Le ventre des mâles est tout blanc chez les St-Martin et Pâle, il est marqué de taches rousses chez le cendré.

Les dimensions relatives des grandes pennes des ailes sont un caractère constant qui permet une appréciation matérielle exacte pour les deux sexes.

Buzard cendré — *Cineraceus* (pl. 1, fig. 7)

1re remige un peu plus longue que la 6e.

2e remige plus courte que la 4e.

3e la plus longue.

4e égalant presque la 3°.

5e remige intermédiaire en longueur entre la 1e et la 4°.

Buzard St-Martin — *Cyaneus* (pl. 1, fig. 6)

1re remige égale les 2/3 de l'aile presque aussi longue que la 7e.

2e remige un peu plus courte que la 3e.

3e et 4e les plus longues.

5° plus longue que la 2e.

Buzard pâle — *Pallidus* (pl. 1, fig. 5)

1re remige égale à peu près la 6e.

2e remige plus courte que la 3e.

3e la plus longue.

4e plus courte que la 3e plus longue que la 2e.

5° beaucoup plus courte que la 2°

Buzard cendré — *Circus cineraceus* (Montag.) (pl. 1, fig. 7)

Taille 0,40 à 0,45, dessus d'un gris cendré foncé, la tête plus claire, la gorge et la poitrine d'un cendré clair, le ventre blanc avec des taches longitudinales rousses, grandes plumes des ailes noirâtres, dessus de la queue de même couleur que le dos avec des bandes transversales rousses plus ou moins brunes sauf sur celles du milieu.

Iris et pieds jaunes, bec noir.

La femelle ne ressemble pas du tout au mâle, elle est plus grande, le dessus est d'un brun uniforme, le cou montre les plumes bordées de jaunâtre de même qu'à la poitrine, le tour des yeux est blanchâtre et le dessous du corps est roussâtre marqué de lignes longitudinales d'un roux vif.

Ces oiseaux varient sensiblement de coloration suivant leur âge ; on voit des mâles adultes dont le ventre est blanc sans taches rousses et chez les femelles les teintes brunes et rousses varient aussi considérablement.

Œuf 0,04 sur 0,03 d'un blanc grisâtre le plus souvent sans taches.

C'est un oiseau qui arrive en France vers le mois d'avril pour repartir en septembre, il se nourrit de petits mammifères, d'oiseaux, de reptiles et d'insectes, il habite le bord des marais et fait son nid par terre.

Buzard St-Martin — *Circus cyaneus* (Linné) (pl. 1, fig. 6)

Taille 0,45 à 0,50 ; tête, cou, dos, croupion d'un cendré bleuâtre plus foncé que dans le buzard pâle et moins foncé que dans le buzard cendré, les plumes du dos et des couvertures des ailes largement bordées de brun, sus caudales et sous caudales blanches de même que le ventre et les cuisses, sans aucune tache rousse comme dans le buzard cendré, bec noir de corne, tirant sur le bleuâtre à la base ; commissure du bec, paupières et cire d'un jaune verdâtre, pieds jaune vif.

La femelle ressemble beaucoup à celle du buzard cendré, mais avec les teintes claires de la tête et du ventre d'un roux plus vif.

Œuf de 0,043 sur 0,035 d'un blanc sale.

Le buzard St-Martin se pose rarement sur les arbres, il niche dans les bois marécageux au milieu des roseaux.

Buzard pâle — *Circus pallidus* (Sykes) (pl. 1, fig. 5)

Taille: mâle 0,45; femelle 0,60, dessus du corps d'un cendré clair quelque peu brunâtre, plus pâle que dans les deux espèces précédentes, la tête et le devant du cou d'un gris bleuâtre plus clair que sur le dos, avec quelques taches d'un brun très clair, ventre, cuisses, flancs blancs, queue d'un cendré bleuâtre avec six bandes transversales brunes peu apparentes ; bec noir bleuâtre, pieds et iris jaunes.

La femelle ressemble beaucoup à celle du buzard St-Martin mais elle est plus pâle.

Œuf 0,045 sur 0,034 d'un blanc azuré avec des taches roux rosé irrégulières.

Ce n'est qu'accidentellement qu'on tue cet oiseau en France, toutefois les captures qui ont été faites sont assez fréquentes pour que nous ayons dû le mentionner.

LES FAUCONS

Présentent le type le plus parfait de l'oiseau chasseur, aussi est-ce parmi ce groupe que de tous temps les fauconniers ont pris leurs plus nobles oiseaux ; leur bec est court fort et crochu avec une dent à la mandibule supérieure, leurs pattes sont armées d'ongles crochus et puissants et tellement pointus et acérés qu'ils traversent aisément la peau de leur proie ; la plupart se nourrissent d'oiseaux et de mammifères, il en est qui attaquent et emportent des animaux plus lourds qu'eux, nous avons vu une crecerelle attraper un pigeon bizet et l'emporter, le faucon pélerin est capable d'enlever un lièvre trois quarts, quant aux perdrix et aux lapins ce sont leurs mets favoris, aussi ne saurions-nous trop conseiller aux possesseurs de chasse, aux agriculteurs, de les détruire partout où ils les rencontreront, et de ne pas les confondre avec les buses, ce qui est assez fréquent.

Les petites espèces mangent des quantités d'insectes, le tiercelet, la crecerelle elle-même et surtout le kobez, faute de plus gros gibier, se contentent de bouziers, de sauterelles, ils recherchent aussi les reptiles et les batraciens ; ce sont du reste de grands appétits difficiles à rassasier, qui chassent sans cesse, secondés par un vol très puissant, une vue extraordinaire, une force musculaire considérable, ils sont bien faits pour le rôle qu'ils remplissent.

Epervier — *Astur nisus* (Linné) (pl. 1, fig. 8)

Taille 0,32 mâle, 0,37 femelle, dessus d'un noir cendré, les plumes de l'occiput blanches à la base, tout le dessous blanc rayé de brun roux, longitudinalement sous la gorge et transversalement aux autres parties, queue avec cinq bandes transversales noirâtres, sous-caudales blanches de même que le dessous de la queue, bec noir, cire jaune clair ; pieds, iris citron.

La femelle ressemble au mâle, elle est plus grande, le dessus est brun, les bandes transversales du ventre moins rousses, le fond des plumes d'un blanc lavé de brun très clair.

Œuf de 0,035 à 0,037 sur 0,030 à 0,035 d'un blanc sale avec des tâches rousses plus nombreuses au gros bout.

L'épervier est le rapace le plus commun en France, où il est sédentaire dans les contrées méridionale et centrale, de passage ailleurs, il niche sur les grands arbres, et fait la chasse aux petits oiseaux, aux mammifères et aux insectes.

Autour — *Astur palumbarius* (Linné) (pl. 1, fig. 10)

Taille 0,51 mâle, 0,60 femelle, dessus d'un brun cendré avec les plumes de l'occiput et des sourcils maculés de blanc ; tout le dessous blanc avec des bandes transversales brunes, la tige des plumes de même couleur.

Queue avec quatre bandes transversales noirâtres, et terminée de blanc.

Bec noir ; cire, pieds et iris jaune.

Œuf 0,055 sur 0,045, d'un blanc gris bleuâtre.

La femelle ne diffère du mâle que par une taille plus grande et des teintes un peu rembrunies.

L'autour niche sur les arbres très élevés, c'est un terrible destructeur de perdrix, de pigeons, de lapins, de lièvres ; faute de

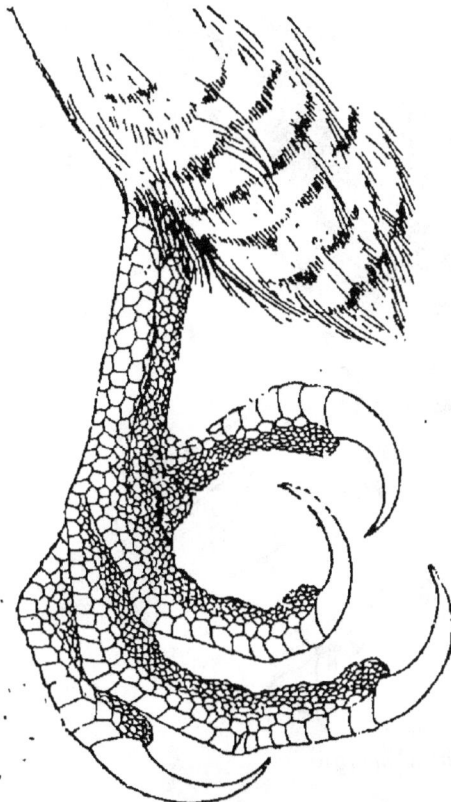

Patte d'Autour

mieux il mange des petits oiseaux et des petits mammifères.

On peut le dresser à chasser pour l'homme, les
fauconniers le classaient dans les oiseaux ignobles.

Faucon gerfaut — *Hierofalco gyrfal. o* (Bp) (pl. 1, fig. 9)

Taille 0,50 mâle, 0,55 femelle, le dessus brun avec
les plumes de la tête bordées de roussâtre, celles du
cou de blanc ; le dessous blanc teinté de roussâtre avec

Faucon gerfaut

des raies longitudinales brunes au cou ; taches brunes
à la poitrine, à l'abdomen et sur les flancs se réunissant

transversalement et formant des raies ; bec brun, pieds et cire jaune sale, iris brun.

La femelle est plus grande, les teintes sont plus sombres. Œuf inconnu.

La véritable patrie de cet oiseau est la Norwège, mais il se montre assez souvent en France et y est fréquemment importé étant très employé pour la fauconnerie.

On a tué à plusieurs reprises sur les côtes de France, une espèce très voisine de la précédente, le faucon blanc

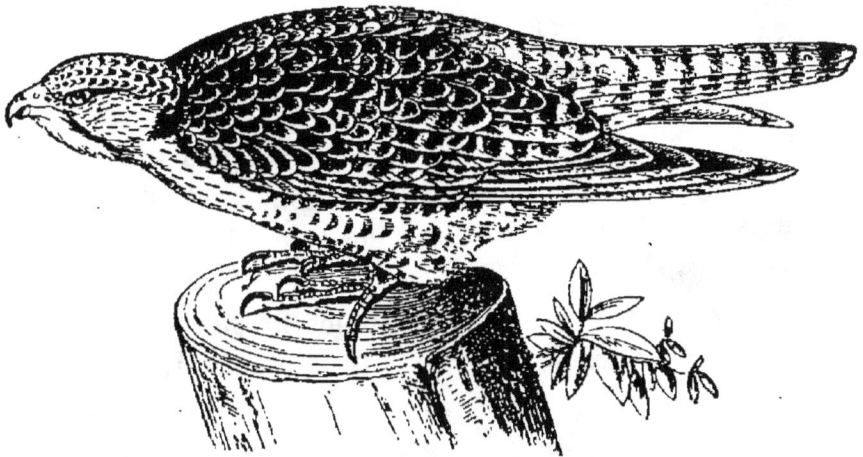

Faucon islandais

ou islandais qui, très probablement, suit les bancs de poissons qui viennent du nord pour frayer sur nos côtes, mais ces captures sont si exceptionnelles que nous ne faisons que citer cette espèce.

Faucon Pelerin — *Falco communis* (Gmel) (pl. 1, fig. 15)

Taille 0,40 mâle, 0,50 femelle, dessus d'un noir cendré à la tête et au cou, cette teinte barrée de gris

cendré s'étendant de plus en plus aux parties inférieures ; les côtés des joues noirs ; la gorge, le cou,
la poitrine d'un blanc quel-
que peu ochracé ; le ventre
blanc cendré avec des bandes
transversales noirâtres.

Queue noire rayée de
nombreuses bandes cendrées
plus foncées vers l'extrémité.

La femelle est plus grande,
le dessous du corps plus
roussâtre.

Les jeunes sont très différents des adultes, les moustaches sont peu apparentes,
le dessus est d'un brun
roussâtre, le dessous roux
avec des bandes longitu-
dinales brunes.

Bec bleuâtre, cire jaune
verdâtre ; pieds, iris et paupières jaunes.

Œuf 0,052 sur 0,04, d'un
blanc sale avec des taches

*Faucon pèlerin
avec le capuchon des fauconniers.* roussâtres.

Le faucon pèlerin est assez répandu en France, il habite
les grandes forêts de préférence, niche dans les trous
des rochers ou des falaises.

Faucon hobereau — *Falco subbuteo* (Linn.) pl. 1, fig. 11)

Taille 0,30 mâle, femelle 0,33, dessus d'un noir
cendré, avec deux taches rousses au cou ; cou blanc,

deux moustaches noires derrière le bec ; dessous d'un
blanc roussâtre avec de larges taches longitudinales noirâtres ; cuisses et parties inférieures du corps rousses ;

queue noirâtre en-dessus, en-
dessous on aperçoit huit
bandes de taches rousses,
l'extrémité des plumes est
d'un blanc roussâtre.

La femelle ressemble au
mâle, le dessus est plus brun
et les plumes sont souvent
bordées de roussâtre, le dessous est plus rembruni avec
les taches noires de la poitrine
et du ventre plus larges.

Œuf 0,035 sur 0,031 d'un
blanc sale avec des taches
rousses peu étendues.

Il niche sur les arbres élevés
ou dans les trous des rochers,
et se nourrit particuliè-
rement d'alouettes et de
petits oiseaux, à défaut il

Faucon hobereau

mange des insectes et surtout des sauterelles ; il émigre,
dit-on, vers le mois d'octobre pour revenir en avril.

Faucon émerillon — *Falco lithofalco* (Gmel) (pl. 1, fig. 14)

Taille : mâle 0,28, femelle 0,32, dessus d'un noir
cendré plus foncé sur la tête et au bout de la queue,
avec une ligne noire au centre de chaque plume ; un
collier roux, maculé de noir, au bas du cou ; gorge

blanche, ventre roux avec des bandes larges suivant la baguette de chaque plume ; dessous de la queue grise avec des bandes noirâtres, celle du bout beaucoup plus larges, les plumes terminées de blanchâtre.

Bec bleuâtre, cire, tour des yeux et pieds jaunes ; iris brun.

La femelle ressemble au mâle, le dessus plus brun, le collier moins roux et à peine visible, la gorge blanche et le dessous moins roux avec les taches plus larges et plus brunes, la queue roussâtre ; elle est un peu plus grande.

Œuf 0,035 sur 0,033, variant beaucoup quant aux taches rousses qui sont parsemées sur le fond d'un blanc tenant en partie de la teinte des taches.

L'emerillon habite, l'été, les régions septentrionales de l'Europe, l'hiver il émigre vers le midi ; il niche dans les fentes des rochers et sur les grands arbres, il se nourrit de petits mammifères et oiseaux, c'est l'un des faucons préférés pour la chasse de l'alouette, sa docilité et la facilité avec laquelle il s'apprivoise l'a de tout temps fait rechercher des fauconniers.

Faucon crécerelle — *Falco tinnunculus* (Linné) (pl. 1, fig. 13)

Taille : mâle 036, femelle 0,40, dessus de la tête et du cou d'un gris cendré, le dos d'un brun rougeâtre, clair avec des taches angulaires noires à l'extrémité de chaque plume, ailes noires bordées de gris, queue gris cendré avec une large bande noire vers l'extrémité, gorge blanche roussâtre ; dessous d'un roux rosé, avec des bandes longitudinales noires à la poitrine, ovales sur le ventre ; croupion et sous-caudales uniformes sans taches.

Bec bleuâtre, iris brun jaunâtre, cire, pieds et tour des yeux jaunes.

La femelle est plus grande que le mâle, tout le dessus est roux clair avec des bandes transversales noirâtres, de même que la queue qui a une large bande noire vers l'extrémité des plumes ; le dessous est d'un blanc roussâtre avec de larges taches longitudinales à la poitrine et au ventre.

La crécerelle est presque aussi commune que l'épervier ; elle niche dans les vieilles tours des clochers, les rochers et aussi sur les arbres, elle vit de petits mammifères et d'oiseaux, comme ses congénères le hobereau et l'émérillon, elle ne mange des insectes que lorsqu'elle ne peut faire autrement.

Elle est employée aussi en fauconnerie.

Faucon à pieds rouges — *Falco vespertinus* (Linné)(pl. 1, fig. 12)

Taille 32 c., entièrement d'un gris ardoisé uniforme, la tête et le haut du dos plus foncé excepté les cuisses et le bas du ventre roux de rouille ; la queue noire ; bec noir, l'extrémité jaunâtre à la base ; cire, pieds, paupières rouge, iris brun.

La femelle ne ressemble pas du tout au mâle, la tête est rousse, le tour des yeux noirs, le dos et le dessus de la queue noirs barrés de gris cendré, tout le dessous roux de rouille, plus clair à la gorge ; la queue blanchâtre en dessous, barrée de lignes noirâtres.

Œuf de 0,035 sur 0,03, roux clair avec des taches plus foncées.

Le Faucon kobez, ou à pieds rouges, vit par troupes, il n'habite guère que le midi de la France où il passe assez souvent, mais sa familiarité est souvent cause de sa perte, il ne paraît pas craindre l'approche de l'homme, il se nourrit principalement d'insectes, surtout de sauterelles qu'il est très habile à poursuivre au vol.

LES CHOUETTES

Les chouettes ou hiboux ont une conformation qui permet de les distinguer à première vue; leur corps mince et grêle est couvert de plumes longues et duveteuses qui les font paraître très gros, la tête surtout paraît énorme ; les yeux semblent placés sur le plan facial, au lieu d'être disposés latéralement comme chez les autres oiseaux ; leur bec se voit à peine, caché qu'il est par les plumes de la face qui sont disposées en rayons concentriques dont les deux yeux sont les centres, le tour de la face est circonscrit par des rangées de plumes longues recourbées seulement à l'extrémité et qui partent des bords de l'ouverture des oreilles, qui, chez certaines espèces, ont une hauteur égale à celle de la tête ; quelques unes, qu'on désigne sous le nom de duc ont sur le haut de la tête deux touffes de plumes érectiles qui figurent des cornes ; leur physionomie générale rappelle sans conteste la tête de certains féliens, ce qui leur a fait donner le nom de *chat-huant*.

La plupart se mettent en campagne au crépuscule pour chercher leur nourriture, elle se compose surtout de petits mammifères, les mulots, les campagnols, les souris, les rats, n'ont pas de plus terribles ennemis, ils en font une consommation prodigieuse, et les mangent tout entiers; de temps à autre ils vomissent une boule des parties qu'ils ne peuvent digérer, les poils, les dents et les os les plus durs.

Les espèces de plus petite taille se contentent des plus petits mammifères et d'insectes, ces derniers forment souvent le complément de la pitance de tous, même du grand duc, qui est cependant capable d'avaler un lapin.

Les chouettes rendent très évidemment des services considérables à l'agriculture, sans même qu'on ait quelques méfaits à leur reprocher, ou du moins ils sont si exceptionnels qu'on ne peut les leur porter en ligne de compte; en effet elles n'attaquent pas les petits oiseaux, on a cité à plusieurs reprises des chouettes qui avaient élu domicile dans les pigeonniers, y vivaient de souris qu'elles attrapaient là ou aux environs, sans jamais se permettre de gouter aux pigeonneaux à leur portée.

Beaucoup de gens ont peur des chouettes, on les accuse de jeter des sorts, de présager des malheurs, de porter la mort, nous n'avons pas besoin de dire que les esprits superstitieux et crédules peuvent seuls prêter l'oreille à ces contes fantastiques ; ce sont au contraire des oiseaux doux et susceptibles de s'apprivoiser très facilement; celles qui sont en captivité reconnaissent la voix de leur maître, répondent à son appel, lorsqu'elles sont habituées à des personnes, même en liberté, elles reviennent dès qu'un coup de sifflet, un cri de convention qu'elles connaissent les rappelle.

La plupart émigrent à l'automne, on les voit passer par petites bandes, sautant et voletant, voyageant par petits bonds sans parcourir de grands espaces d'un seul coup d'aile.

Pendant le vol ils ne font aucun bruit, leurs plumes sont douces et souples comme une étoffe légère ; au départ elles ne claquent pas des ailes, elles rasent la terre et d'un coup de patte saisissent le mulot qu'elles ont surpris ; parfois elles se posent sur une branche, une motte de terre, un bout de rocher et là, leurs grandes oreilles tendues, fouillant de leurs grands yeux tous les environs, elles guêtent leur proie avec la patience d'un chat.

Les chouettes nichent dans les trous des rochers, dans les tours des monuments, dans les vieilles murailles, ou bien elles s'emparent des nids abandonnés par les pies, les faucons, les corbeaux, elles pondent des œufs presque ronds, d'un blanc lisse, les petits éclosent couverts d'un duvet fin et serré, blanc ou jaunâtre ; on dirait une balle de coton, dans laquelle on ne distingue que deux perles noires et brillantes, ce sont leurs yeux.

La plupart des oiseaux manifestent une aversion profonde pour les chouettes, on a tiré parti de cette haine qu'ils professent pour ces nocturnes pour les attirer et les chasser à l'aise, on se sert de la chevêche, du petit-duc ou scops pour attirer les alouettes, du grand-duc pour les faucons, buses, milans ; du moyen duc pour faire venir les corbeaux, les corneilles, les grives ; dès qu'un de ces oiseaux a aperçu son ennemi il pousse des cris d'alarme, aussitôt tous ceux des environs de répondre à l'appel, ils arrivent à tire d'aile, fondent sur la pauvre chouette qui, aveuglée presque par le grand jour, retenue prisonnière par le las qu'on lui a attaché à la patte, reste coi devant tout le tapage provoqué par sa présence ; ce n'est que lorsqu'une partie de la bande a été décimée par les plombs du chasseur que les survivants se décident à quitter la place.

Chouette hulotte — *Syrnium aluco* (Linné) (pl. 2, fig. 1)

Taille 0,42, plumage entièrement roux, varié plus ou moins de brunâtre mélangé de brun sur le dos, de brun et de blanc sur le ventre, où on remarque aussi des traits longitudinaux bruns sur le milieu des plumes; bec et pattes blanchâtres.

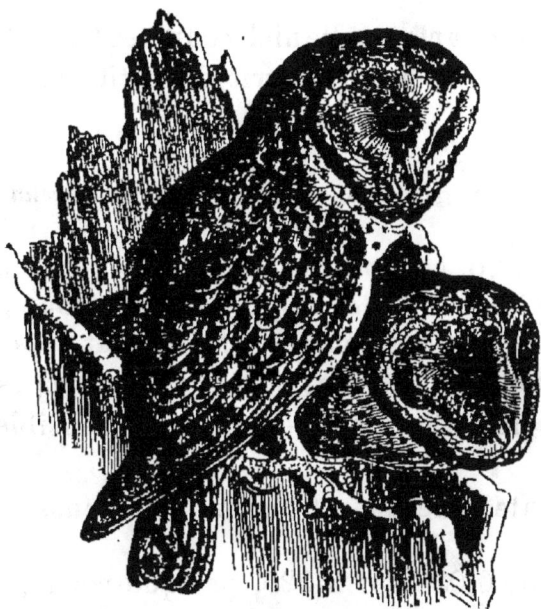

Chouette hulotte

Œufs de 0,045 sur 0,04 d'un blanc pur.

Se nourrit surtout de petits mammifères, mange aussi parfois, dit-on, des petits oiseaux et beaucoup d'insectes, des chenilles en particulier; elle s'empare volontiers pour nicher des nids abandonnés.

Chouette-chevêche — *Strix noctua* (Boie) (pl. 2, fig. 5)

Taille 0,24, entièrement brune, avec des taches plus claires sur la tête et le dos, un collier blanchâtre, la gorge et le haut de la poitrine d'un blanc jaunâtre de même que le tour des yeux, la queue traversée par cinq bandes rousses, les tarses couverts d'un duvet blanc, très réduit sur les doigts, bec brun jaunâtre, iris jaune citron.

Œufs 0,034 sur 0,028, presque ronds et d'un blanc pur.

Commune partout, elle niche dans les trous de murailles ou de rocher, elle se nourrit de petits mammifères et d'insectes.

Chouette tengmalm — *Strix tengmalmi (Gmélin)* (pl. 2, fig. 7)

Taille 0,26, la chouette tengmalm ressemble beaucoup à la chevêche, mais les doigts sans beaucoup plus courts, de même que les ongles et ils sont très fournis en duvet, tandis qu'ils sont presque nus chez la chevêche, la queue de cette dernière est aussi sensiblement plus courte.

La teinte générale est un peu plus roussâtre et moins foncée.

Œufs de 0,033 sur 0,025, presque ronds, d'un blanc pur.

Elle habite les grandes forêts de sapin, fait son nid dans les trous des arbres, et se nourrit de petits animaux et d'insectes.

Chouette effraye — *Strix flammea* (Linné) (pl. 2, fig. 6)

Taille 0,36, dessus d'un gris chiné avec le fond des plumes jaune roussâtre et l'extrémité avec des taches noires et blanches alternant, la queue avec des barres transversales, plus ou moins marquées, la face blanche ou rousse, avec le tour des yeux plus foncé, le ventre roux ou blanc, avec des points bruns, s'effaçant peu à peu chez les adultes qui deviennent d'un blanc uni, pattes emplumées, les doigts presque nus, bec jaunâtre, pattes brunes, iris brun très foncé.

Chouette effraye

Œuf de 0,04 sur 0,033, presque rond, blanc.

Se nourrit presque exclusivement de petits mammifères

C'est l'une des espèces les plus communes.

Chouette brachyote — *Strix brachyotus* (Boie) (pl. 2, fig. 3)

Taille 0,38, tout le plumage varié de jaune clair, plus ou moins pâle et de brun en macules irrégulières sur les ailes, en lignes longitudinales sur le reste du corps, plus larges sur le dos que sur le ventre ; la queue traversée de bandes brunes, les pattes et les doigts emplumés jusqu'aux ongles, les cornes de la tête sont très petites, bec noir, iris jaune clair.

Commune partout, niche souvent par terre ou dans des trous.

Œuf blanc de 0,04 sur 0,032.

Elle se nourrit surtout de petits mammifères.

Petit duc ou scops — *Strix scops* (Linné) (pl. 2, fig. 8)

Taille 0,20, d'un brun cendré presque uniforme, finement varié de brun et quelque peu de roussâtre au ventre, où on remarque des lignes longitudinales brunes au centre des plumes, cornes de la tête assez développées ; jambes garnies de plumes, doigts nus, bec noir, iris jaune.

Œuf de 0,029 sur 0,025, d'un blanc pur.

Il niche dans les trous de murailles, de rocher ou d'arbres, se nourrit de petits mammifères et d'insectes.

Petit duc

Hibou grand duc — *Strix bubo* (Linné) (pl. 2, fig. 1)

Taille 0,60 en moyenne, plumage mélangé de brun et de jaune, le brun disposé en bande sur le haut du dos, le cou et la poitrine, formant des lignes étroites ondulées sur les plumes du ventre et des flancs. Pattes emplumées jusqu'aux ongles, les cornes de la tête très développées ; bec noir, iris rouge orangé.

Œuf 0,05 sur 0,045, presque rond, d'un blanc pur.

Le grand duc habite les rochers, niche dans les trous et se nourrit de lièvres, de lapins, de rats et d'insectes.

On le trouve surtout dans les contrées des hautes montagnes.

Hibou moyen duc — *Strix otus* (Linné) (pl 2, fig. 2)

Taille 0,35, plumage entièrement brun varié de jaune, le ventre plus clair par l'adjonction de taches blanches, les cornes de la tête très grandes, les pattes emplumées jusqu'aux ongles, bec noir, iris jaune orangé.

Œuf 0,034 sur 0,029, d'un blanc pur, presque rond.

Commun partout, niche dans les trous de rochers ou d'arbres, dans les nids abandonnés; se nourrit de petits mammifères surtout, et préfère les forêts aux ruines.

———

FAMILLES DES GRIMPEURS

Bec droit sans crochet à la mandibule supérieure.   *a.*

Bec crochu à la mandibule supérieure .... **Coucou.**

a   Plumes de la queue à barbes raides servant à
grimper................. .... **Pic.**

Plumes de la queue molles à leur extrémité...... **Torcol.**

Les grimpeurs forment une famille bien distincte dont tous les représentants ont les pattes disposées de même façon; deux doigts sont dirigés en avant et deux autres leur sont opposés en arrière; tels sont les pics, les torcols, les coucous.

Ils ne séjournent pas l'hiver dans nos contrées, se nourrissant exclusivement d'insectes, le froid les oblige à émigrer pour aller chercher leur nourriture dans les climats plus méridionaux où les insectes pullulent même dans la saison hibernale.

LES PICS

Les pics sont grimpeurs par excellence, non seulement ils ont leurs pattes armées d'ongles forts et crochus, mais leur queue composée de plumes raides, à barbules rigides, avec la côte solide comme un fil d'acier, leur sert d'appui pour grimper.

Leur bec est fort et tout droit, ils s'en servent pour fouiller le bois des arbres minés par les insectes, avec leur langue longue presque comme leur corps, ils englument et happent tous les insectes qui se glissent entre les fissures de l'écorce ou cherchent un refuge dans les trous qu'ils ont pratiqués.

On a dit que le pic tapait quelques coups sur le tronc d'un arbre, puis faisait le tour pour voir s'il avait fait un trou qui allait jusque l'autre côté, mais ce n'est pas cela que fait le pic, il tape en effet le tronc des arbres mais c'est pour faire sortir de leurs retraites les insectes qui sont cachés sous les écorces ou dans le bois même, il inspecte donc les environs pour voir si son subterfuge a produit l'effet qu'il en attendait et il arrive rarement que son espérance soit vaine.

Il niche dans les trous des arbres ; lorsque la forêt est si bien aménagée qu'il ne trouve aucun creux, lorsqu'on recouvre d'une feuille de zinc les parties des troncs cariées et minées par les insectes, il devient prévoyant et fait une plaie, voire même un trou à un arbre, où il sait que la pourriture produira plus tard une excavation, où lui, ou les siens, trouveront un endroit propice pour nicher.

On a prétendu qu'il ne creusait les arbres que par manie, sans but ; moi, je soutiens qu'il n'est pas si sot de faire un grand travail inutile et que son but est de se préparer une demeure.

Il se nourrit presqu'exclusivement d'insectes, on a vu certaines espèces manger des baies, des graines de sapin à l'automne et l'hiver, mais c'est par exception, ce sont évidemment des oiseaux essentiellement utiles à la sylviculture par le nombre considérable d'insectes et de larves qu'ils détruisent et ils méritent d'être partout protégés et respectés.

Pic noir — *Picus martius* (Linné) (pl. 3, fig. 1)

Taille 0,45, d'un noir uniforme partout le corps, le dessus de la tête rouge chez le mâle, cette coloration n'existe que sur le derrière de la tête chez la femelle, bec jaunâtre à la base, noir à la pointe, iris blanc.

Œuf de 0,03 sur 0,022, d'un blanc lisse.

Habite les forêts, construit son nid dans les trous d'arbres.

Pic vert — *Picus viridis* (Linné) (pl. 3, fig. 2)

Taille 0,34, dessus du corps vert, le dessous d'un vert grisâtre, le croupion jaune verdâtre, le dessus de la tête rouge, les moustaches rouges chez le mâle, noires chez la femelle ; le tour des yeux noirs ; bec noir avec la base de la mandibule inférieure jaunâtre, iris blanc. Le jeune a le dos maculé de blanc et le ventre qui est plus pâle est marqué de taches noires.

Œuf de 0,028 sur 0,02, d'un blanc lisse.

Commun partout, il se nourrit d'insectes et parfois de baies.

Pic cendré — *Picus canus* (Boie) (pl. 3, fig. 3)

Taille 0,32, ressemble au pic vert comme couleur, mais le dessus de la tête est gris cendré chez la femelle, rouge à fond cendré clair chez le mâle, qui n'a que d'étroites moustaches noires, le tour des yeux est gris cendré avec un trait noir qui rejoint le bec et l'œil.

Bec noir à la pointe, jaunâtre ailleurs surtout en dessous à la base, iris rouge clair.

Œuf de 0,026 sur 0,019, d'un blanc lisse.

Habite les forêts du nord.

Pic épeiche — *Picus major* (Linné) (pl. 3, fig. 4)

Pic épeiche

Taille 0,25, dessus du corps noir, deux grandes tâches blanches sur les ailes, tâches de même couleur plus petites sur les plumes des ailes; front, côté des yeux, joues blanchâtres, une tâche rouge vif sur la nuque chez les mâles, moustaches noires, le dessous blanchâtre, le bas du ventre rouge vif, plumes médianes de la queue noires, les autres tâchetées de blanc.

Bec noir, iris rouge.

Œuf 0,029 sur 0,019, d'un blanc pur.

Vit dans les forêts, niche dans les trous des arbres. Commun partout.

Pic mar — *Picus medius* (Linné) (pl. 4, fig. 5)

Taille 0,22, ressemble beaucoup au pic épeiche, s'en distingue par le manque de moustache noire, et le dessus de la tête qui est rouge dans les deux sexes, la femelle ayant les plumes de cette partie moins longues; bec noir, iris rouge foncé.

Œuf de 0,022 sur 0,018, d'un blanc pur.

Plus fréquent dans le midi que dans le nord, il est cependant assez répandu dans les Vosges et les Ardennes.

Pic épeichette — *Picus minor* (Linné) (pl. 3, fig. 6)

Taille 0,15 environ, dessus du corps noir avec des bandes blanches irrégulières, dessous d'un blanc sale, avec des traits noirs, tête rouge dessus, chez le mâle, noire chez la femelle, le tour des yeux et les joues blanchâtres, un trait noir partant du bec va jusqu'à l'épaule.

Bec noir, iris rouge.

Œuf de 0,019 sur 0,014, d'un blanc pur.

Répandu par toute la France, mêmes mœurs que ses congénères.

LE TORCOL

Le bec du torcol ressemble à celui des pics, sa queue n'est pas garnie de plumes raides, pouvant lui servir d'arc-boutant, lorsqu'il grimpe sur le tronc des arbres ; comme ces derniers il a une langue très extensible qui lui sert à fouiller les interstices des écorces, pour y trouver les insectes dont il se nourrit.

Le torcol — *Yunx torquilla* (Linné) (pl. 3, fig. 10)

Taille 0,18 ; son plumage est entièrement varié de gris, de noir, de roux et de blanchâtre, avec des petits traits noirs sur le milieu des plumes de la nuque et du dos ; les plumes des ailes sont marquées de tâches rousses carrées, la queue est traversée de raies brunes en zigzag. Bec noir, iris brun.

Le torcol cherche souvent à terre les fourmis, il se pose aussi volontiers à la cime des arbres pour faire entendre une série de piuk, piuk, qu'il commence très haut pour finir en faiblissant vers la dixième répétition.

C'est un oiseau très répandu partout mais qui vit isolé l'été et émigre dès l'automne.

LE COUCOU

Le Coucou est un oiseau très commun en France pendant la belle saison, tout le monde l'a entendu dans les bois criant bien haut coucou, coucoucou.

Coucou

Il ne construit pas de nid, pond mais ne couve pas et laisse à d'autres le soin d'élever ses petits ; voici comment il procède :

La femelle pond par terre un œuf, qui, d'après les dimensions que nous indiquons, est très petit pour sa taille, elle le prend dans son bec et va le déposer dans le nid d'une fauvette, d'un pouillot ou d'un traquet, pendant que les propriétaires sont absents, ces derniers ne s'aperçoivent pas du subterfuge ou s'ils s'en rendent compte n'en ont pas de regrets, car ils couvent ce nouveau venu comme le leur propre, le jeune coucou venu au monde en même temps que les autres est plus grand, plus avide de nourriture, il est bientôt trois fois grand comme les autres, les parents suffisent à peine à le rassasier, il devient turbulent, est sans cesse en mouvement, bouscule ses frères d'adoption les pousse hors du nid, bref au bout de quelques jours il est seul au berceau et plus grand déjà que père et mère, qui ne paraissent pas avoir conscience d'avoir élevé un intrus au dépens de leur propre famille qu'il a sacrifié tout entière à sa gloutonnerie.

Les coucous sont essentiellement insectivores, ils font une prodigieuse consommation d'insectes et surtout de chenilles, voir même des chenilles velues comme celles du bombyx processionnaire, que la plupart des autres oiseaux se refusent à manger.

Coucou — *Cuculus canorus* (Linné) (pl. 3, fig. 7)

Taille 0,30, tout le dessus d'un gris cendré, plus foncé sur les ailes, le dessous est entièrement blanc grisâtre rayé transversalement de gris brun, queue longue noire avec des tâches blanches à l'extrémité sur les tiges et le côté interne ; bec brun, paupières, iris et pieds jaunes. Chez les jeunes le gris est remplacé par du brun roussâtre.

Œuf de 0,022 à 0,026 sur 0,016 à 0,017.

FAMILLE DES MARTINS-PÊCHEURS

Martin-pêcheur — *Alcedo ispida* (Linné) (pl. 8, fig. 12)

Taille 0,15 environ, dessus bleu foncé, varié transversalement de bleu plus clair, croupion entièrement bleu clair ; queue très courte ; les côtés de la tête variés de roux foncé, de noir près des yeux et de blanc sale

Martin-pêcheur

aux oreilles, moustaches bleues ; ventre roux brun, la gorge plus pâle ; la femelle est semblable, les teintes un peu moins brillantes.

Patte de martin-pêcheur

Œuf de 0,021 sur 0,020 d'un blanc pur et lustré.

Le martin-pêcheur ne fréquente que les cours d'eau, se nourrissant surtout de poissons qu'il

guette perché immobile sur une branche surplombant
sur l'eau, il est répandu partout, mais vit par couple
ou isolé.

Il fait son nid dans les trous des berges et s'empare
souvent de ceux de l'hirondelle de rivage, ou des
rongeurs qui habitent les bords des rivières.

Guépier — *Merops apiaster* (Linné) (pl 8, fig. 11)

Taille 0,26 sans les prolongements de la queue,
dessus brun roux, front bleuâtre, un trait noir traverse
les yeux et circonscrit la gorge qui est d'un jaune
orangé brillant ; ventre d'un vert assez brillant ; ailes
d'un vert olivâtre, la queue un peu plus foncée avec
les deux plumes médianes dépassant beaucoup les
autres. La femelle ressemble au mâle, les teintes sont
moins brillantes et les deux plumes de la queue sont
moins longues.

Œuf de 0,024 sur 0,022 d'un blanc pur et très lisse.

Bien que quelques sujets isolés aient été capturés
dans le centre et le nord même de la France, le guépier
peut être considéré comme un oiseau essentiellement
méridional, qui ne se reproduit même pas régulièrement en Provence, il y est toutefois de passage
constant tous les ans particulièrement au printemps.

Avec les tarses très courts, son bec long et arqué,
cet oiseau se rapproche beaucoup des martins-pêcheurs.

Il se nourrit exclusivement d'insectes.

FAMILLE DES PASSEREAUX

Bec long, mince avec l'extrémité supérieure ne formant pas de crochet (*Huppe*, *Sittelle*, *Grimpereau*).......................... **Bec sans crochets.**

Bec de formes diverses présentant le plus souvent un crochet plus ou moins accusé à l'extrémité de la mandibule supérieure................... *a.*

a   Bec très court, fendu jusqu'aux yeux(*Hirondelles*, *Engoulevents*) .... **Becs fendus**

Bec de longueur variable mais toujours sensiblement plus long que chez les becs fendus...... *b.*

b   Bec relativement court................. .... *c.*

Bec relativement long........................ *d.*

c   Bec cylindrique à la base, oiseaux à plumage très fourni et duveteux, formes ramassées, taille petite............................. **Mésanges**

Bec élevé à la base, courbé en dessus vers l'extrémité, bord de la mandibule supérieure présentant une dent avant le bout qui est crochu, taille au-dessus de celle du moineau....... ... **Pie grièche**

Bec conique, fort, robuste, pattes assez courtes et fortes, oiseaux granivores et percheurs....... **Gros-becs.**

d   Bec très déprimé, presque parallèle latéralement dans une grande partie de sa longueur........ **Gobe-mouche**

Bec moins déprimé allant en s'éfilant assez sensiblement................................. *e*

e   Oiseaux ayant environ la taille du corbeau...... **Corbeaux**

Oiseaux ayant environ la taille du merle........ **Merles**

Oiseaux ayant la taille de l'alouette ou plus petits *f.*

f   Oiseaux marcheurs à tarses longs et grêles, ongles longs et minces, peu courbés, celui du pouce étant presque droit chez les alouettes et les pipis.......................... ..... **Becs fins coureurs**

Oiseaux percheurs, tarses moins grêles que les précédents, ongles plus courbés, tous sensiblement égaux (*Fauvettes*, *Traquets*, *Pouillots*) .. **Becs fins percheurs.**

La famille des passereaux est la plus importante, par le nombre, de celles que nous ayons à traiter, on peut dire qu'elle comprend tous les gros becs et les becs fins de nos contrées.

Nous avons cherché à simplifier autant que possible la classification que les auteurs modernes ont compliquée dans des proportions qui rendent les déterminations fort difficiles, ces divisions et subdivisions complexes ne peuvent que rendre le travail plus pénible à qui veut savoir quel nom attribuer à un oiseau. On nous accusera peut-être de ne pas être au niveau des classifications récentes, mais peu nous importe, notre but est de faciliter la détermination des oiseaux de France, nous ne nous en laisserons pas écarter pour des satisfactions de vanité savante.

GROUPE DES CORBEAUX

Le groupe des corbeaux comprend des oiseaux qui tous sont de taille se rapprochant, le plus grand est le corbeau ordinaire, le plus petit le choucas ou corbeau des clochers.

Les vrais corbeaux ont tous le plumage sombre, noir ou mélangé de gris cendré ; nous avons réuni dans la même famille des oiseaux ayant beaucoup d'analogie avec eux comme formes et comme mœurs.

TABLEAU DU GROUPE DES CORBEAUX

Oiseaux à plumage entièrement noir, ou mélangé de gris cendré, bec noir	**Corbeaux**.
Plumage entièrement noir, queue égale à l'extrémité	a.
Plumage brun avec du bleu brillant	b.
Plumage blanc et noir à reflets métalliques, queue étagée	**Pie**.
a Bec jaune	**Chocard**.
Bec rouge	**Crave**.
b Plumes aux couvertures des grandes pennes des ailes seulement bleu brillant, barré de traits bleus plus foncés	**Geai**.
Tête entièrement bleue	**Rollier**.

LES CORBEAUX VRAIS

Les corbeaux sont dotés d'un plumage sombre, d'un cri des plus désagréables, sentant mauvais, ces oiseaux paraissent des disgraciés de la nature. Leur naturel est méchant, querelleur, ajoutez à cela qu'ils sont pillards et voleurs et vous aurez une idée de leur caractère et de leur extérieur.

On a dit qu'ils représentaient parmi les oiseaux le même type que le renard chez les mammifères ; il y a beaucoup de vrai dans cette comparaison.

Rusés et méfiants autant qu'oiseaux peuvent l'être, ils savent éviter les pièges, et connaissent les fusils comme engins dont ils doivent passer à distance, ce qui a fait dire que les corbeaux sentaient la poudre ; un laboureur est-il à la charrue, ils viennent sans vergogne voltiger autour, cherchant les vers blancs que le soc a mis à la surface, mais si cet homme avait près de lui un fusil chargé ou non ils se garderaient bien d'approcher ; ils savent apprécier la distance ou le plomb meurtrier peut les atteindre et se tiennent sagement au delà de cette limite, il n'est de convoitise qui puisse les faire départir de cette prudente réserve. Pillards au supprême degré, tout leur est bon ; s'ils passent près d'une huître qui baille, ils fourrent leur bec entre les deux coquilles, secouent l'animal jusqu'à ce qu'il n'adhère plus à ses parois protectrices et l'avalent ; rencontrent-ils un rat, une souris, une taupe, c'est juste une bouchée ; un nid de fauvette est-il reconnu dans un buisson, ils gobent les petits les uns après les autres ; un colimaçon a la coquille cassée et passe dans leurs gosiers en moins de temps qu'il n'en

faut pour le dire ; trouvent-ils une charogne, aussitôt
les voilà à table, tout en un mot est de leur goût, les
graines aussi bien que la chair, l'herbe et les insectes,
ajoutez à cela que doué d'un appétit de renard ils
rendraient des points à ce maître affamé.

Tout le monde connaît leurs croassements désagréables qu'ils répètent si souvent lorsqu'ils sont en
liberté ; réduits en captivité ils deviennent presque
silencieux et crient rarement, par contre ils apprennent
facilement à parler et à répéter des airs et ils les disent
et les redisent à satiété ; bien traités ils s'habituent vite
à leur maître et leur témoignent souvent de l'affection.

Les corbeaux, les pies, les geais ont tous l'amour des
choses d'aspect brillant, ils dérobent volontiers les
objets en métal et vont les enfouir dans des cachettes ;
nous avons été un jour témoin d'un fait qui prouve
qu'ils ont la mémoire des objets ainsi cachés. Un ami
avait un corbeau privé, qu'on savait avoir des cachettes
pleines d'objets en métal, un jour il donne à l'oiseau
une friandise, le corbeau après l'avoir avalée et manifesté
sa joie, part et revient quelques minutes après rapportant
une pièce de dix centimes qu'il avait été chercher dans
l'une de ses cachettes.

On ne peut refuser aux corbeaux une certaine dose
d'intelligence, nous regrettons de ne pouvoir raconter
quelques histoires dont nous avons été témoins ayant
vécu dans l'intimité de quelques-uns, mais nous pouvons
affirmer que les corbeaux raisonnent, et qu'une idée
abstraite n'est pas au-dessus de leur intelligence.

Ils construisent leur nid soit à la cime des plus
grands arbres, soit dans les trous des rochers ou des
vieilles tours, ils montrent l'amour le plus vif pour
leur progéniture, si on leur enlève leurs œufs ils

pondent une seconde fois, mais si on leur prend leurs petits ils ne recommencent pas d'autres couvées.

Corbeau ordinaire — *Corvus corax* (Linné) (pl. 9, fig 2)

Taille 0,67, entièrement noir à reflets bleus violacés, bec noir plus long que la tête, les deux sexes semblables.

Œuf de 0,047 sur 0,031, d'un brun verdâtre avec des traits bruns et des tâches irrégulières de même couleur.

Le grand corbeau vit sédentaire dans les grandes forêts et surtout au pied des Alpes ; on le rencontre aussi dans les Vosges, le Jura et même le centre et le nord de la France, il est beaucoup moins commun que les autres espèces.

Corbeau corneille — *Corvus corone* (Linné) (pl. 9 fig. 6)

Taille 0,50, entièrement noir à reflets violet foncé, bec moins long que la tête mais presque de sa longueur, les deux sexes semblables.

Œuf de 0,045 sur 0,035, d'un vert sale, marqué de tâches irrégulières d'un gris cendré olivâtre, très nombreuses au gros bout.

La corneille est très commune partout en France, elle niche dans les bois, dans les prairies, sur les arbres très élevés, elle se nourrit d'insectes, d'oiseaux, de petits mammifères, et ne nous est utile qu'au point de vue agricole ; si vous êtes chasseur ou que vous éleviez des volailles qui courent les champs, ne la ménagez pas plus que ses congénères, ce sont tous des mangeurs de jeunes oiseaux.

Corbeau mantelé — *Corvus cornix* (Linné) (pl. 9, fig. 3)

Taille 0,53, tête, gorge, ailes et queue noirs, le reste gris cendré, pattes et bec noirs, les deux sexes pareils.

Œuf de 0,042 sur 0,028, d'un vert sale avec des tâches et des points bruns, plus nombreux vers le gros bout.

Cette espèce niche sur les arbres et dans les trous des dunes, elle est surtout commune en France l'hiver où elle est de passage, elle se nourrit comme ses congénères de mammifères, d'oiseaux, d'insectes, d'immondices de toutes sortes, mais ne se gêne pas pour priver les champs des graines nouvellement semées ; dans certaines contrées elle devient un fléau.

Nous l'avons vue souvent à Paris même, dans les environs du pont de Grenelle, pêcher des petits poissons du bec et des pattes, et voler en rasant l'eau comme les mouettes.

Corbeau freux — *Corvus frugilegus* (Linné) (pl. 9, fig. 4)

Taille 0,50, entièrement noir à reflets bleu violacé, le tour du bec dénudé et d'un gris cendré ; bec et pattes noirs ; les deux sexes semblables.

Œuf de 0,044 sur 0,030, variant du vert sale au blanc bleuâtre, avec des tâches brunes, parfois très nombreuses, surtout vers le gros bout.

Cette espèce se reconnaît aisément à la partie nue et farineuse qui entoure le bec ; c'est un animal plutôt nuisible, s'il mange des insectes, il se nourrit aussi de graines de fruits et cause souvent des dégats importants.

Corbeau choucas — *Corvus monedula* (Linné) (pl 9, fig. 1)

Taille 0,38, noir partout excepté le cou et les côtés de la tête qui sont d'un gris ardoisé sombre, pas de différence dans les deux sexes.

Œuf de 0,035 sur 0,025, d'un gris verdâtre pale avec des tâches noirâtres plus voisines vers le gros bout.

Le choucas ou corbeau des clochers se nourrit d'insectes, de vers, de fruits, de graines ; l'hiver il se réunit en troupe considérable et voyage parfois ; il est très commun dans toute la France là où il y a des ruines ou des clochers inaccessibles.

Rollier — *Coracias garrula* (Linné) (pl. 9, fig. 10)

Taille 0,33, d'un bleu pâle verdâtre, le dos brun, le croupion bleu foncé, les épaules et le bout des ailes ainsi que la queue variés de bleu plus ou moins foncé, bec noir, pieds jaunes brun clair, iris brun noisette.

La femelle est semblable.

Œuf de 0,038 sur 0,022, d'un blanc très lisse sans tâches.

Cet oiseau est rare en France, on ne le rencontre que dans les contrées les plus méridionales, dans les coteaux très chauds et arides, il se nourrit d'insectes, surtout de sauterelles. de cigales, et aussi de petits reptiles et batraciens, tels que grenouilles, crapauds, couleuvres, etc.

Geai — *Garrulus glandarius* (Linné)

Taille 0,35 environ, tête garnie en dessus de plumes longues d'un blanc sale, noire le long de la tige,

moustaches noires, dessus et dessous d'un gris vineux ;
gorge blanc sale, ailes noires avec les couvertures des
grandes remiges rayées de noir bleu et de bleu clair.

Les femelles ressem-
blent aux mâles.

Bec noir, iris bleu
cendré.

Œuf de 0,031 sur
0,022 d'un gris ver-
dâtre avec des tâches
rousses, plus nom-
breuses vers le gros
bout.

Il vit dans les bois
et fréquente aussi vo-
lontiers le bord des
plaines : il mange de

Geai

tout : des fruits, des graines, des insectes, voire même
des œufs des oiseaux, des petits mammifères, des reptiles.

Le geai est méfiant autant que roué, mais pour son
malheur il est curieux, dès que l'un des siens est pris
ou blessé, il se met à crier tant et si fort qu'il émeut
tous ses semblables qui viennent voir et tombent ainsi
dans le panneau du chasseur. Pris jeune il s'apprivoise
facilement, devient même familier et apprend à répéter
des airs et dire des paroles, qu'il rabache à satiété, car
s'il est très défiant, il est encore plus bavard ; pour
établir son bilan disons aussi qu'il est économe, car il
emmagasine volontiers pour les mauvais jours ; sa
provision se compose principalement de glands et de
châtaignes qu'il resserre dans un trou d'arbre ou de
rocher ; lorsqu'il croit que sa cachette est découverte ou
seulement soupçonnée il déménage son grenier.

5

L'hiver, souvent il émigre en troupe sans direction définie, errant un peu au hasard ; à cette époque il voyage par petites bandes et devient plus criard encore; dès qu'un change de place il crie, les autres répondent et comme ils ne savent rester un instant tranquilles, il s'ensuit que leurs criailleries deviennent assourdissantes.

Toussenel dit de lui. « Ce décrocheur de pendus, ce massacreur d'innocents qui a bec et ongles pour se battre n'est qu'un lâche comme tous ses pareils. » Il est de fait certain que poussins, canetons, perdreaux et même levreauts et lapereaux, font trop souvent les frais de son ordinaire. S'il détruit quelques insectes au printemps ça ne doit pas lui être porté en compte, car d'autre part il prive l'agriculture de maints oisillons qui sont aussi des insectivores, c'est donc un pillard que nous dénonçons volontiers à la vindicte publique.

Pie — *Pica caudata* (Linné) (pl. 9, fig. 7)

Taille 0,50 environ, tête, dos et poitrine noirs, scapulaires et ventre blancs, ailes et queue noires à reflets métalliques verts et bleus ; les deux sexes sont semblables.

Œuf de 0,032 sur 0,023, d'un gris verdâtre avec des taches foncées nombreuses surtout vers le gros bout.

La pie qui vit sédentaire dans toutes les contrées de la France reste presque toujours isolée, ce n'est que l'hiver que l'on voit les familles se réunir en troupes qui ne sont composées que de quelques individus.

Il est peu d'oiseaux aussi voleur, pillard et bavard que la pie, voleur sans but, car elle prend des objets brillants en métal qui lui sont absolument inutiles pour les cacher dans un coin quelconque; maintes fois, elle a volé des dés à coudre, des clefs, des pièces d'argenterie, dont elle ne peut tirer aucun parti.

D'un naturel défiant, elle sait très bien faire la différence d'un fusil et d'un bâton portés par la même personne ; elle a appris que le fusil fait grand bruit et lance le plomb meurtrier, si donc elle voit un garde avec un fusil, à moins d'être surprise et tomber dans

Pie

une embuscade elle ne s'approchera qu'en laissant près d'un demi-kilomètre entre elle et son ennemi ; si au contraire il ne cache rien sous ses vêtements et se promène la canne à la main, c'est à quelques mètres qu'elle sautillera sur la route devant lui.

Dénicheuse de petits oiseaux, voleuse d'œufs, destructrice de gibiers, fouilleuse de champs fraîchement ensemencés, pillarde par plaisir, tels sont à peu près

ses rôles, si elle nous rend quelques services au printemps en détruisant des insectes nuisibles et quelques
petits rongeurs, ils ne nous paraissent pas compensés
par la dîme trop importante qu'elle prélève sur nos
moissons et la guerre qu'elle fait à nos meilleurs
auxiliaires ; aussi à qui a du bien au soleil, conseil-
lerons-nous de partager notre haine contre ce type de
maraudeur.

Crave ordinaire — *Coracia gracula* (Linné) (pl. 9. fig. 8)

Taille 0,42 cent., entièrement noir, bec et pattes
rouges, iris brun.

Œuf de 0,035 sur 0,025 d'un gris verdâtre avec des
taches brunes et rousses.

Le crave habite les montagnes des Alpes et des
Pyrénées, l'hiver il descend dans la vallée pour
chercher dans les excréments du bétail les insectes qui
y fourmillent, il fait son nid dans les rochers escarpés,
dans les vieux édifices, vit par petites bandes.

On le trouve aussi dans les falaises de Belle-Isle sur
l'Océan, où on l'appelle la corneille de Belle-Isle.

Chocard alpin — *Pyrrhocorax alpinus* (Linné) (pl. 9, fig. 9).

Taille 0,40 environ, entièrement noir, bec et pattes
jaunes, iris brun foncé.

Œuf de 0,032 sur 0,022, d'un blanc sale avec des
taches plus foncées et jaunâtres.

Il ne se trouve que dans les contrées les plus inaccessibles
des Alpes et des Pyrénées, le mauvais temps seul peut
le contraindre à descendre dans les vallées, il se nourrit
d'insectes, de vers, de baies et de graines.

Casse-noix — *Nucifraga caryocatactes* (Linné) (pl. 9, fig. 5)

Taille 0,35, entièrement brun, les plumes terminées par des taches blanches en forme de larmes, plus larges en dessous, manquant complètement sur la tête ; sous-caudales blanches ; ailes et queue noires, celle-ci terminée de blanc ; la femelle ressemble au mâle.

Œuf de 0,035 sur 0,024, d'un gris bleu parsemé de points brunâtres surtout au gros bout.

Cet oiseau ne se rencontre en France que dans les Vosges et le Jura et peut-être quelques localités des Alpes, il habite les forêts de conifères, place son nid vers le sommet des arbres, se nourrit de graines de pin et de sapin, de noisettes et autres fruits sylvestres et aussi d'insectes. Il est assez farouche, l'hiver il vit en bandes et parfois se rencontre de passage dans le nord et l'est.

Il présente une particularité curieuse ; à la base de la langue il a une poche près de l'ouverture de l'œsophage où il emmagasine la nourriture pour la transporter dans son grenier à réserve, situé généralement dans un trou d'arbre, il va quelquefois fort loin faire sa récolte, c'est toujours par petites bandes dont un ou deux sujets restent en sentinelle pour avertir d'un danger pendant que les autres sont tout à la provende.

LES PIES GRIÈCHES

Pourvues d'un bec crochu, avec une dent bien accusée comme les faucons, des pattes fortes armées d'ongles très recourbés et forts, les pies grièches sont des oiseaux de proie en miniature, aussi bien par leur conformation que par leurs mœurs. Elles se nourrissent d'insectes surtout et aussi de jeunes oiseaux, à l'instar des pies, des geais, avec lesquels elles ne manquent pas d'anologie; elles font des provisions pour les mauvais jours, mais comme leurs réserves se composent de matières animales qui seraient certainement détruites par la décomposition si elles les mettaient dans un trou d'arbre toujours humide, elles conservent surtout des insectes qu'elles embrochent sur une épine d'arbre et les laissent là se démener au soleil jusqu'à ce que mort s'ensuive.

Elles s'attaquent aussi aux jeunes oiseaux encore au nid, leur appétit rassasié elles les piquent sur une épine comme elles le pratiquent pour les insectes.

Toutes viennent dans nos contrées au moment de la reproduction, elles arrivent au printemps pour repartir en automne, habitent généralement les bois ou les plaines où il y a de grands arbres, se posent volontiers à terre pour chercher des insectes dont elles font une grande destruction.

Lorsqu'elles sont jeunes, leur plumage est toujours bariolé transversalement de brun, le dessus est d'un brun fauve avec des ondes noirâtres.

Elles ont le talent d'imiter le chant des oiseaux qui fréquentent les mêmes parages qu'elles.

Pie grièche grise — *Lanius excubitor* (Linn) (pl. 4, fig. 2)

Taille 0,24, gris cendré en dessus, les ailes noires avec deux tâches blanches, les plumes du dos qui les recouvrent de même couleur ; sourcils blancs, une tâche noire derrière l'œil qui se prolonge au delà et en dessous, queue noire et blanche, *ventre blanc*.

La femelle est un peu plus foncée, le dessous marqué de tâches brunes peu apparentes.

Bec brun, la base de la mandibule inférieure est jaunâtre, iris brun.

Œuf de 0,027 sur 0,020, d'un vert sale avec des tâches plus foncées et plus nombreuses au gros bout.

Elle est sédentaire dans le nord de la France, fréquente surtout les bois, niche sur les arbres les plus élevés.

Pie grièche méridionale — *Lanius meridionalis* (Temme)
(pl. 4, fig. 1)

Taille 0,25, elle ressemble beaucoup à la grise, mais en diffère par les teintes du dessus ardoisées, le ventre rose vineux ; la femelle ne diffère du mâle que par ses teintes plus sombres, le noir de la tête moins étendu. Bec brun. plus clair à la mandibule inférieure, iris brun très foncé.

Cette espèce peut être considérée comme seulement méridionale, elle est commune, dit-on, aux environs de Nîmes, elle fréquente les endroits arides et pierreux.

Pie grièche d'Italie — *Lanius minor* (Gmelin) (pl. 4, fig. 3)

Taille 0,22, outre sa taille plus petite, cette espèce diffère des deux autres par le *front noir*, les plumes du dos qui recouvrent les ailes sont gris cendré comme le reste du dessus, le ventre est blanc lavé de rose ; la femelle ne présente d'autre différence que le noir de la tête moins pur et le dessus plus sombre.

Œuf de 0,025 sur 0,017, d'un vert douteux avec des

tâches plus foncées et plus nombreuses au gros bout.

Bien que peu répandue, elle paraît se trouver aussi bien dans le nord qu'au midi, peut-être toutefois est-elle plus fréquente dans le sud ; elle habite les bois, et plus volontiers les grands arbres isolés dans les plaines.

Pie grièche écorcheur— *Lanius collurio* (Linné) (pl. 4, fig.5)

Taille 0,27, dessus de la tête et du cou gris cendré, dos roux, ventre blanc rosé, une bande noire passe au-dessus du bec, traverse les yeux, couvre les oreilles ; la

Pie grièche écorcheur

femelle diffère du mâle par les teintes moins nettes et plus enfumées, et surtout le ventre qui, au lieu d'être uni, est marqué de traits bruns disposés transversalement.

Œuf de 0,024 sur 0,016, d'un blanc douteux avec des points et des tâches brun rougeâtre souvent plus nombreuses vers le gros bout.

C'est l'espèce la plus répandue en France, et celle qui a l'habitude d'embrocher sur les épines les insectes ou les petits oiseaux qu'elle ne peut dévorer séance tenante.

Elle niche surtout dans les buissons.

Pie grièche rousse — *Lanius rufus* (Briss) (pl. 4, fig. 4)

Taille 0,19, dessus noir, sauf la calote de la tête et le cou roux, deux tâches blanches au-dessus des ailes,

Pie grièche rousse

celles-ci noires avec une tâche blanche au milieu, queue noire, blanche à la base, dessous blanc sale.

La femelle a les teintes moins tranchées.

Œuf de 0,025 sur 0,017, d'un blanc verdâtre avec des tâches brunes formant une couronne vers le gros bout.

Très répandue par toute la France, elle fréquente plus volontiers les coteaux boisés et la lisière des bois, elle niche le plus souvent dans les buissons; lorsque les petits sont sortis du nid ils restent quelque temps en compagnie de leurs parents.

GROUPE DES MÉSANGES

Les mésanges forment un petit groupe d'oiseaux d'aspect tout particulier, leur corps est ramassé, leur plumage très duveteux les fait paraître encore plus gros, tous sont des oiseaux de petite taille et fort agiles, des chercheurs d'insectes infatigables.

Dans ce groupe nous avons réuni les roitelets, le troglodyte et les mésanges.

TABLEAU DU GROUPE DES MÉSANGES

	Queue très courte, relevée......................	**Troglodyte.**
	Queue moyenne ou longue, baissée dans la position du repos...................	*a.*
a	Dessus de la tête avec des plumes longues qui se redressent et forment une houppe jaune mêlée de rouge vif.......................	**Roitelet.**
	Dessus de la tête sans huppe ou avec une huppe de même teinte que le plumage du corps... ..	**Mésanges.**

LES ROITELETS

Les roitelets sont les plus petits oiseaux de notre pays et aussi peut-être les plus élégants ; lorsqu'ils

sont en colère ou qu'ils veulent faire le beau, ils dressent leur huppe couleur de feu bordée de noir et ont des airs et des tournures des plus gracieuses ; on les voit souvent en automne, les deux espèces confondues, voletant en compagnie d'arbre en arbre, de buisson en buisson, rarement ils font un grand bond ; ils se nourrissent surtout d'insectes et particulièrement de chenilles de petites tailles, aussi de petites graines.
Leur nid placé à l'extrémité des pins ou des sapins est très artistement construit, il est sphérique, avec une ouverture dans le haut ; bien que d'un naturel peu craintif, ils ne supportent pas facilement la captivité.

Roitelet huppé — *Regulus cristatus* (Hacham) (pl. 7, fig. 3)

Taille 0,095, dessus d'un brun olivâtre, dessous gris ; la tête ornée d'une huppe de plumes feu au milieu, celles-ci bordées de noir sur les côtés ; la femelle ne diffère que par les plumes de la huppe plus pâles.

Bec noir, iris brun très foncé.

Œuf de 0,013 sur 0,009, d'un blanc gris ou rosé avec des petits points gris et roux assez pâles.

Roitelet moustaches ou à triple bandeau
Regulus ignicapillus (Briss) (pl. 7, fig. 4)

Ressemble beaucoup au précédent, en diffère par les bandes sourcillières blanches qui passent devant le front et s'y rejoignent et par le noir qui entoure les plumes de la huppe même sur le devant de la tête et à la nuque.

La femelle présente les mêmes caractères, la huppe est plus jaunâtre.

Œuf comme le précédent.

Troglodyte — *Troglodytes parvulus* (Linné) (pl. 7, fig. 5)

Taille 0,10 environ, brun en dessous, marqué de bandes transversales brunes plus visibles aux parties inférieures, sourcils gris, dessous plus cendré, bas du ventre marqué de raies comme le dos ; bec et iris brun.

Œuf de 0,015 sur 0,012 d'un blanc pur, parsemé de petits points bruns surtout vers le gros bout.

Le troglodyte, que beaucoup appellent roitelet par erreur, est peut-être le plus familier des oiseaux sauvages, souvent il est à peine à un mètre de distance, il ne semble pas se préoccuper de la présence d'une personne, il sautille. se cache, reparaît, se pose en haut d'une brindille, le corps dressé, la queue complètement relevée, il dit sa petite chanson et le voilà parti, il a traversé le roncier le plus fourni comme s'il connaissait tous les trous capables de lui livrer passage, il va y chercher les chenilles, les insectes qui sont la base de sa nourriture, il y ajoute quelques petites graines et des fruits à pulpe tendre ; l'hiver, par les grands froids, il se rapproche des habitations, visite les greniers, les granges, les étables, il entre même dans la maison, ne restant jamais en place ; plein de vivacité autant que de familiarité, dans beaucoup de contrées il est protégé, cette protection qu'on lui accorde c'est bien plus pour sa grâce, sa gentillesse que par calcul pour les services qu'il nous rend. qu'importe la raison puisque le but est atteint.

Si l'homme n'est pas son ennemi, l'un de nos compagnons lui fait une guerre sans relâche, c'est le chat ;

Troglodyte

ces maudites bêtes toujours à l'affut les guettent et savent si bien se dissimuler que leur patience est trop souvent récompensée.

Il fait son nid n'importe où ; pourvu qu'il trouve un endroit où il compte être tranquille, il ne regarde pas si c'est un buisson, un trou d'arbre, une touffe d'herbe, le dessous d'un toit de chaume, un vieux mur, peu lui importe, ce qu'il veut avant tout c'est y être tranquille ; ce desideratum réalisé il s'occupe de sa construction, les matériaux sont aussi divers que les situations, il prend ce qu'il trouve, pourvu que ce soit bien chaud, bien doux pour tapisser le dedans c'est le point essentiel, il se servira aussi bien de paille, de feuilles sèches que de mousse, de crins, de poils ; si on le dérange, si même on le regarde, il s'en va et construit un autre gîte, dans un endroit qu'il considère comme plus propice.

LES MÉSANGES

Le type le plus accompli de grâce et d'agilité est, parmi les oiseaux, les mésanges. Toujours vives et alertes elles parcourent sans relâche les troncs, les branches, grimpant, sautant, parfois la tête en bas, toujours dans les postures les plus gracieuses, elles sont à la recherche des œufs d'insectes, de chenilles, de moucherons et de larves de toutes sortes ; il n'est pas un sillon de l'écorce, une fourche de branche qui ne soit visité et où elles ne trouvent quelques bestioles à leur convenance.

Les mésanges construisent des nids très douillettement tapissés à l'intérieur, la mésange à longue queue et la remiz y mettent de plus un art tout à fait remarquable ; elles le suspendent aux branches et lui donnent la forme d'une bourse avec un trou ou deux sur le côté vers le haut, l'ouverture de celui de la remiz est même précédé d'un tube qui forme vestibule ; les autres espèces recherchent les trous des arbres, des murailles, des rochers, elles pondent généralement un grand nombre d'œufs, quelquefois jusqu'à dix-huit et vingt, aussi il faut voir le va-et-vient incessant des parents lorsqu'il s'agit au printemps de donner la béquée à un peloton d'affamés aussi nombreux, qui sont toujours le bec ouvert se disputant à qui aura la chenille ou l'insecte apporté. Lorsqu'on pense à la quantité considérable de bêtes que les parents doivent trouver pour pourvoir pendant des semaines à la subsistance de ces petits voraces, on arrive à une multiplication formidable qui est une preuve sans conteste des services que peut rendre un couple de mésanges, aussi doit-on les protéger et favoriser leur multiplication.

L'hiver elles voyagent en petites bandes, sautant de branche en branche, voletant d'arbre en arbre mais ne se quittant pas ; elles sont d'un caractère des plus sociables et s'accoutument assez bien à la captivité ; j'ai énuméré leurs qualités, je dois parler de leurs défauts ; pour les autres espèces elles sont querelleuses et féroces, lorsqu'elles rencontrent un oiseau faible elles n'hésitent pas à l'attaquer, même s'il est plus gros et plus fort qu'elles, c'est aux yeux qu'elles s'en prennent d'abord, leur ennemi aveuglé elles lui fendent le crâne et se délectent de leur cervelle. Croirait-on trouver tant de cruauté dans un animal plein de gentillesse et qui paraît l'être le plus inoffensif de la gent emplumée, aussi ne peut-on en captivité les mettre avec d'autres oiseaux, car elles les exterminent tous les uns après les autres, maintes fois on a eu des exemples de mésanges dévorant la cervelle de cailles qu'elles avaient aveuglées.

Mésange noire — *Parus ater* (Linné) (pl. 10, fig. 2)

Taille 0,12, tête noire dessus avec une tâche blanche derrière, côtés blancs, gorge et poitrine noire, dos gris, ailes et queue brunes, ventre blanc sale, brun sur les côtés, la femelle est semblable toutefois le noir de la gorge et de la poitrine est moins étendu.

Œuf de 0,015 sur 0,012, d'un blanc douteux avec de petites tâches rouges pâles.

L'été elle vit dans les bois, sur les montagnes, l'hiver elle descend dans la plaine et voyage par petites bandes ; elle place son nid dans les trous des vieux murs ou des rochers.

Mésange bleue — *Parus cœruleus* (Linné) (pl. 10, fig. 1)

Taille 0,12; dessus de la tête bleu entouré de blanc, côtés blancs, dessus du corps vert sombre, ailes et queue bleu cendré, gorge d'un noir bleu d'où part un collier bleu foncé, ligne de même couleur traversant les yeux ; ventre jaune, milieu noir. La femelle est pareille.

Œuf de 0,016 sur 0,012, marqué de petits points bruns et de tâches rousses.

Mésange bleue

C'est l'une des espèces les plus cruelles, gare aux oiseaux qu'elle pourra atteindre, elle ne manquera pas de les tuer pour manger leur cervelle.

Elle niche dans les trous des vieux murs et pond de 8 à 10 œufs.

Mésange charbonnière — *Parus major* (Linné) (pl. 10, fig. 8)

Taille 0,15, tête noire à reflets bleus de même que la gorge et le milieu du ventre, joues blanches, dos olivâtre, ailes et queue grises, flancs jaunes ; la femelle est semblable

Œuf de 0,019 sur 0,014, d'un blanc douteux avec des petits points brun rouge, plus nombreux au gros bout.

C'est la plus répandue et la plus commune partout, elle niche dans les trous

Mésange charbonnière

des murs, des rochers, dans les troncs d'arbres, et pond de huit à quinze œufs, quelquefois jusqu'à dix-huit.

Mésange huppée — *Parus cristatus* (Linné) (pl. 10, fig. 3)

Taille 0,12, tête blanche sur les côtés, garnie d'une huppe de plumes noires bordées de blanc, dos brun, gorge noire, ventre blanc sale, fauve sur les côtés. La femelle est pareille, peut-être un peu plus enfumée.

Œuf de 0,015 sur 0,013, blanc avec des petites tâches brun rouge ; elle niche dans les trous des arbres ou des murailles, et pond de cinq à dix œufs.

Elle paraît plus répandue dans l'est de la France, où elle est sédentaire; elle est de passage l'hiver dans les autres contrées.

Mésange nonette — *Parus palustris* (Linné) (pl. 10, fig. 5)

Taille 0,12, dessus de la tête noir, dos gris brun, joues blanchâtres, gorge noire, ventre blanc sale, les côtés brunâtres; la femelle ressemble au mâle.

Œuf de 0,015 sur 0,012. blanc avec de petits points rouge brun, quelquefois confluents au gros bout.

La nonette habite les parties humides des bois, elle fait son nid dans les trous des arbres surtout des pommiers, des saules; elle est commune partout, mais toujours en assez petit nombre.

Mésange à longue queue — *Parus caudatus* (Linné)
(pl. 10. fig. 6)

Taille 0,155, tête, cou et poitrine blanc varié de brun et de noir, dos noir au milieu, d'un roux rosé sur les côtés; ailes noires, quelques plumes frangées de blanc, ventre blanc sale tacheté de rosé sur les côtés et les parties inférieures. Queue très étagée noire, les trois plumes latérales marquées de blanc, la femelle diffère du mâle par une bande noirâtre qui passe au-dessus des des yeux et se prolonge jusqu'au dos.

Œuf de 0,013 sur 0,010, blanc avec de petits points rouge brique plus ou moins nombreux manquant parfois complètement.

L'hiver, la mésange à longue queue voyage par petites troupes, jamais l'on ne rencontre d'individus

isolés ; son nid, qu'elle place dans les buissons, est en
forme de bourse, elle pond de dix à quinze œufs quelquefois plus.

Mésange à moustaches — *Parus biarmicus* (Linné)
(pl. 10, fig. 4)

Taille 0,17 ; mâle : tête gris cendré avec de grandes
moustaches noires qui partent au-dessus des yeux,
dessus d'un roux vif, ventre blanc, roux sur les flancs
    Femelle : presque uniformément rousse, sans gris
sur la tête, ni de moustaches noires.
    Œuf de 0,015 sur 0,012, d'un blanc rosé avec des
taches et des traits rouge pâle ou brun violacé.
    Cette espèce est rare en France et peu commune
partout, elle habite les marais et particulièrement ceux
des environs de Péronne, l'hiver elle voyage en petites
bandes d'une douzaine d'individus au plus.

Mésange remiz — *Parus pendulinus* (Linné) (pl. 10, fig. 7)

Taille 0,10, dessus de la tête et gorge d'un blanc plus
ou moins lavé de gris, côtés noirs, dos d'un roux vif,
tâché de brun dans le haut ; dessous d'un gris clair
roussâtre ; ailes et queue noires, les plumes frangées de
roux clair.
    Femelle pareille, les teintes plus sombres, le dessus
de la tête roux parfois comme le dos.
    Œuf 0,014 sur 0,011, d'un blanc légèrement azuré.
    C'est une espèce méridionale qui ne s'égare qu'acci-
dentellement dans le nord et le centre de la France, son
nid est un modèle de construction, il est généralement

attaché à une branche d'arbre pendant au-dessus de l'eau, on l'a comparé à une cornemuse, il représente une sorte de besace pendant à une bifurcation de branches, ayant d'une part une entrée circulaire, puis sur le côté un prolongement qui forme couloir et donne accès à l'intérieur ; lorsque la période d'incubation est terminée, les parents bouchent le trou circulaire et ne laissent d'autre issue que le tube de côté, parfois cependant on trouve à l'arrière-saison, des nids abandonnés qui ont encore les deux ouvertures.

On dit cette espèce commune aux environs de Pezenas et en Provence.

GROUPE DES MERLES

a	Queue courte relevée, tarses longs et grêles, oiseau coureur..............................	**Cincle.**
b	Queue moyenne non relevée quand l'oiseau est perché....	c
c	Plumage noir et rose tendre.	**Martin.**
	Plumage entièrement bleu cendré, ou de cette couleur avec le ventre roux...	**Pétrocincle.**
	Plumage noir à reflets métalliques et pointillé de blanc.	**Étourneau.**
	Plumage entièrement noir ou noir brun, avec un collier blanc...........	**Merles.**
	Plumage varié de gris et de brun avec le ventre plus clair..................................	**Grives.**
	Plumage noir et jaune vif chez le mâle...	**Loriot.**

Cincle plongeur — *Cinclus aquaticus* (Bechst) (pl. 11, fig. 8)

Taille 0,17, dessus brun, la tête et la queue plus roux, gorge et poitrine blanches, ventre brun.
Femelle semblable.

Œuf de 0,025 sur 0,019, d'un blanc pur.

Cet oiseau ne vit que dans les contrées montagneuses, et toujours au bord des torrents où il pénètre souvent se trouvant complètement submergé et courant sur le fond comme s'il était sur la terre sèche; il se nourrit de vers, d'insectes et de petits mollusques, il est surtout commun dans les Alpes et les Pyrénées.

Martin roselin — *Pastor roseus* (Linné) (pl. 8, fig. 13)

Taille 0,22, tête, cou, ailes, queue et cuisses noir brillant violacé, le reste du corps d'un beau rose, la tête garnie d'une huppe de plumes longues et effilées. Femelle pareille au mâle, la huppe est plus courte, les couleurs moins vives; les jeunes sont entièrement bruns, le fond du plumage de la gorge est blanc; bec d'un rose sale avec la pointe brune.

Œuf de 0,024 sur 0,018, d'un bleu verdâtre pâle.

Bien qu'assez rare et de passage irrégulier en France, nous avons cru devoir signaler l'une des espèces les plus utiles parmi les oiseaux, parce qu'il ne se nourrit que d'insectes et particulièrement de sauterelles, dont il consomme des quantités considérables.

D'une nature très sociable, leurs nids sont toujours groupés, ils les établissent dans les trous des rochers et recherchent des endroits absolument tranquilles ; ils ont beaucoup des mœurs des étourneaux et comme eux, vivent l'hiver en bandes nombreuses, parcourant les prairies pour chercher leur nourriture.

Loriot — *Oriolus galbula* (Linné) (pl. 8, fig. 3)

Taille 0,26, entièrement d'un jaune vif, sauf les ailes et la base de la queue noires.

Femelle, dos brun jaunâtre, ailes brunes, poitrine blanc gris, les flancs et les sous caudales jaunes, de longs traits bruns au ventre, extrémité des plumes de la queue tachée de jaune.

Les jeunes ressemblent aux femelles avec les teintes moins nettes.

Œuf de 0,03 sur 0,02, d'un blanc pur semé de points assez distincts d'un brun plus ou moins foncé.

Le loriot est un siffleur émérite, son chant est mélodieux, on l'a traduit par cette phrase qui dépeint bien les mœurs de l'oiseau : « compère loriot qui mange les cerises et laisse les noyaux », c'est en effet un mangeur de fruits qui semble avoir une affection toute particulière pour les cerises ; il fréquente la lisière des bois, surtout lorsqu'il y a des arbres fruitiers aux environs capables de lui procurer des fruits mûrs, de juin en août, car dès le mois de septembre il part pour ne revenir qu'en avril ou mai ; il se nourrit aussi d'insectes.

Doté de couleurs très vives et très voyantes, le loriot semble avoir conscience de la touche qu'il doit produire au milieu de la note sombre des arbres, il sait se cacher si soigneusement qu'il est fort difficile de le voir même lorsqu'on l'entend chanter au-dessus de sa tête.

Son nid est d'une construction remarquable, il est en forme de coupe et est suspendu à l'enfourchement d'une petite branche.

LES MERLES

Les merles et les grives forment une famille bien naturelle, dont tous les oiseaux qui la composent ont à

peu de chose près la même taille et surtout les mêmes
mœurs, la même conformation de bec, tous sont
insectivores et frugivores, préférant les baies et les
fruits pulpeux aux graines sèches et dures ; ils vivent
dans les bosquets, les jardins, les bois, ils nichent dans
les arbres et quelques-uns dans les trous des vieux
murs, fort peu restent l'hiver dans les contrées froides
de la France. il n'y a que le merle noir qui puisse être
cité comme sédentaire, encore tous les individus de cette
espèce ne le sont-ils pas, bon nombre émigrent l'hiver
par bandes.

Merle noir — *Turdus merula* (Linné) (pl. 8, fig. 2)

Taille 0,26, mâle tout noir, le bec jaune ; femelle
brun uniforme en dessus, dessous d'un brun roux
tacheté, blanchâtre à la gorge, d'un roux plus vif à la
poitrine.

Œuf de 0,03 sur 0,02, d'un vert bleuâtre sale avec
des taches brunes ou rougeâtres.

Le merle noir fréquente les bosquets, les jardius, il
vit volontiers par couples, construit son nid dans les
buissons, les taillis, s'il mange quelques fruits au
printemps il détruit des quantités considérables d'insectes ; il est d'un naturel très défiant et farouche ; il
supporte cependant aisément la captivité et apprend à
siffler, à répéter des airs et même des paroles, mais il
ne se reproduit pas en volière.

Merle à plastron — *Turdus torquatus* (Linn.) (pl. 8, fig. 1)

Taille 0,28, d'un brun foncé partout excepté à la
poitrine qui est traversée par un large trait blanc, le

ventre a les plumes bordées de cendré blanchâtre.

La femelle est brune avec les plumes bordées de plus clair, le collier d'un blanc pâle roussâtre.

Les jeunes ont toutes les teintes plus enfumées, le collier est à peine visible.

Œuf de 0,03 sur 0,022, d'un vert sale avec des taches brunes.

Cette espèce est surtout fréquente dans l'Est de la France, on la rencontre cependant un peu partout au moment de ses migrations surtout en octobre comme le merle noir, elle mange beaucoup d'insectes au printemps, des baies et des fruits tendres plus tard, l'hiver les fruits de sorbier font ses délices ; contrairement à ses congénères, elle niche souvent par terre au pied d'un buisson, dans un roncier bien abrité, elle est d'un naturel farouche et ne fréquente pas les jardins, mais se tient de préférence dans les endroits montagneux et solitaires ; émigre par petites familles en automne pour revenir vers la fin d'avril.

Grive musicienne — *Turdus musicus* (Linné) (pl. 8, fig. 4)

Taille 0,23, dessus d'un brun uniforme, dessous blanc lavé de roux clair, chaque plume marquée au bout d'une tache brune, première remige ayant à peine deux centimètres, la deuxième plus longue que la cinquième, les troisième et quatrième égales en longueur, dessous des ailes roux de rouille clair ; femelle semblable.

Œuf de 0,028 sur 0,015 d'un bleu verdâtre avec quelques points bruns vers le gros bout, parfois unicolore.

C'est la vraie grive, bien que l'on confonde souvent sous ce nom la litorne, la draine et le mauvis, c'est à l'automne qu'on la chasse au moment de ses migrations pour se rendre dans des contrées où l'existence lui est plus facile, à cette époque elle est très grasse et devient un mets des plus délicat, elle se tient alors de préférence dans les vignes, les bosquets qui avoisinent les champs, les fruits de sorbier est un de ses régals, aussi s'en sert-on pour amorcer les places autour desquelles on dispose des collets et des gluaux ; sa gourmandise cause sa perte, elle s'empoisse les ailes et ne peut plus voler, elle s'étrangle dans les nœuds coulants de crins ; on en prend aussi des quantités considérables, c'est surtout dans les Ardennes que cette chasse destructive est ainsi pratiquée.

Grive draine — *Turdus viscivorus* (Linné) (pl. 8, fig. 5)

Taille 0,29, dessus brun clair, marqué de roux au bas du dos, ventre blanc roussâtre marqué de taches brunes au bout de chaque plume, triangulaires au cou, ovales au ventre.

Première remige ayant à peine vingt-cinq millimètres de long, la deuxième aussi longue que la cinquième.

La femelle ne diffère du mâle que par les teintes du dessus plus claires, celles du dessous plus rousses.

Œuf de 0,030 sur 0,021, d'un blanc gris avec des taches peu nombreuses brun roux.

C'est la plus grosse espèce de grive de nos contrées, elle habite principalement le nord de la France, c'est là qu'elle niche dans les arbres, elle se nourrit d'insectes, de vers et de fruits, et affectionne particulièrement ceux du gui; on l'accuse même de propager cette plante parasite par les graines mal digérées qu'elle répand sur les arbres ; l'automne elle voyage par petites familles et se rencontre partout.

Grive litorne — *Turdus pilaris* (Linné) (pl. 8, fig. 6)

Taille 0,26, dessus gris cendré uniforme à la tête et au cou, dos brun, les plumes bordées de roux, dessous roux clair à la gorge et à la poitrine, avec des taches noires au bout de chaque plume excepté au milieu de la gorge.

La femelle ne diffère que par les teintes du dessus un peu plus sombres et la gorge plus blanche.

Œuf de 0,028 sur 0,020, d'un gris verdâtre avec des petites taches roux foncé.

Fréquentant assez volontiers les forêts, elle est surtout un oiseau de passage qui se répand chaque année dans presque toutes les contrées de la France ; il n'est pas rare de la rencontrer en compagnie de la mauvis et de la draine, et souvent en troupes nombreuses ; bien que sa chair soit loin de valoir celle des autres espèces, on la vend sans distinction sur les principaux marchés ; ceux qui en la mangeant la confondent avec la grive musicienne ou la mauvis, peuvent être des gourmands, mais ne passeront jamais pour des gourmets.

Grive mauvis — *Turdus iliacus* (Linné) (pl. 8, fig. 7)

Taille 0,22, dessus brun uniforme, large sourcil blanc sur les yeux ; dessous blanc, excepté sur les flancs qui sont d'un roux vif, gorge et poitrine marquées de taches brunes, dessous des ailes d'un roux vif. Première remige n'ayant pas deux centimètres de long, la deuxième plus longue que la cinquième. La femelle ne diffère du mâle que par la bande sourcillière plus rousse.

Œuf de 0,027 sur 0,020, pareils à ceux du merle noir.

C'est surtout à l'automne lors de ses émigrations en grandes bandes qu'on la voit fréquemment en France ; sa chair est très délicate, aussi elle est recherchée sur tous les marchés. Elle fréquente les vergers, son vol est des plus rapide.

Pétrocincle de roche — *Turdus saxatilis* (Linné) (pl. 8, fig. 9)

Taille 0,21, tête et cou d'un bleu cendré, dos ardoisé varié de blanc, ailes et queue rousses, de même que la poitrine et le ventre.

Femelle d'un brun cendré, quelques taches blanc sale sur le dos, gorge blanche variée de brun, poitrine et ventre jaune roux avec de fines raies transversales brunes.

Œuf de 0,028 sur 0,020, d'un vert clair uniforme.

C'est une espèce essentiellement méridionale, fréquentant les montagnes, aussi ne la rencontre-t-on en France que dans les Alpes, les Pyrénées et le littoral méditerranéen, elle fait son nid dans les trous des rochers ou des vieux murs, l'hiver elle descend dans les vallons et se hasarde parfois jusqu'au milieu des grandes villes.

Pétrocincle bleu — *Turdus cyaneus* (Linné) (pl. 8, fig. 8)

Taille 0,23, entièrement d'un bleu cendré, les plumes de la poitrine et du ventre bordées de brun, finement liserées de blanc sale, les ailes et la queue presque noires. La femelle a les teintes plus enfumées, la poitrine et la gorge marquées de roussâtre, les plumes du ventre plus brunes.

Œuf de 0,028 sur 0,02, d'un vert clair uniforme.

Le Pétrocincle bleu a les mêmes mœurs que l'espèce précédente, il est peut être moins frugivore, comme lui il aime à se percher sur les points isolés, mais il préfère les coins de rochers, les vieilles tours, les grands édifices, et choisit rarement les hautes branches sans feuilles qui paraissent être le poste favori du Pétrocincle de roche.

Cette espèce est aussi méridionale que la précédente.

Étourneau ou Sansonnet — *Sturnus vulgaris* (Linné) (pl. 8, fig. 10)

Taille 0,23, entièrement d'un noir brillant à reflets verts et violets, les plumes terminées par une tache d'un blanc roussâtre ou d'un blanc pur ; femelle pareille.

Œuf de 0,027 sur 0,020, vert d'eau pâle sans taches.

L'Étourneau, qui vit sédentaire en France, se réunit l'hiver par bandes énormes de plusieurs milliers d'individus, il fréquente particulièrement les prairies où paissent les troupeaux, il n'est pas rare de les voir se poser sur le dos des moutons et des bœufs, il se nourrit surtout d'insectes, et trouve une abondante nourriture dans les pacages où les fientes des animaux sont criblées de boursiers et de myriades de larves et d'insectes parfaits.

Les amateurs d'oiseaux de cage le recherchent pour ses aptitudes naturelles à siffler les airs qu'on lui répète souvent, il arrive même à imiter assez bien la voix humaine, on le nourrit de pâtée composée de graines pilées (chenevis, colza, alpistes), auxquelles on ajoute du cœur de bœuf haché ou de la viande mise en très menus morceaux ; il supporte la captivité assez aisément et arrive même à reconnaître la personne qui le soigne et le nourrit, et devient parfois des plus familiers.

Il niche dans les trous des murailles, des arbres, des rochers, certains vieux édifices n'ont pas une cavité sans un nid de sansonnet, à moins que ce ne soient des choucas les premiers occupants ; ils habitent même le centre des grandes villes et par conséquent vont fort loin chercher leur nourriture.

Les sansonnets sont si répandus partout que c'est par centaines de mille que se traitent leurs dépouilles qui sont très employées pour faire des parures destinées aux chapeaux des dames, Paris seul reçoit plus de deux millions de sansonnets chaque année pour cet usage, il est vrai de dire qu'ils viennent de beaucoup d'endroits ; on ne peut que regretter de voir les caprices de la mode provoquer la destruction d'oiseaux aussi utiles, heureusement que toute mode est passagère ce qui laisse espérer que ces destructions ne résisterons pas aux caprices des toilettes qui n'ont qu'un temps.

GROUPE DES GROS BECS

Mandibule inférieure présentant une dent bien
développée à la base interne (fig. 1)........... **Bruant**.

fig. 1
bruant

Mandibule inférieure sans dents. .... *a*.

a Mandibule inférieure prolongée en l'air au point
de se croiser avec la supérieure (fig. 2).......... **Becs croisés.**

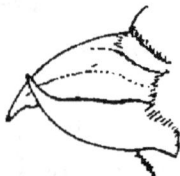 

fig. 2   fig. 3
bec croisé   bouvreuil

Mandibule inférieure ne dépassant pas la
supérieure....................... .... *b.*

b Mandibule inférieure presque égale en hauteur
à la supérieure (fig. 3)...................... **Bouvreuils**

fig. 4   fig. 5   fig. 6
chardonneret   pinson   moineau

Mandibule inférieure sensiblement moins haute
que la supérieure (fig. 4, 5, 6)................ **Fringilles.**

LE BEC CROISÉ

Nous n'en avons qu'une seule espèce en France, c'est
un oiseau facilement reconnaissable à la forme singulière de son bec dont les pointes se croisent ; il n'est pas
commun, tant s'en faut, il en arrive cependant certaines
années des bandes considérables de sorte qu'on en voit
des quantités apportées sur le marché des grandes
villes ; mais ces passages sont très irréguliers et nous
ne connaissons pas les raisons qui les provoquent.

En 1888, sa présence a été signalée dans l'est de la
France par les dégâts considérables qu'il a commis
dans les plantations de conifères du Doubs, il coupait
les bourgeons des pins et des sapins.

Bec croisé ordinaire — *Loxia curvirostra* (Linné) (pl. 4, fig. 9)

Tout le corps rouge brique, plus ou moins jaunâtre suivant les exemplaires, le haut du dos toujours plus sombre ; ailes et queue brunes.

La femelle ressemble au mâle mais le rouge est remplacé par un jaune verdâtre.

Bec brun, yeux rouge cramoisi chez les adultes, plus ternes chez les jeunes.

Œuf de 0,02 sur 0,015 d'un blanc verdâtre avec des points bruns plus nombreux vers le gros bout.

Le bec croisé habite les forêts de conifères, il paraît se nourrir presque exclusivement des graines de pins et de mélèze, il est sédentaire dans certaines contrées des Vosges, des Alpes, des Pyrénées et de passage dans d'autres surtout vers l'automne, il voyage toujours en bandes nombreuses.

LES BOUVREUILS

Les bouvreuils ont pour caractère principal un bec court presque aussi haut que long, à mandibules bombées, la supérieure dépassant l'inférieure, ce sont des granivores qui au printemps, aiment beaucoup trop les bourgeons des arbres fruitiers, car ils commettent souvent des dégâts importants.

Bouvreuil vulgaire — *Pyrrhula vulgaris* (Temm) (pl. 4, fig. 8)

Taille 0,16, tête et le tour du bec noirs, dos gris cendré, croupion blanc, ailes et queue noires, tout le dessous d'un rouge ponceau vif. La femelle ressemble au mâle, mais le dessous est cendré.

Bec noir, œil brun foncé.

Œuf de 0,021 sur 0,015, blanc bleuâtre avec des taches brunes, formant couronne vers le gros bout.

Le bouvreuil est l'un des plus beaux oiseaux de notre pays, on le garde facilement en cage, on en a même obtenu des reproductions, il s'accouple quelquefois avec le serin, son gazouillement ne manque pas de charme, on obtient assez facilement des variétés toutes noires en nourrissant les mâles exclusivement avec du chenevis.

Sous le nom de bouvreuil-ponceau on a distingué une variété alpine qui ne diffère de l'ordinaire que par une taille un peu plus forte, il mesure 18 centimètres de longueur.

Bouvreuil cini — *Fringilla serinus* (Linné) (pl. 4. fig. 11)

Taille 0,11 c, front et sourcils jaunes, tout le dessus verdâtre avec des bandes brunes longitudinales au centre des plumes ; une ligne au milieu de la tête et un collier jaune taché de gris ; joues grises; dessous jaune lavé de gris, le ventre blanc avec les plumes de même que celles des flancs marquées de traits bruns.

Femelle plus foncé en dessus et le jaune plus pâle en dessous.

Bec brun en dessus, jaune en dessous, iris brun.

Œuf de 0,015 sur 0,010, blanchâtre, teinté de cendré, avec de rares taches brunes et rougeâtres avec des traits rouge brun.

Le cini habite volontiers les environs des jardins, son

chant est agréable et assez retentissant, aussi est-il recherché des oiseleurs ; il se nourrit de petites graines de toutes sortes et ne s'en prend pas aux bourgeons des arbres fruitiers.

LES FRINGILLES ou MOINEAUX

Les fringilles forment une tribu assez homogène dont le moineau peut être considéré comme le type ; les espèces, bien que variant beaucoup comme coloration, ont cependant un air de famille indéniable.

Ils paraissent assez lourds de forme, cela tient surtourt à ce qu'ils ont le cou court, la tête forte ; leur bec est robuste et pointu, bien fait pour fouiller les gousses, décortiquer les fruits, ce sont en effet des granivores, bien que la plupart ne se contentent pas d'un régime exclusivement végétal, tous en effet mangent plus ou moins d'insectes, surtout au printemps ils en font alors une très grande consommation pour nourrir leurs jeunes.

Dans cette nomenclature des oiseaux français, nous n'avons pas parlé du serin qui est le fringille le plus commun.... en cage, parce qu'il n'est pas originaire de la France, il a été importé des Canaries et s'est si bien propagé en captivité qu'il n'est pas de village ou on ne l'entende lançant ses notes aigues et criardes, il est cependant une race de serins, provenant du Harz, qui a la voix très douce et harmonieuse, on les connait aussi sous le nom de serins saxons.

La plupart vivent par groupes isolés au printemps, mais dès que vient l'automne ils se réunissent en bandes plus au moins considérables soit qu'ils aient l'intention de voyager, soit même pour rester dans les lieux qu'ils habitent.

Le gros bec — *Coccothraustes vulgaris* (Vieill) (pl. 4, fig. 7)

Taille 0,12. dessus et côté de la tête d'un gris roux suivi d'un collier gris ; dos brun, croupion roux ; gorge noire ; dessous du corps d'un cendré rosé, une bande longitudinale grise sur les ailes, une tache blanche le long et vers le milieu des grandes plumes de l'aile qui est noire ; queue noire à la base, les plumes médianes rousses, les autres blanches bordées de noir extérieurement, femelle un peu plus sombre seulement.

Bec nacré noirâtre, iris blanc.

Œuf de 0,025 sur 0,018 d'un blanc plus ou moins gris avec des taches et des raies brun noir.

Le gros bec, ou pinson royal, est un oiseau lourd, d'aspect hébété qui est très défiant ; il se nourrit surtout de graines et de fruits, mange aussi des insectes au printemps et poursuit avec acharnement les hannetons, l'hiver il cherche les glands, les chataignes, et visite les sorbiers pour en manger les fruits.

Verdier — *Fringilla chloris* (Linné) (pl. 4, fig 10)

Taille 0,15, entièrement d'un vert sombre, le ventre et les cuisses jaunes, les ailes liserées extérieurement à la base de jaune brillant, la base de la queue de même couleur avec l'extrémité brune, les plumes médianes toutes brunes ; femelle semblable un peu plus sombre.

Bec et pieds couleur de chair, iris brun.

Œuf de 0,019 sur 0,015, d'un blanc bleuâtre avec des points bruns ou violets, plus fréquents vers le gros bout.

Le verdier, que beaucoup de chasseurs s'obstinent à appeler indûment bruant, est un granivore qui commet parfois de réels dégats dans les champs de chanvre et de lin ; c'est un oiseau assez brillant de couleur mais peu recherché comme oiseau de cage, son chant n'ayant rien qui puisse charmer.

Moineau — *Fringilla domestica* (Linné) (pl 5, fig. 2)

Taille 0,15, dessus de la tête gris foncé, une bande rousse foncée part des yeux et se rejoint derrière la tête ; dos noir avec les plumes bordées de roux, gorge noire, joues d'un blanc sale, ventre gris cendré plus clair au centre. Ailes brunes frangées de roux, queue brune.

Moineau

La femelle est d'un brun uniforme, les plumes du dos et des ailes bordées de roux.

Bec noir, iris brun.

Le moineau habite volontiers autour des maisons, on l'a transporté dans tous les pays et partout il sait se tirer d'affaire et prospérer ; c'est un oiseau turbulent autant que bruyant, voleur autant que méfiant, poussant l'audace jusqu'à prendre dans les mains des enfants le gâteau qu'ils vont manger, devenant d'une effronterie sans vergogne avec ceux dont il n'a pas peur et restant d'une prudence que toutes les ruses ne mettront pas en défaut envers ceux qu'il soupçonne capables d'en vouloir à sa liberté, car la captivité lui est très pénible, surtout dans une cage étroite, mais il devient volontiers familier si on lui laisse une certaine liberté.

Le moineau nous est-il utile, est-il au contraire nuisible ? grosse question souvent débattue; le moineau a des détracteurs et des défenseurs ; tous ont raison, car ils se placent à des points de vue différents, plaident sur des cas particuliers pour en tirer des conclusions ayant des applications générales.

Si vous ensemencez une pièce de blé aux environs de la ferme et que ces oiseaux s'y réunissent par bandes, appelant par leur *tioup, tioup*, répétés toute la moineauserie des environs, il est évident qu'ils seront nuisibles alors et que quelques coups de fusils lancés dans le tas ne tueront que des pillards et des voleurs. Mais au printemps tout est en vert, pas de graines, pas de fruits nulle part; le moineau a des petits insatiables, il court sans cesse, le père et la mère ne font qu'aller et venir, c'est un mouvement perpétuel, qu'apportent-ils donc à leurs jeunes ? des insectes, rien que des insectes ! !

Si les hannetons sont communs, il y aura bombance au nid, tous ces petits affamés piaillant sans cesse, le bec ouvert finiront par en avoir leur content, ils en mangeront 30, 40, 50, mais une fois en leur vie ils seront rassasiés; ne croyez pas toutefois qu'ils avalent le hanneton entier, pas du tout, ce sont des gourmets, ils choisissent; la tête ! c'est trop dur, le hanneton n'ayant pas de cervelle il n'y a rien de bon là-dedans, notre sybarite n'en veut pas; les ailes, les elytres ? mais c'est de la corne tout cela ! le thorax, les pattes ? c'est dur, épineux, coriace et ne vaut pas la peine qu'il se donnerait à les mettre en pièce. Non, notre gourmand ne trouve qu'un morceau bon, c'est l'abdomen, gras, dodu, bien plein;

d'un coup de bec il éventre le hanneton et jette le reste, de sorte qu'il lui en faut beaucoup.

A cette époque, ils sont donc pour l'agriculture des auxiliaires appréciables. A nous de faire la balance et juger si les graines qu'ils prélèvent valent les services qu'ils nous rendent ? A notre avis c'est nous qui sommes leurs débiteurs et de beaucoup.

Friquet — *Fringilla montana* (Linné) (pl 5, fig. 1)

Taille 0,13 environ, dessus de la tête d'un brun chocolat, joues blanchâtres, une tache noire au centre, haut du dos brun avec des bandes noires le long du centre des plumes, ailes brunes bordées de roussâtre, dos et queue bruns, gorge noire, cette coloration plus étendue chez les mâles ; ventre blanchâtre, bec noir, iris brun.

Œuf de 0,02 sur 0,015 d'un blanc sale vermiculé de petites lignes brunâtres.

Très commun partout, excepté toutefois dans le midi, il vit surtout dans les champs à la lisière des bois; d'un naturel très farouche, il se réunit en bandes après les couvées et émigre souvent des régions les plus froides, ses mœurs sont à peu près les mêmes que celles du moineau.

Moineau soulcie — *Fringilla petronia* (Linné) (pl 5, fig. 3)

Taille 0,16, dessus d'un brun varié de roux clair et de blanchâtre, le dessous d'un blanc gris taché de brun, avec une tache jaune soufre bien tranchée à la poitrine, plumes de la queue brunes avec une tache blanche à l'extrémité de chacune. La femelle ne diffère du mâle que par la tache jaune de la poitrine un peu moins étendue.

Œuf de 0,024 sur 0,015, blanc sale avec des taches brunes nombreuses et formant couronne au gros bout.

Il vit dans les pays montagneux et boisés, ce n'est que l'hiver qu'il voyage en bande considérable et descend dans les plaines à la recherche de la nourriture, c'est une espèce méridionale qui ne se trouve qu'accidentellement et de passage dans le centre et le nord.

Pinson ordinaire — *Fringilla cœlebs* (Linné) (pl. 5, fig. 4)

Taille 0,17, tête gris ardoisé, noir près du bec, haut du dos brun roux, croupion verdâtre, tout le dessous brun chocolat, plus foncé aux joues et à la poitrine qu'aux parties inférieures, ailes brunes liserées de jaunâtre, queue noire, les deux pennes externes marquées de blanc, sous-caudales blanches ; bec noir gris, iris brun.

Femelle ; dessus d'un gris brun nuancé de vert sombre, bas du dos cendré, dessous d'un gris cendré, bec jaunâtre, iris brun.

Le nid du pinson est l'un des plus artistement construit que soient capables de faire nos oiseaux indigènes, ses œufs mesurent 0,02 sur 0,015, blanc bleuâtre avec des taches brunes rougeâtres.

On dit « *gai comme un pinson* » ce qui prouve assez que c'est un oiseau à allures vives et faisant retentir un chant joyeux auquel on ne peut reprocher que de n'être pas très varié.

Les amateurs d'oiseaux en cage tiennent en très haute estime le pinson ; il y a des sujets dits remarquables qui répètent leur chant 300 fois et plus en une heure.

Sa nourriture est celle de presque tous les granivores, des insectes au printemps, des graines et des fruits le reste de l'année.

Pinson des neiges — *Fringilla nivalis* (Briss) (pl. 5, fig. 6)

Taille 0,19, dessus gris cendré à la tête et au cou, brun nuancé de noirâtre sur le dos, ailes noires avec une bande blanche longitudinale, dessous blanc légèrement teinté de gris aux flancs, le mâle a une tache noire à la gorge qui le distingue de la femelle, queue blanche, avec une tache noire à l'extrémité de chaque plume, les médianes noires frangées de roux, bec noir l'été et jaune l'hiver.

Œuf de 0,025 sur 0,017, d'un blanc pur avec des points roux.

Il ne vit que dans les régions neigeuses des Alpes, l'hiver lorsqu'il ne trouve plus de nourriture dans les contrées les plus froides, il descend dans les plaines.

Pinson des Ardennes — *Fringilla montifringilla* (Linn.) (pl. 5, fig. 5)

Taille 0,18, tête et dos noir, les plumes plus ou moins frangées de brun, dos gris varié de noir, une bande d'un roux, vif sur les épaules, ailes noires frangées de blanc roussâtre, queue noire, gorge, poitrine rousses, ventre blanchâtre.

La femelle ressemble au mâle, les teintes sont plus ternes, le dessus plus maculé de brun.

Œuf de 0,02 sur 0,015, d'un blanc sale avec des taches brunes, formant couronne au gros bout.

Le Pinson des Ardennes ne vient que l'hiver dans nos contrées lorsque le froid le chasse du nord ; on le trouve alors en bandes considérables et serrées.

Ses mœurs sont les mêmes que celles du pinson ordinaire.

Chardonneret — *Fringilla carduelis* (Linné) (pl 5, fig. 7)

Mâle : toute la face rouge, cette couleur entourée de blanc, sauf sur le dessus de la tête qui est noir, de même que le derrière des joues, dos brun, ailes noires,

Chardonneret

avec une large bande d'un jaune brillant, queue noire, tachée de blanc ; dessous blanc sale, flancs et poitrine brun roux.

La *femelle* a les teintes rouges moins étendues et plus pâles , le dessous plus brunâtre, les teintes moins brillantes.

Œuf de 0,017 sur 0,012, d'un blanc azuré avec des points rouge brique épars, mêlés parfois à des taches brunes.

Le chardonneret est l'un des plus élégants et des plus brillants de nos oiseaux, sa face rouge dont les couleurs vives sont relevées par des taches noires et blanches qui les accompagnent, les marques jaunes de ses ailes, tout est brillant et cependant harmonieux ; il supporte aisément la captivité, les métis avec les serins ne sont pas rares, ils sont très appréciés des amateurs de chant, par leur voix mélodieuse qui n'a pas ce qu'il y a d'aigu dans celle du serin à laquelle elle ressemble.

En liberté, il niche dans les jardins, souvent presque à portée de la main ; d'un naturel peu sauvage il aime beaucoup se percher sur les chardons dont il extrait les graines à l'aide de son bec conique et pointu, il mange des insectes au printemps, des fruits, des graines, des baies de toutes sortes le reste de l'année.

Tarin — *Fringilla spinus* (Linné) (pl. 5, fig. 10)

Taille 0,12, dessus de la tête noir bordé de jaune sur les côtés, dessus du corps d'un brun verdâtre, croupion jaune, ailes noires avec deux bandes vert jaunâtre, le dessous d'un jaune verdâtre, plus brillant à la gorge, croupion blanc avec des taches brunes.

Bec et iris bruns.

La femelle a le dessus de la tête gris, le dos plus sombre, le ventre d'un blanc quelque peu verdâtre avec les plumes marquées de bandes brunes au centre, surtout aux flancs et à la poitrine.

Œuf 0,015 sur 0,010, d'un blanc sale avec des taches rouge brique.

Le tarin est de passage régulier dans le nord de la France, où il vient en bandes parfois considérables ; il niche dans les forêts de pins, c'est un des plus charmants oiseaux qu'on puisse tenir en captivité, non seulement sa grâce, sa vivacité, mais aussi son chant le font rechercher, il est susceptible d'éducation et même d'attachement.

Linotte ordinaire — *Fringilla linota* (Linné) (pl. 5, fig. 8)

Taille 0,14, le dessus de la tête rouge, le cou gris cendré, le dos brun roux, la gorge blanchâtre avec des taches grises, poitrine et flancs rouge cramoisi, ventre blanchâtre, ailes noires, avec les plumes du milieu frangées de blanc, queue noire frangée de blanc, bec plus foncé en dessus qu'en dessous.

Femelle comme le mâle, plus brune uniformément sans rouge à la tête ni à la poitrine.

Œuf de 0,018 sur 0,013, d'un blanc azuré orné de traits et de points rouge brique.

La linotte fréquente surtout le nord et le centre de la France, elle niche dans les buissons ; l'hiver elle se rassemble en troupes nombreuses et émigre vers le sud, le mâle est très estimé comme oiseau de cage à cause de son chant mélodieux, mais en captivité il ne revet pas au printemps sa belle livrée rouge cramoisi.

Linotte montagnarde — *Fringilla flavirostris* (Linné)
(pl. 5, fig. 9)

Taille 0,13, dessus brun avec les plumes bordées de roux, sauf celles du croupion qui sont bordées de rose sombre, gorge et côté de la tête roux vif, flancs roussâtres flamméchés de brun, ventre blanc sale, bec jaune plus foncé à la pointe, iris brun.

Femelle sans rouge au croupion, les teintes rousses sont plus claires et le ventre plus brunâtre.

Œuf de 0,018 sur 0,013, d'un beau vert bleu orné de points rougeâtres.

Cette espèce niche dans le nord de l'Europe, elle est de passage régulier l'hiver dans notre contrée, elle paraît moins vive que la linotte ordinaire.

Linotte venturon — *Fringilla citrinella* (Linné) (pl. 6, fig. 1)

Taille 0,13 environ, la face d'un jaune verdâtre, le dessus d'un gris cendré, verdâtre sur le dos, croupion plus jaune, ailes et queue brun noir, les plumes frangées de gris jaunâtre, le dessous d'un vert jaunâtre plus frais au milieu du ventre.

La femelle ressemble au mâle, toutes les teintes sont plus rembrunies, la poitrine est gris cendré, de même que les flancs, bec brun, iris brun clair.

Œuf de 0,018 sur 0,014, blanc azuré avec des taches brunes et brique vers le gros bout.

Cette espèce habite de préférence les contrées méridionales est de passage régulier dans certaines localitées, l'été elle se retire dans les régions montagneuses.

Cabaret ([1]) *Fringilla linaria* (Vieillot) (pl. 6, fig. 2)

Taille 0,11. dessus de la tête rouge, le dos brun clair avec des taches brun foncé au centre des plumes, ailes et queue brun noir, les plumes frangées de brun clair, gorge noire, poitrine rouge cramoisi, flanc roux, ventre blanc.

Au printemps le rouge de la tête et de la poitrine sont plus brillants et les plumes du croupion prennent une teinte rouge assez vive, bec tout brun à l'époque des amours, avec le dessous jaune le reste de l'année, iris brun.

La femelle n'a pas de rouge à la poitrine et cette coloration est moins brillante sur la tête.

Œuf de 0,016 sur 0,013, d'un blanc sale ou bleuâtre, avec des taches très petites et des traits rouge brun, plus nombreux vers le gros bout.

Le Cabaret habite les contrées du nord de l'Europe, ce n'est que l'hiver qu'il émigre en France, c'est un oiseau recherché des oiseleurs à cause de sa vivacité et de son doux ramage.

LES BRUANTS

Forment une petite famille bien distincte par leurs mœurs et la forme caractéristique de leur bec, dont la mandibule inférieure forme une dent vers la base ayant sa contre partie à la machoire supérieure qui est

---

(1) Sous le nom de sizerin boréal, on distingue une variété plus blanche qu'on rencontre parfois en France, elle diffère en ce que la tâche noire de la gorge est plus grande, les plumes du croupion sont plus blanches ou d'un rouge rosé.

échancrée pour recevoir cette proéminence. Ils vivent à terre, construisent leur nid dans les herbes ou dans les broussailles à une faible distance du sol. Ils se nourrissent d'insectes, de graines, de baies ; vers l'automne alors qu'ils sont très gras, ils sont très recherchés, il en est même comme l'ortolan qui font les délices des plus fins gourmets.

Bruant jaune — *Emberiza citrinella* (Linné) (pl. 6, fig. 7)

Taille 0,17, dessus brun, sauf le milieu de la tête qui est jaune de même que les sourcils, le dos mélangé de brun foncé au milieu des plumes, les parties inférieures rousses, le dessous jaune, la poitrine et les flancs flamméchés de brun, le bas des joues brun, en dessous de petites plumes disséminées roussâtres formant une moustache peu marquée, bec noir gris, iris brun.

Femelle plus sombre, moins de jaune en dessous.

Œuf de 0,022 sur 0,016, d'un blanc gris violacé avec des traits bruns et des taches brunes et rousses.

Le Bruant jaune est sédentaire par toute la France et commun partout ; l'été il fréquente le bord des plaines, l'hiver il se mêle volontiers aux bandes de pinsons et moineaux, et vient jusque près des habitations.

Bruant zizi — *Emberiza cirlus* (Linné) (pl. 6, fig. 6)

Taille 0,165, mâle : dessus brun, nuancé de verdâtre à la tête, au cou et aux parties inférieures ; dos roussâtre ; sourcils jaunes, une bande de même nuance sous les yeux ; la gorge noire bordée de jaune ; poitrine gris verdâtre, ventre jaune sale; flancs roux et bruns.

Bec brun en dessus, plus clair en dessous, iris brun.

Femelle: point de jaune autour des yeux, ni de noir à la gorge, toutes les teintes plus sombres.

Œuf de 0,022 sur 0,016, d'un gris cendré avec des traits et des taches brunes.

Cette espèce est commune en Provence, elle est de passage dans le centre et le nord.

Bruant fou — *Emberiza cia* (Linné) (pl. 6, fig 4)

Taille 0,16, tête grise plus foncée sur les côtés, sourcils blanchâtres, un trait noir entourant la joue qui est gris clair, dos roux uniforme aux parties inférieures, mélangé de noir sur le dos; gorge et poitrine gris cendré, ventre roux clair, queue noire, les deux plumes externes marquées de blanc à leur partie inférieure.

Bec noir en dessus, plus clair en dessous, iris brun.

Femelle plus sombre et d'une teinte plus uniforme.

Œuf de 0,020 sur 0,015, blanchâtre avec des traits bruns surtout vers le gros bout.

Il vit sédentaire dans le midi de la France, ce n'est qu'au passage qu'on le voit dans le centre et le nord.

Bruant ortolan — *Emberiza hortulana* (Linné) (pl. 6, fig. 3)

Taille 0,16, dessus d'un brun olive sur la tête et le cou, roussâtre sur le dos avec des taches brunes; gorge jaune, deux traits bruns descendent du bec; poitrine grise, ventre roux.

Bec et pieds rougâtres, iris brun.

La femelle ressemble au mâle, les teintes plus enfumées, la tête brune, la gorge rousâtre.

Œuf de 0,02 sur 0,015, d'un gris roussâtre avec des traits bruns et quelques points.

L'ortolan est un fin gibier, de tout temps on a élevé et engraissé des ortolans et de nos jours encore, leur chasse et leur culture est, dans certaines contrées du midi de la France et de l'Italie, l'objet d'un commerce assez important, les amateurs affirment que l'ortolan bien gras et bien dodu est préférable à la bécasse.

Ce bruant vit comme ses congénères surtout à la lisière des bois, il fait son nid dans les broussailles presque à fleur de terre, il est sédentaire dans le midi et de passage régulier dans le nord, où on lui fait une guerre à outrance par suite des profits qu'on en tire.

Bruant des roseaux — *Emberiza schœniculus* (Linné) (pl.6, fig.5)

Taille 0,15, tête noire, un collier blanc; dos noir varié de roux, gorge noire, un trait blanc partant de la mandibule inférieure rejoint le collier, ventre blanc sale; en automne les plumes de la tête et du cou sont bordées de brun.

Femelle, dessus brun varié de roux, gorge et moustache blanc nuancé de brun, poitrine roux clair flamméchée de brun de même que les flancs, milieu du ventre blanchâtre, bec noir en dessous, iris brun.

La femelle a les teintes plus rembrunies, la gorge blanc sale, la tête brunâtre et pas de collier blanc sur le dos.

Œuf de 0,02 sur 0,014, d'un gris violet avec des traits et des taches brun foncé.

Le bruant des roseaux habite les marais et construit son nid au milieu des joncs.

Il est de passage régulier, arrive en avril pour repartir en septembre ou octobre, il émigre par petites troupes et se nourrit de graines et d'insectes.

Bruant proyer — *Emberiza miliaria* (Linné) (pl. 6, fig. 8)

Taille 0, 19, le dessus brun avec des bandes noires au centre des plumes, dessous blanc jaunâtre avec des taches anguleuses à l'extrémité des plumes, femelle semblable au mâle.

Œuf de 0,026 sur 0,010 d'un gris cendré roussâtre, des petits traits en zig zag bruns et des taches plus ou moins brunes.

Ce bruant, plus gros que tous les autres, habite dans les champs, fait son nid par terre, se pose volontiers sur les buissons bas, l'hiver il vole en troupe, se mêle aux bandes de moineaux et de pinsons et s'approche des habitations avec eux; à l'automne lorsqu'il est bien gras il est excellent à manger, il se nourrit de graines de toutes sortes et aussi d'insectes.

Bruant des neiges — *Emberiza nivalis* (Linné) (pl. 6, fig. 9)

Taille de 0,17 à 0,18, dessus de la tête et cou blanc lavé de roussâtre, dos noir, croupion roux, le dessous blanc avec des taches rousses sur les côtés de la poitrine; la femelle a le dessus plus brun, le dessous varié de roux et de brun.

Cet oiseau ne vient en France que l'hiver, nous ne le voyons donc que dans ce plumage, cependant l'été le mâle est noir et blanc pur, toutes les teintes rousses de la tête, du cou, du croupion, de la poitrine, sont remplacées par un blanc immaculé.

Il arrive souvent avec les bandes d'alouettes volant de compagnie avec elles, il a du reste beaucoup de leurs mœurs, arrivant à vivre par terre comme elles, se nourrissant de graines et d'insectes.

GROUPE DES BECS-FENDUS

Tarses très courts, emplumés	....	*a*
Tarses nus	....	**Hirondelles.**
a Plumage très mélangé de noir et de brun varié de roux	....	**Engoulevent**
Plumage uniformément noir ou brun, avec des parties blanches	....	**Martinet.**

Engoulevent, hirondelles, martinets, forment un groupe d'oiseaux ayant des analogies évidentes de formes et des mœurs toutes particulières.

Leur bec est très peu saillant, il est même grêle si on en juge par la partie dure, en revanche, il est fendu jusqu'aux yeux de sorte que lorsqu'il est ouvert, il présente un énorme développement, aussi, tous ces oiseaux peuvent-ils prendre leur nourriture en volant et happer au vol les insectes ailés qui constituent leur nourriture exclusive, ce sont donc tous des insectivores de premier rang car ils ne mangent ni graines, ni verdure ; leur vol est très puissant, leurs ailes sont longues et développées, ils ont la réputation bien méritée de voliers infatiguables ; leurs pattes sont courtes et plus faites pour grimper ou se soutenir que pour marcher, aussi sont-ils peu injambes, quelques uns même, comme les martinets, ne posent-ils pas volontiers sur le sol, éprouvant quelque difficulté à s'élever.

Leur tête est grosse, leur cou court, ce qui leur

donne au repos une allure assez lourde, mais au vol, ils sont tout autres et paraissent légers et gracieux.

D'un naturel assez débonnaire, les hirondelles qui aiment à vivre en famille, se montrent braves et même téméraires lorsqu'un ennemi les menace, nous avons été maintes fois témoin d'oiseaux de proie, épervier, crecerelle, et même buse, poursuivis et éconduits par une bande d'hirondelles fort irritées, probablement par quelque méfait de ces rapaces sournois; elles ont aussi horreurs des chouettes, et d'autres pillards, tels que : pies, geais, corbeaux, qu'elles ne se gênent pas pour houspiller fortement lorsqu'elles ont quelque crime à leur reprocher.

Nous ne rappellerons pas les voyages des hirondelles, ils ont été si souvent décrits que nous nous bornerons à dire que toutes les espèces que nous réunissons dans le groupe des becs fendus, n'habitent en France que pendant la belle saison de mars ou avril, jusqu'en septembre ou octobre.

On a prétendu que quelques hirondelles hivernaient enfoncées dans la vase au fond des marais, ou engourdies dans des trous d'arbre ou de rocher, ce sont des erreurs évidemment; quand on voyage si facilement que ces oiseaux, le déplacement du nord de l'Europe au centre de l'Afrique n'est qu'une promenade.

Engouvelent — *Caprimulgus europœus* (Linné) (pl. 11, fig. 1)

Taille 0,28, tout le plumage brun, varié de roux, de gris et de blanchâtre, le brun formant des stries au cou et partout en dessous, une bande de plumes blanches en dessous de l'œil, deux touffes de même couleur à la

8

gorge, où elles sont souvent maculées de brun ; ailes
brunes avec des taches rousses sur les barbes externes
et une tache blanche sur les barbes internes des trois
premières, queue brune traversée de bandes noirâtres,
les deux plumes externes terminées de blanc.

Femelle semblable mais sans taches blanches aux
ailes et à la queue.

Œuf de 0,030 sur 0,022, d'un blanc gris jaunâtre avec
des taches et des maculatures brun violacé.

Engoulevent ouvrant le bec pour avaler un insecte.

Dès que disparaissent les derniers rayons du soleil
l'engoulevent se réveille, se détire, lisse son plumage
et prend son vol qui a beaucoup d'analogie avec celui
de l'hirondelle, il a du reste à faire la même récolte
d'insectes ailés qui composent sa nourriture exclusive,
les papillons nocturnes, les bousiers, les hannetons,
sont ses mets favoris, très probablement surtout parce
que ce sont de plus gros morceaux que les petits moucherons dont il lui faudrait des masses ; son bec est
fendu jusqu'au milieu des yeux.

C'est un oiseau qui perche peu ; lorsqu'il se pose sur
une branche, il se tient en long comme le petit duc, il
pond par terre au pied d'une bruyère ou d'une touffe
d'herbe.

L'hiver il abandonne nos contrées pour aller dans le sud : il habite surtout les grands bois.

LES HIRONDELLES

Ces oiseaux qu'on a appelés les messagères du printemps, arrivent dans nos climats vers le mois d'avril ou mai, et repartent à l'automne, ce sont tous des destructeurs d'insectes qui méritent tous nos égards et qu'on a pris la bonne habitude de regarder comme des hôtes de bonheur ; aussi les hirondelles sont-elles des plus familières, elles placent leur nid, qu'elles construisent en terre agglutinée par leur salive, un peu partout, dans les angles des fenêtres, sur les souches de cheminées, dans les trous des talus, souvent à portée de la main ; nous en avons vu dans l'atelier d'un maréchal ferrant non loin de la forge, les coups de marteau, les scintillements du fer ne paraissaient pas les préocouper, elles allaient et venaient comme si elles eussent été dans le lieu le plus tranquille ; on a acquis la certitude qu'elles revenaient volontiers les années suivantes dans les endroits qu'elles avaient déjà habités, elles ont donc elles aussi l'instinct d'orientation bien développé.

Elles font plusieurs nichées par an, jusque trois et quatre, on peut dire que le temps qu'elles passent sous nos climats est tout entier consacré à la reproduction.

Hirondelle de cheminée — *Hirundo rustica* (Linné)
(pl. 11. fig. 3)

Taille 0,18, le dessus d'un noir brillant à reflets bleus, front et gorge roux de rouille entourée à la poitrine d'un collier noir, ventre blanc roussâtre, queue ayant les deux pennes latérales très longues, dépassant les autres de 6 centimètres, et toutes les plumes noires avec une tache blanche vers le milieu.

La femelle ressemble au mâle les teintes sont moins brillantes, les brins de la queue moins longs.

Hirondelle de cheminée

Œuf de 0,021 sur 0,015, blanc avec quelques points rougeâtres plus nombreux au gros bout.

C'est la première espèce qui nous arrive au printemps, elle est très commune partout.

Hirondelle de fenêtre — *Chelidon urbica* (Linné) (pl.11, fig.6)

Taille 0,14, le dessus d'un noir à reflets bleus excepté le bas du dos qui est d'un blanc pur, tout le dessous blanc, la queue est tronquée carrément.

Les deux sexes ne diffèrent pas de plumage.

Œuf de 0,020 sur 0,014, d'un blanc sans taches, parfois avec quelques petits points vers le gros bout.

Cette espèce arrive environ une semaine après l'hirondelle de cheminée et nous quitte aussi un peu plus tard, comme ses congénères l'hiver elle va en Afrique ou en Asie.

Hirondelle de rivage — *Hirundo riparia* (Linné) (pl.11, fig.2)

Taille 0,14, le dessus brun, de même que la poitrine et les flancs; la gorge et le ventre blancs; femelle semblable.

Œuf de 0,019 sur 0,012, d'un blanc pur luisant.

Bien que moins commune que les hirondelles de cheminée et de fenêtre cette espèce est très répandue partout, elle habite toujours le long des cours d'eau, bâtit son nid dans les trous des berges ou des falaises ; elle arrive encore plus tard que les espèces précédentes et repart aussi plus tôt.

Hirondelle de rocher — *Hirundo rupestris* (Lin.) (pl. 11, fig. 7)

Taille 0,15, dessus brun, dessous plus clair, les plumes de la queue avec une grande tache blanche sur toutes les pennes à l'exception des deux latérales et des deux médianes; femelle semblable.

Œuf de 0,02 sur 0,013, blanc piqueté de brun roux.

Elle vit près des cours d'eau entourés de rochers, elle construit son nid dans les crevasses, et paraît voler plus lourdement que les autres espèces, elle est plus commune dans les provinces méridionales de la France, les Pyrénées, les Alpes, la Savoie et le Dauphiné.

Martinet noir — *Cypselus apus* (Linné) (pl. 11, fig. 5)

Taille 0,22, entièrement noir, à l'exception de la gorge qui est blanchâtre, les deux sexes semblables.

Œuf de 0,024 sur 0,015, d'un blanc pur.

Les martinets ont les pattes courtes, les quatre doigts dirigés en avant, les ongles très recourbés, ils s'accrochent aisément aux parois des rochers, et des murailles, mais ne se posent pas volontiers sur les arbres, encore moins par terre où il leur est difficile, parfois même impossible, de prendre leur essor.

Ils volent avec plus de force encore que les hirondelles et paraissent préférer les régions plus élevées ; comme elles, ils chassent des insectes qui composent exclusivement leur nourriture, ils arrivent dans nos climats après toutes les espèces d'hirondelles et repartent les premiers.

Le martinet noir niche dans les trous des rochers ou des maisons, recherchant souvent les points les plus élevés.

Martinet alpin — *Cypselus melba* (Linné) (pl. 11. fig. 4)

Taille 0,22, entièrement brun à l'exception de la gorge et du ventre qui sont blancs ; les deux sexes semblables.

Œuf de 0,025 sur 0,017, d'un blanc pur.

Cette espèce habite exclusivement les pays montagneux surtout les Pyrénées et les Alpes où elle n'est pas rare; nous l'avons souvent vu chassant dans les vallées profondes ; il niche dans les trous des rochers.

GROUPE DES GOBE-MOUCHES

Plumage du corps d'un brun roux uniforme, cires rouges aux pennes secondaires des ailes.	**Jaseur.**
Plumage noir et blanc, ou gris avec le ventre blanchâtre	**Gobe-mouches**

Un bec large, et déprimé à la base, caractérise les oiseaux de ce groupe, comme leur nom l'indique ce sont aussi des insectivores acharnés qui poursuivent volontiers les insectes ailés, mais n'ayant pas la puissance de vol des hirondelles ou des martinets, ils se tiennent perchés sur quelque branche élevée, guettent les papillons ou les moucherons qui passent à portée, d'un bond ils les rejoignent, si la bestiole aperçoit son ennemi à temps et cherche à fuir, on les voit suivant au vol les mouvements saccadés de l'insecte qui cherche à leur échapper ; sitôt la proie avalée, le gobe-mouche reprend son poste d'observation et y reste presque immobile jusqu'à ce qu'un insecte le fasse se déranger à nouveau.

Comme tous les insectivores, ces oiseaux ne passent en France que la belle saison.

Jaseur — *Bombycilla garrula* (Linné) (pl. 4, fig 6)

Taille 0,22, tout le plumage d'un brun roux lavé de gris, cendré aux parties inférieures, gorge noire, un trait de même couleur traverse les yeux, la tête ornée d'une huppe érectile, ailes noires, une ligne blanche transversale vers le milieu, les grandes plumes bordées de jaune extérieurement, et celles plus courtes terminées par un prolongement corné d'un rouge vif, queue noire terminée de jaune avec des prolongements rouges comme aux ailes chez les très vieux mâles, gorge noire. La femelle ressemble au mâle, mais le noir de la gorge n'existe intense que près du bec.

Le jaseur de Bohême n'est pas de passage régulier, ce n'est que de temps à autre, poussé par le froid qu'il vient en France, mais alors c'est par troupe nombreuse qu'il voyage, aussi ses apparitions sont-elles très remarquées et son plumage tout à fait particulier, présentant des taches rouges cornées aux plumes des ailes et parfois aussi à celles de la queue, a contribué à le distinguer de tous les autres passagers.

Œuf de 0,026 sur 0,018, verdâtre avec des points noirs.

Gobe-mouches gris — *Muscicapa griseola* (Linné) (pl. 10, fig. 11)

Taille 0,15, dessus gris cendré, plumes de la tête marquées de brun au centre, dessous blanc avec les côtés du cou, la poitrine et les flancs marqués de brun ; bec noir, iris brun.

La femelle semblable.

Œuf de 0,002 sur 0,015, d'un blanc sale avec des taches rousses plus nombreuses vers le gros bout.

Le gobe-mouches ou bec figue est très commun par toute la France, l'automne au moment de son départ il est très gras, dans cet état c'est un mets recherché des gourmets ; il se perche volontiers sur les poteaux isolés, les branches mortes, et ouvre ses ailes très souvent comme s'il allait s'envoler ; il arrive en France vers le mois d'avril et en repart en octobre, il se nourrit surtout d'insectes ailés qu'il gobe avec beaucoup d'habilité en les poursuivant au vol ; il place son nid dans les arbrisseaux, toujours assez près de terre.

Gobe-mouches noir — *Muscicapa nigra* (Brisson) (pl. 10, fig. 10)

Taille 0,14, dessus noir, excepté le front, et deux grandes taches sur les ailes, dessous blanc pur.

Chez la femelle, les parties du dessus sont brunes, le dessous est d'un blanc moins pur ; les deux pennes latérales de la queue sont marquées de blanc exté-

rieurement dans les deux sexes, première rémige plus
courte que la quatrième.

Œuf de 0,018 sur 0,012, d'un bleu verdâtre.

Le gobe-mouches noir est commun surtout dans le
midi de la France, il arrive dans le courant d'avril et
repart vers septembre. il se tient de préférence dans les
taillis sur les lisières des bois, se nourrit d'insectes
ailés et devient très gras vers l'automne comme le bec-
figue, aussi est-il apprécié à son égal comme gibier.

Gobe-mouches à collier — *Muscicapa albicollis* (Temm)
(pl. 10, fig. 9)

Taille 0,14, mâle, au printemps comme le gobe-
mouches noir, mais avec un collier d'un blanc pur au
cou, première rémige égale à la quatrième, en hiver il
est brun en dessus, le collier un peu plus clair souvent
à peine indiqué, dessous blanc sale, il ressemble
beaucoup dans cet état à la livrée de la femelle en toute
saison.

Œuf de 0,018 sur 0,012, d'un bleu verdâtre sans
taches.

Cette espèce est la plus rare des trois, on la dit très
répandue en lorraine et de passage irrégulier dans
d'autres contrées de la France, elle fait son nid
dans les arbres creux et se tient volontiers à la cime
des plus hautes branches.

GROUPE DES BECS FINS COUREURS

Ongles du pouce, long et presque droit ...... **Alouettes.**
Ongle du pouce moins long et courbe......... *a.*
a   Plumage brun varié.... .... **Pipi.**
Plumage jaune, noire, blanc et gris, mais de
   teintes plus uniforme .... **Bergeronnette.**

Les becs fins coureurs sont caractérisés par l'ongle du pouce long et presque droit, tous marchent et courent par terre avec une grande agilité, quelques-uns comme les pipis se perchent aussi fréquemment. Leur queue est longue, elle est surtout très développée chez les bergeronnettes ou hoche-queue.

LES ALOUETTES

Chanteuses matinales, elles ont été prises comme type de la vigilance, c'est surtout lorsqu'elles s'élèvent dans les airs qu'elles font entendre leur gai ramage, elles montent même parfois si haut qu'on les entend bien encore, mais qu'on les aperçoit à peine comme un tout petit point noir perdu dans le ciel. Les alouettes sont des coureuses émérites, elles marchent et ne sautent pas comme les gros becs, elles perchent aussi, mais rarement, il n'y a que la Lulu qui puisse être

Alouette

considérée comme vraiment percheuse. Toutes font
leur nid par terre, quelques brins d'herbe sèche à
l'extérieur, des crins et des plumes à l'intérieur en
sont tous les matériaux. L'hiver elles se réunissent en
bandes pour voyager, il en est cependant comme la
cochevis qui vivent solitaires et isolées, l'alouette des
champs et la calendrelle sont celles qui composent les
bandes les plus considérables; la lulu vit par petites
familles, la calandre va aussi parfois en troupe mais
paraît plus sédentaire que les autres espèces.

La conformation du pied des alouettes indique bien
que ce sont des oiseaux surtout marcheurs, le pouce est
plat et terminé par un ongle très long mince et peu
recourbé qui rappelle celui des poules d'eau. Elles
se nourrissent de graines et d'insectes, ce sont des
oiseaux de plaines qui ne résident jamais dans les bois,
elles recherchent les contrées rases et non accidentées.

Alouette des champs — *Alauda arvensis* (Linné) (pl.12, fig.1)

Taille 0,18, dos brun, les plumes bordées de roussâtre,
plumes de la tête ne formant pas huppe, dessous d'un
blanc teinté de roussâtre clair, avec les plumes de la
poitrine marquées de brun au centre; ongle du pouce
très long.

Première remige n'ayant pas un centimètre de long,
la deuxième aussi longue au moins que la quatrième;
la femelle est semblable, la poitrine a seulement un plus
grand nombre de taches brunes.

Œuf de 0,023 sur 0,017, blanc gris pointillé et
taché de brun gris.

L'alouette commune, dès le mois d'octobre, se réunit

en bandes considérables, fait de grands voyages, il en est un bon nombre qui restent sédentaires.

Sa chair est très estimée surtout à l'automne quand elle est bien grasse, on la prend à l'aide de collets de crins qu'on place dans les sillons des champs.

Alouette lulu — *Alauda arborea* (Linné) (pl. 12, fig. 4)

Taille 0,15, de même coloration que l'alouette des champs, le ventre plus blanc, la région de l'oreille plus foncée, les plumes de la tête formant huppe, deuxième rémige plus courte que la quatrième ; femelle semblable, iris brun.

L'alouette lulu ou percheuse est la seule espèce du genre qui mérite cette qualification, elle a des mœurs différentes de l'alouette des champs, préfère les plateaux des coteaux aux grandes plaines, et ne se réunit à l'automne qu'en bandes de vingt individus au plus pour entreprendre ses migrations hivernales. Elle est commune partout à l'automne et presque aussi nombreuse que l'alouette des champs.

Alouette cochevis ou huppée — *Alauda cristata*
(Linné) (pl. 12, fig. 2)

Taille 0,18, dessus brun, le bord des plumes un peu plus clair, tête ayant une huppe bien accusée, dessous d'un blanc roussâtre avec les plumes de la poitrine marquées de brun, première rémige de moins de deux centimètres de long, deuxième plus courte que la cinquième ; femelle semblable.

Œuf de 0,022 sur 0,017, d'un gris jaunâtre avec des points roussâtres plus nombreux vers le gros bout.

L'alouette huppée fréquente surtout le bord des routes, elle fouille volontiers les fientes des animaux pour rechercher les graines non digérées ou les insectes.

Bien que commune partout, elle est bien moins nombreuse que les espèces précédentes et vit toujours isolée, et par couple seulement au printemps.

Alouette calandrelle — *Alauda brachydactyla* (Leisler)
(pl. 12, fig. 5)

Taille 0,14, dessus brun, les plumes bordées de roux, dessous d'un blanc roux, la gorge plus pâle, deux taches brunes sur les côtés du cou.

Première rémige nulle, les deuxième, troisième et quatrième, presque égales.

La femelle ne diffère du mâle, que par les taches foncées du cou beaucoup plus réduites, et les parties inférieures du corps plus pâles.

Patte de la calandrelle

Œuf de 0,017 sur 0,015, d'un roux clair avec des taches plus foncées peu visibles.

La calandre a l'ongle du pouce beaucoup plus court que les autres espèces du genre, elle n'est cependant pas percheuse : c'est une habitante de la France méridionale qui, à l'automne, se réunit en grandes troupes pour voyager ; elle fréquente surtout les plaines arides et pierreuses.

Alouette calandre — *Alauda calandra* (Linné) (pl. 12, fig. 3)

Dessus brun roussâtre, les plumes du haut du dos

marquées de brun noir au centre, gorge et ventre blancs, flancs bruns, les côtés de la poitrine noirs avec des taches de même couleur sur fond blanc au centre.

La femelle ne diffère que par sa taille un peu plus petite et les taches noires plus réduites.

Œuf de 0,026 sur 0,017, d'un blanc sale avec des taches roux brun.

La calandre est la plus grosse espèce d'alouette que nous ayons en France, elle n'habite que le midi et particulièrement les terrains secs et pierreux, son bec est gros et fort, elle se nourrit de graines et d'insectes, c'est une des espèces qui apprend le plus facilement à répéter des airs, elle est appréciée des oiseleurs à ce point de vue. Sa chair est dure et peu estimée, nous ne l'avons jamais vu grasse comme la commune.

LES PIPIS

Ces oiseaux semblent faire le passage entre les alouettes et les fauvettes, quelques uns nichent par terre comme les premières et sont plutôt marcheurs, l'hiver ils suivent souvent les bandes d'alouettes et comme elles viennent se faire tuer au miroir, d'autres qui, comme conformation et extérieur, ne diffèrent en rien de leurs congénères, sont plutôt des oiseaux sylvains ayant beaucoup des mœurs des fauvettes.

Leurs pattes sont grêles, allongées, le pouce long, mince, peu arqué, les plumes latérales de la queue sont marquées de blanc, comme chez les alouettes, leur démarche est gracieuse, ils courent avec agilité et chantent en voletant comme elles. Le mâle et la femelle sont semblables pour la robe, à l'automne ils sont très gras et deviennent paresseux à voler au point de se laisser approcher presque à portée de la main.

Pipi richard — *Anthus Richardi* (Vieill.) (pl. 12, fig. 6)

Taille 0,18, dessus brun, les plumes bordées de roux, une bande sourcilière d'un blanc roux, étroite sur l'œil se prolongeant en s'élargissant derrière, une moustache brune descend du bec; dessous d'un blanc sale avec la poitrine marquée de taches brunes sur un fond un peu plus roussâtre. Ongle du pouce d'un tiers plus long que le doigt. Queue brune, les plumes médianes bordées de roussâtre, les latérales

Pouce du pipi richard

marquées de blanc, surtout l'externe qui est à peine brune à la base de la barbe interne. La femelle est semblable.

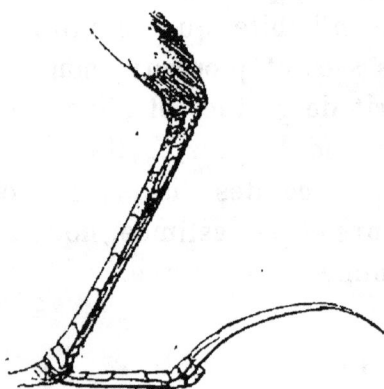

Œuf de 0,020 sur 0,015, d'un gris souvent rougeâtre avec des taches parfois très nombreuses et recouvrant presque toute la coquille.

Pipi rousseline — *Anthus campestris* (Brise.) (pl. 12, fig. 9)

Taille 0,17, d'un brun cendré, marqué de brun au centre des plumes, bien accusé surtout sur la tête; ailes et queue brunes bordées de roux clair, une bande sourcilière blanc roussâtre, les joues brun gris, une moustache noire bien accusée chez les adultes, dessous d'un gris roux, la poitrine marquée de taches brunes chez les femelles.

Œuf de 0,022 sur 0,016, d'un blanc sale couvert de petites taches plus ou moins nombreuses.

Le pipi rousseline se plait particulièrement dans les terrains arides, les bruyères, les dunes, il court avec agilité et remue sa queue un peu comme les bergeronnettes ; c'est surtout dans le midi de la France qu'on le rencontre et pendant la belle saison d'avril à septembre.

Il se nourrit principalement d'insectes et de vers et fort peu de graines.

Pipi des prés — *Anthus pratensis* (Linné) (pl. 12, fig. 7)

Taille 0,15, dessus brun, les plumes bordées plus clair, dessous d'un blanc roux très clair, le ventre presque blanc pur, la poitrine, les côtés du cou et les flancs tachés de bandes brun foncé.

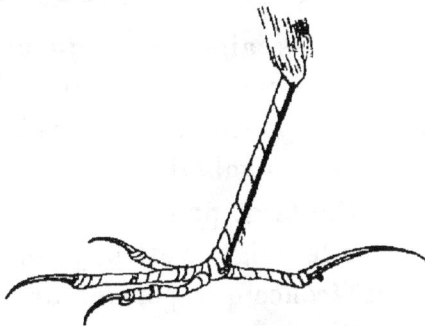

Ongle du pouce plus long que le doigt, c'est le caractère principal qui le distingue du pipi des arbres dont il est très voisin.

Patte du pipi des prés

Œuf de 0,019 sur 0,014, d'un blanc sale verdâtre avec de petites taches et des raies d'un brun rougeâtre.

Il préfère les endroits humides, les prairies basses, il est de passage régulier dans toute la France au printemps et à l'automne et est très commun partout ;

l'hiver il se réunit en bandes qui se confondent parfois et volent de compagnie avec l'alouette des champs.

Pipi à gorge rousse — *Anthus cervinus* (Pallas) (pl. 12, fig. 9)

Taille 0,145, dessus brun, les plumes bordées plus clair, gorge et poitrine roux vif, côtés du cou et poitrine marqués de taches brunes, ventre d'un blanc roussâtre. Ongle du pouce aussi long que le doigt; femelle semblable.

Œuf de 0.021 sur 0,014, d'un blanc gris violacé avec des taches et des stries brunâtres.

On a prétendu que cet oiseau était une variété du précédent, il est constamment assez différent pour constituer une espèce absolument distincte, il est de passage dans le centre et niche plutôt dans les contrées méridionales, on le dit commun en Sicile et en Tunisie.

Pipi des arbres — *Anthus arboreus* (Brisson)

Taille 0,15, dessus brun, les plumes bordées de brun olivâtre, plus clair sur les ailes et la queue; dessous d'un blanc sale, roussâtre sur les côtés du cou et à la poitrine, ces parties sont marquées de taches brunes presques noires; la femelle semblable.

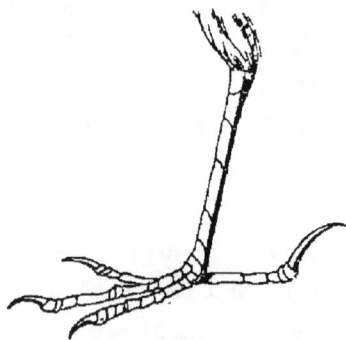

Ongle du pouce plus court que le doigt, c'est la grande différence qui permet de le distinguer aisément du pipi des prés auquel il ressemble beaucoup; il est très commun partout, mais ne va jamais par bandes, il niche sur les arbres et fréquente les prairies, les vignes et les coteaux.

Patte du pipi des arbres

Œuf de 0,020 sur 0,015, variant beaucoup de coloration du gris au rougeâtre avec des taches plus ou moins nombreuses recouvrant parfois toute la surface.

Il est sédentaire en France, et s'il voyage au printemps et à l'automne, c'est plutôt pour changer de contrées que pour s'éloigner de ses parages habituels, il n'y a que dans les hivers très rigoureux, lorsque la terre est couverte de neige qu'il abandonne le canton qu'il fréquentait.

Pipi spioncelle — *Anthus spinoletta* (Linné) (pl. 13, fig. 1)

Taille 0,13, dessus brun presque uniforme, plus roussâtre aux parties inférieures, deux bandes grises diagonales sur les ailes, des teintes ardoisées à la tête; d'un blanc sale en dessous, le devant du cou, la poitrine et les flancs variés de roux rosé et marqués de tâches brunes; femelle semblable mais un peu plus claire en dessous.

Œuf de 0,022 sur 0,016, d'un gris violacé avec des taches plus foncées et plus ou moins rougeâtres.

L'été il habite les régions élevées et arides, l'hiver il descend dans les plaines, fréquente le bord des eaux; il est commun partout surtout à l'époque des migrations, au printemps et à l'automne.

Pipi obscur — *Anthus obscurus* (Latham) (pl. 13, fig. 2)

Taille 0,165, dessus brun cendré olivâtre, marqué de bandes brunes bien accentuées seulement sur le dos, ailes avec deux bandes diagonales d'un gris cendré, queue brune, un liseré gris plus clair à la plume externe qui est marqué de gris aux barbes internes le long de la baguette ; dessous d'un blanc sale, rosé à la poitrine marquée de taches brunes. Cet oiseau varie sensiblement de livrée, il est parfois d'un gris brun en dessus, le dessous d'un roux clair peu tacheté de brun.

La femelle est semblable.

Œuf de 0,022 sur 0,016, d'un blanc gris verdâtre, pointillé de roux brun surtout vers le gros bout.

Le pipi obscur est surtout répandu en Normandie et en Bretagne pendant la belle saison, il paraît affecter particulièrement les côtes maritimes, nous l'avons observé dans des îles de l'océan où ne vivait aucun autre oiseau terrestre ; il est répandu dans ces localités et très rare sur ce que les marins appellent la grande terre.

LES BERGERONNETTES
(ou Hoche-Queue)

Appelées souvent hoche-queue, à cause de leur habitude de balancer constamment la queue, les bergeronnettes fréquentent surtout le bord des eaux, ce n'est que pendant leurs migrations qu'on les voit dans les prairies, sur le bord des routes, à la recherche de leur nourriture qui se compose de vers, d'insectes et de petits mollusques.

Leurs poses sont très gracieuses, elles courent avec rapidité, s'arrêtent pour repartir bientôt et chaque pause est accompagnée de balancement de tête et de hochement de queue ; leur vol se fait par bonds assez courts.

Leur queue est très longue, leurs pattes rappellent celles des alouettes, mais avec l'ongle plus court ; elles construisent leur nid toujours très bas, souvent au bord des berges, dans les roseaux, dans un trou de rocher bas, la plupart émigrent en automne en petites bandes pour revenir à la belle saison, celles qui habitent les régions tempérées méridionales sont sédentaires.

Bergeronnette boarule — *Motacilla sulphurea* (Gmel) (pl. 13, fig. 4)

Taille 0,185, queue dix centimètres ; dessus gris, croupion jaune, plumes latérales de la queue entièrement blanches, sourcils blancs, moustache blanche, gorge noire, ventre jaune, la queue est plus longue que le corps.

La femelle a les teintes du dessus plus brunâtres, le croupion verdâtre, le dessous d'un blanc roux aux parties supérieures, jaunâtres aux inférieures.

Œuf de 0,02 sur 0,015, d'un blanc sale avec une infinité de stries et de taches peu marquées, plus foncées que le fond.

Elle est sédentaire dans la France méridionale et de passage dans le centre et le nord, elle fréquente cons-tamment le bord de l'eau et vit volontiers isolée étant d'un naturel plus querelleur que toutes ses congénères.

Bergeronnette printanière — *Motacilla flava* (Linné) (pl. 13, fig. 5)

Taille 0,165, queue 0,075, dos brun verdâtre, tête grise, sourcil blanc, dessous jaune, la dernière plume de la queue bordée de noir intérieurement sur deux tiers de sa longueur.

Femelle semblable au mâle, les teintes du dessus plus sombres, la gorge blanche.

On donne le nom de *Rayi* à une variété de cette espèce où le jaune a prédominé, au point de rendre la tête d'un jaune verdâtre, les sourcils et la gorge jaunes.

De même qu'on a appelé *cinereocapilla* la variété à tête grise qui n'a pas de sourcils blancs ; quand on a sous les yeux un très grand nombre de ces oiseaux, il y a tant de sujets qui se trouvent sur la limite de chacune des espèces qu'on en arrive forcément à les confondre en une seule.

Cette espèce est très commune partout où il y a de l'eau, elle se réunit en petites bandes l'hiver pour émigrer, surtout dans les années très rigoureuses.

Bergeronnette grise — *Motacilla alba* — (Linné) (pl. 13, fig. 3)

Taille 0,19, queue 0,095, dessus gris cendré, tête noire, front et joues blancs, gorge et poitrine noires, ventre blanc, telle est la livrée du printemps.

La femelle ressemble au mâle, mais à cette époque de l'année elle a le noir de la tête moins étendu.

En automne les deux sexes se ressemblent, le dessus du corps est plus pâle, le front est d'un blanc maculé de gris, le noir de la tête est taché de brun, la gorge est blanche, un collier noir rejoignant les épaules se montre sur la gorge, le ventre est blanc.

On a donné le nom de *yarrelli* à une variété où le noir de la tête a envahi tout le dos.

Œuf de 0,020 sur 0,015, d'un blanc gris avec des marques brunâtres.

Elle a les mêmes mœurs que la précédente, on les voit souvent dans les mêmes parages.

GROUPE DES BECS FINS PERCHEURS

Tarse d'un noir profond uniforme.................. **Traquets.**
Tarse plus ou moins brun .... **Fauvettes.**

Nous n'avons pas cru devoir chercher à établir pour ces oiseaux un tableau synoptique qui n'eût été qu'un trompe l'œil peu pratique pour la détermination des genres qui sont basés sur le facies extérieur des oiseaux, bien plus que sur des caractères précis et bien définis.

LES TRAQUETS

Les traquets forment une petite famille bien homogène un des caractères qui permet de les distinguer à première vue au milieu des nombreux becs fins voisins, ce sont leurs tarses toujours d'un noir profond. Ils aiment à se percher sur un point dominant, le pâtre et le tarier sont souvent sur les fils télégraphiques, le long des voies des chemins de fer ; le motteux se tient immobile sur les plus grosses mottes de terre, s'élance de son observatoire sur un insecte qu'il saisit prestement et revient à son poste ; ils recherchent les contrées arides, caillouteuses et sont tous des insectivores qui méritent toute notre sollicitude ; ils nichent par terre dans les brousailles, émigrent l'hiver pour aller dans les contrées plus tempérées.

Traquet motteux — *Saxicola œnanthe* (Linné)

Taille 0,165. Mâle en été : dessus gris cendré, sourcils et croupion blancs de même que la base de la queue,

un trait noir traversant les yeux ; dessous fauve, aile ;
noires.

En hiver : le dessus est plus roux, dessous d'un roux
plus sombre. La femelle
ressemble au mâle en
hiver, la bande qui
traverse les yeux est
moins nette et d'un
brun roussâtre.

Œuf de 0,022 sur
0,016, d'un bleu vert
d'eau pâle.

Traquet motteux

Ce traquet, qu'on
appelle le motteux ou cul-blanc, reste toujours perché
sur une pierre, une motte de terre, il court avec rapidité
un peu comme les alouettes, il ne se met pas en bandes
pour émigrer à l'automne, à peine quelques couples se
réunissent-ils pour ces longs voyages qu'ils font par
petites étapes.

Traquet stapazin — *Saxicola stapazina* (Temminck)
(pl. 13, fig. 9)

Taille 0,15 (¹), dessus roux enfumé, le bas du dos blanc,
ailes noires, les plumes les recouvrant bordées de roux,
le tour des yeux, les joues et la gorge noirs, le dessous
blanc roux plus foncé à la poitrine.

La femelle a les teintes du dessus plus brunes, ce qui
fait que le sourcil se détache moins, le noir de la gorge
est moins net, le ventre est plus clair, les ailes brunes
au lieu d'être noires.

_____

(1) La figure est un peu plus petite que nature, il a la même taille
que l'oreillard qui est exact comme dimension.

Œuf de 0,020 sur 0,015, d'un bleu pâle uniforme, parfois parsemé de tâches rousses.

Le traquet stapazin est plutôt méridional, l'été on ne le rencontre qu'au sud du Rhône, dans les plaines arides et caillouteuses où il niche dans les tas de pierres, dans les trous de murailles, il n'est pas commun.

Traquet oreillard — *Saxicola aurita* (Temminck)
(pl. 13, fig. 7)

Taille 0,15, dessus d'un blanc roux, blanc pur au bas du dos, une large bande noire traverse les yeux, ailes noires ; dessous entièrement d'un blanc lavé de roussâtre surtout à la poitrine ; en hiver le plumage se rembrunit ; la femelle lui ressemble, mais ce qui est noir devient chez elle d'un brun roux, les plumes qui recouvrent les ailes sont bordées de roux.

Œuf comme celui du stapazin, mais avec des taches plus nombreuses.

Cette espèce vit dans les mêmes contrées que le stapazin, il a les mêmes mœurs, il est peut-être un peu plus rare.

Traquet rieur — *Saxicola leucura* (Gmel) (pl. 13, fig. 8)

Taille 0,19, entièrement noir, sauf les plumes qui recouvrent la queue et la base de celle-ci qui sont d'un blanc pur ; la femelle lui ressemble mais le noir est un peu roussâtre.

Œuf de 0,024 sur 0,017, d'un bleu pâle souvent sans taches, lorsqu'elles se produisent elles forment une couronne vers le gros bout.

D'un naturel sauvage et méfiant, il recherche les
contrées les plus arides et les parties montagneuses,
aussi ne le trouve-t-on en France qu'au pied des Alpes
et des Pyrénées, où il ne séjourne que l'été, l'hiver il
émigre vers le sud.

Traquet tarier — *Saxicola rubetra* (Linné) (pl. 13, fig. 6)

Taille 0,125. Mâle en été: dessus brun, les plumes
bordées de cendré roussâtre, sourcils et deux taches sur
les ailes d'un blanc pur, joues noires bordées en dessous
de blanc qui s'étend jusque sous le bec, gorge et poitrine
roux clair, ventre blanc sale: la femelle ne diffère du
mâle que par les teintes plus enfumées et moins nettes.

En hiver : dessus brun, les plumes au centre
bordées de roux et terminées de gris, les parties blanches
passent au roussâtre, la poitrine est pointillée de noir,

Œuf de 0,018 sur 0,013, d'un bleu verdâtre sans
taches.

Le tarier est très répandu dans le centre et le nord
de la France où il niche l'été ; à l'automne il devient
très gras, se perche sur un point isolé, un chardon sec,
la branche la plus élevée d'un buisson, le bout d'une
palissade, et devient familier parce qu'il est paresseux,
il fréquente les champs et les prairies.

Traquet pâtre — *Saxicola rubicola* (Linné) (pl. 13, fig. 10)

Taille 0,12, dessus noir, les plumes du dos liserées
de roux, celles recouvrant la queue blanches, une tache
blanche sur les ailes et aux épaules, ailes et queue
brunes liserées de roux, gorge noire, poitrine rousse,

ventre blanc roussâtre sur les côtés; la femelle ne
diffère du mâle que par les bordures rousses des
plumes du dessus plus étendues, et le dessous d'un roux
moins vif.

Œuf de 0,016 sur 0,013, d'un bleu verdâtre pâle avec
des tâches roussâtres parfois confluentes vers le gros
bout.

Le traquet rubicole paraît remplacer le traquet pâtre
dans les contrées méridionales de la France, il a les
mêmes mœurs que lui, paraît préférer les endroits où
la végétation est abondante, ce sont les plaines de
bruyères, les coteaux couverts d'arbres nains qui
paraissent l'attirer davantage; comme ses congénères
c'est un insectivore émérite.

LES FAUVETTES

Les fauvettes sont de petits oiseaux sylvains, préférant
les buissons, les jeunes taillis aux grands arbres; la
plupart émigrent l'hiver, et ne viennent en France que
pour la saison des amours; leurs nids sont le plus souvent
des constructions légères, ils élèvent leurs jeunes avec
sollicitude, pendant le temps d'incubation les mâles
font entendre leurs plus mélodieuses chansons, car
c'est parmi ces oiseaux qu'on peut chercher les plus
savants et les plus brillants chanteurs. Presque toutes
les espèces ont une livrée modeste, le rossignol de
murailles et la gorge bleue font à peu près seuls
exception à cette tenue grise et brune. Il n'est peut-
être pas d'oiseaux plus utile, car non seulement ils nous
charment par leurs ramages, mais ils font une chasse
incessante aux myriades d'insectes qui au printemps

foisonnent partout, si quelques espèces pendant la saison
des fruits picorent les cerises, les figues, les prunes,
c'est une bien légère dîme prélevée sur la quantité de
récoltes sauvées par la guerre acharnée qu'ils ont fait
avant aux insectes d'estructeurs, nous pouvons donc
leur laisser prendre cette modeste compensation ;
d'autant plus que ce sont des amis bien commodes, ils
ne demandent même pas qu'on leur manifeste de la
reconnaissance pour les services rendus.

Rossignol — *Sylvia luscinia* (Linné) (pl. 15, fig. 1)

Taille 0,16, dessus d'un brun roux uniforme, dessous
d'un blanc roux, clair surtout à la gorge et au milieu
du ventre, première rémige
très petite , la deuxième
égale à la cinquième. Les
jeunes sont souvent marqués
de taches brunes transversales, peu apparentes.

Le rossignol est commun
par toute la France , il
habite surtout les petits bois,
les bosquets, arrive dans le
courant d'avril. Dès qu'il a
trouvé la compagne de son

Rossignol

choix il commence à chanter ; les amateurs d'oiseaux
de volière le tiennent en très haute estime à cause de
sa belle voix et la façon mélodieuse et variée dont il
agrémente les roucoulades de son chant, il est du reste
très facile à prendre et supporte assez facilement la
domesticité ; le moment toujours difficile à lui faire
passer c'est l'époque du départ, comme tous les oiseaux

migrateurs le besoin de déplacement est si puissant,
les tourments qu'il ressent de ne pouvoir émigrer sont
si violents que beaucoup en périssent malgré tous les
soins dont on les entoure.

Rubiette rouge-queue — *Sylvia tithys* (Latham) (pl. 14, fig. 4)

Taille 0,15, dessus brun ardoisé, queue roux vif
ainsi que les plumes de sa base, seconde rémige bordée
de blanc gris, côtés de la tête, gorge et poitrine noirs,
ventre gris, cette coloration se mariant peu à peu avec
le noir des parties supérieures ; femelle entièrement
d'un gris brun, un peu plus clair au ventre, la queue
rousse.

Œuf de 0,018 sur 0,012 d'un blanc pur.

Le rouge-queue, ou tithys, arrive dans nos contrées
vers le mois d'avril pour repartir en octobre, après
avoir élevé une couvée ou deux ; il niche dans les trous
des murs, sous les toits des maisons, souvent dans les
écuries, les granges, les greniers ; familier et sociable,
il ne s'inquiète guère des personnes qui passent près de
lui, mais si on l'inquiète ou si on le poursuit, il part
pour ne plus jamais revenir dans les endroits inhospita-
liers. Il est moins commun que le rossignol de murailles.

Rossignol de muraille — *Sylvia phœnicura* (Linné) (pl. 14, fig. 3)

Taille 0,145, front et sourcils blancs, tête et dos gris
cendré, bas du dos et queue roux vif, sauf les deux
plumes médianes qui sont brunes, gorge et côtés des
joues noirs, poitrine et ventre roux, plus clair au

centre, les teintes se rembrunissent l'hiver. La femelle ressemble au mâle, le dessus est plus brun, le front est blanc sale, de même que les sourcils, les joues et le devant du cou sont gris.

Œuf de 0,018 sur 0,013, d'un beau bleu clair.

Le rossignol de murailles est l'un des plus jolis et des plus gracieux oiseaux de nos contrées, il est répandu partout, mais vivant par couple isolé ; il fait son nid dans les trous de mur, sous les toits de chaume, dans un coin quelconque, aussi bien chez le forgeron que chez le meunier ; le bruit, les allées et venues lui importent peu, ce qu'il recherche c'est la sécurité pour lui et sa famille, aussi s'il s'aperçoit qu'on le guette il craint d'être inquiété et part pour ne plus revenir.

Rouge-gorge — *Sylvia rubecula* (Linné) (pl. 14, fig. 2)

Taille 0,145, dessus d'un brun roussâtre, front, côtés de la tête, gorge, poitrine, d'un roux vif, ventre blanc gris, flancs bruns ; la femelle ressemble au mâle, le roux de la gorge est moins foncé et moins étendu.

Œuf de 0,020 sur 0,016, d'un blanc sale avec des points roux plus nombreux vers le gros bout.

Le rouge-gorge est commun partout en France, la plupart émigrent l'hiver, quelques-uns sont sédentaires, le froid, la

Rouge-gorge

neige, les oblige à se rapprocher des habitations, les chats leur font alors une guerre où les trop confiants oiseaux périssent souvent ; sans ces féliens cafards et insatiables, le rouge-gorge deviendrait l'hôte de toutes les maisons où on est disposé à le recevoir et le nombre en est grand, car, à beaucoup de grâce et de gentillesse, il joint un chant qui ne manque pas de charme, il est familier sans être indiscret comme le pierrot.

Il fait son nid dans les buissons, dans les taillis, souvent près de terre.

Fauvette gorge-bleue — *Sylvia suecica* (Linné) (pl.14, fig.7)

Taille 0,15, dessus brun à peu près uniforme, base de la queue rousse, sourcils blanc roussâtre, gorge d'un beau bleu avec une tache blanc d'argent au centre, poitrine rousse, ventre blanc sale roussâtre. On trouve des sujets où la tache blanche manque complètement, d'autre où elle est remplacée par du roux qui s'étend parfois jusque sous le bec ; la femelle ressemble au mâle, mais n'a pas de bleu et la gorge est d'un blanc sale, avec une bande noire sur la poitrine, souvent accompagnée de roux en-dessous.

Œuf de 0,020 sur 0,015, d'un vert clair douteux avec des taches plus foncées.

La gorge-bleue ne se reproduit que dans les départements du centre de la France, dans une zône qu'on peut circonscrire de la Charente à la Saône-et-Loire ; elle est très familière et construit un nid grossier placé toujours très bas.

C'est un des oiseaux les plus brillants, car sa tache bleu turquoise, souvent relevée par une macule d'un blanc brillant ou d'un roux vif entouré de blanc, a une vivacité d'éclat très remarquable, avec ces variétés de coloration on a voulu faire des espèces, mais elles sont certainement mal fondées.

Accenteur alpin —*Sylvia alpinus* (Becht) (pl. 14, fig. 5)

Taille 0,17, dessus d'un brun flammèché de noirâtre, surtout au milieu du dos ; la tête presque cendrée, gorge blanche, les plumes terminées de brun ; dessous brun gris, les flancs flammèchés de roux ; vers la base des ailes on remarque quelques points blancs épars ; femelle semblable.

Œuf de 0,021 sur 0,014, d'un bleu pâle sans taches.

Cet oiseau ne vit que dans les régions les plus élevées des Alpes et des Pyrénées, ce n'est que l'hiver lorsque la neige couvre entièrement les contrées qui l'ont vu naître qu'il descend dans les vallées ; ce n'est pas un oiseau farouche tant s'en faut, il est aussi confiant que le rouge-gorge.

Accenteur mouchet — *Sylvia modularis* (Linné) (pl. 14, fig. 8)

Taille 0,14, dessus brun flammèché de noirâtre, les côtés du cou brun ardoisé, dessous d'un gris cendré uniforme, le ventre un peu plus clair ; femelle pareille.

Œuf 0,019 sur 0,013 d'un beau bleu clair sans taches.

Le mouchet ou *traine-buisson* vole souvent dans les taillis bas, il rase terre, on le prendrait facilement pour une souris quand il passe d'une touffe à une autre ; il vit sédentaire dans beaucoup de localités et se nourrit principalement de vers et d'insectes surtout au printemps, son chant est assez monotone, il supporte difficilement la captivité.

Fauvette tête noire — *Sylvia atricapilla* (Linné) (pl. 14, fig. 6)

Taille 0,14, tête noire dessus, les côtés cendrés, tout le reste du dessus d'un brun olivâtre, dessous d'un cendré plus clair à la gorge et au milieu du ventre, queue entièrement brun foncé ; la femelle diffère du mâle par le dessus de la tête qui est d'un brun roux et les teintes plus rousses en général. Première rémige de quinze millimètres de long, la deuxième égale à la sixième.

Œuf de 0,02 sur 0,014, d'un blanc rougeâtre avec des traits et des taches bruns.

Cette espèce est très commune partout, elle fréquente le bord des bois, mais surtout les parcs et les jardins ; d'un naturel très familier, elle se laisse facilement prendre au trébuchet, elle fait son nid dans les buissons assez près de terre, et n'émigre l'hiver que des parties nord de la France où la neige et la glace lui rendraient la vie trop difficile.

Fauvette mélanocéphale — *Sylvia melanocephala* (Gmel)
(pl. 14, fig. 9)

Taille 0,135, tête et joues noires, le dessus d'un cendré noirâtre, queue noire, les trois plumes externes de chaque côté terminées de blanc, dessous blanc presque pur à la gorge, un peu gris au-dessous avec les flancs cendrés ; femelle pareille avec les teintes plus enfumées, le noir de la tête d'un brun cendré. Première rémige très courte, deuxième rémige égale à la septième.

Œuf de 0,018 sur 0,013, d'un blanc roussâtre avec des taches plus foncées, plus nombreuses au gros bout.

Bien que ressemblant beaucoup à la fauvette à tête noire, cette espèce s'en distingue aisément par le dessous des yeux noirs, tandis que cette partie est gris clair chez la précédente, la femelle n'a pas la calotte rousse de la précédente, c'est une espèce essentiellement méridionale qui ne dépasse guère le bassin méditerranéen ; pour ses mœurs , ses habitudes, elle se rapproche beaucoup de la fauvette à tête noire.

Fauvette babillarde — *Sylvia curruca* (Gmelin) (pl.15, fig.1)

Taille 0,14, dessus et côtés de la tête d'un brun ardoisé, plus clair sur le dos ; dessous d'un blanc presque pur, teinté de roussâtre à la poitrine aux flancs ; bec noir, pieds gris ardoisé, iris brun clair ; femelle semblable.

Œuf de 0,020 sur 0,016, d'un blanc roussâtre avec des taches plus foncées, nombreuses surtout vers le gros bout.

Le midi de la France est le séjour habituel de cette espèce qui préfère les buissons très touffus où elle se sait à l'abri des regards.

Fauvette des jardins — *Sylvia hortensis* (Lath) (pl.15, fig.2)

Taille 0,15, dessus d'un brun olivâtre uniforme, ailes et queue brunes bordées de clair, dessous d'un blanc sale plus foncé sur les flancs qui deviennent presque de la couleur du dos, le ventre et la gorge presque blanc pur; femelle semblable.

Œuf de 0,02 sur 0,014, d'un blanc sale avec des taches et des points plus foncés.

On la confond parfois avec le bec-figue à l'automne lorsqu'elle est très grasse, elle est surtout commune dans le nord et le centre de la France, elle devient rare dans les départements méridionaux. Elle habite les jardins, les taillis et au printemps fait entendre son gai ramage, elle part vers le mois d'octobre et revient dans le courant d'avril.

Fauvette orphée — *Sylvia orphea* (Boie) (pl. 15, fig. 3)

Taille 0,165, dessus brun noirâtre, plus foncé sur la tête; dessous blanc, d'un roux rosé à la poitrine, aux flancs et aux sous-caudales.

La femelle a les teintes du dessus plus claires, la tête est de même couleur que le dos.

Œuf de 0,020 sur 0,015 d'un blanc sale avec des taches brunes.

L'orphée n'est pas répandue partout, elle semble surtout confinée dans l'est de la France, elle est aussi commune en Provence, elle a les mêmes mœurs que ses congénères.

Fauvette grisette — *Sylvia cinerea* (Linné) (pl. 15, fig. 4)

Taille 0,14, dessus brun, la tête plus cendrée, les remiges secondaires bordées de roussâtre, dessous blanc sale, la poitrine roux rosé de même couleur que les flancs.

La femelle ressemble au mâle, le dessus est d'un brun un peu plus roussâtre, la tête de même couleur; le rose du dessous est remplacé par du roux isabelle clair.

Œuf de 0,018 sur 0,013, d'un blanc sale pointillé de brun.

La grisette est commune partout, elle habite les vergers, les parcs, les bois humides, elle a l'habitude de s'élever en l'air en chantant, de tourner et pirouetter et de s'enfoncer d'où elle était partie en continuant son ramage cachée dans le bosquet.

Fauvette passerinette — *Sylvia subalpina* (Scopoli)
(pl. 15, fig. 6)

Taille 0,125 ; mâle au printemps : dessus d'un cendré
ardoisé, lavé de roussâtre au milieu du dos, les remiges
secondaires bordées de roussâtre ; queue plus foncée
que le dos, la plume externe la plus courte, blanche
extérieurement et sur la plus grande partie des barbes
internes, les deux suivantes terminées de blanc à l'extrême pointe, les autres frangées d'un liseré brun ;
dessous roux foncé plus clair au ventre et aux sous-
caudales ; une moustache blanche part de la machoire
inférieure, les yeux sont entourés d'une rangée de plumes
rousses.

La femelle ressemble au mâle, mais les teintes sont
plus claires, le ventre est d'un blanc rosé, la gorge est
presque blanche chez certains individus.

Cette espèce sera toujours facile à distinguer des
fauvettes pitchou et à lunettes parce que le dessus est
gris cendré, et l'œil bordé de plumes rousses, puis à sa
deuxième remige presque égale à la cinquième, la première étant rudimentaire.

Œuf de 0,013 sur 0,010, d'un blanc gris avec des
points plus foncés parfois peu visibles, mais toujours
plus nombreux vers le gros bout.

Cette espèce méridionale recherche les collines couvertes de broussailles et d'arbustes, son chant n'a rien
de remarquable

Fauvette à lunette — *Sylvia conspicillata* (Marmora)
(pl. 15, fig. 5)

Taille 0,12 ; mâle été : dessus brun, la tête presque
cendrée, les plumes des ailes bordées de roux, les yeux

entourés de plumes blanches suivies d'un cercle de plumes presque noires, gorge blanche de même que le milieu de l'abdomen, poitrine et flancs d'un rouge vineux, foncé au printemps, plus clair l'hiver.

Deuxième rémige plus courte que la sixième, plus longue que la septième.

Femelle semblable, le dessus plus cendré, le dessous au lieu d'être roux vineux à la gorge et à la poitrine est d'un blanc isabelle.

Cette espèce est toujours facilement reconnaissable au double cercle blanc et noir qui entoure l'œil.

Œuf de 0,016 sur 0,010, d'un blanc gris avec des taches plus nombreuses vers le gros bout.

Elle ne se montre que dans certaines localités du midi de la France, et n'y est pas sédentaire, arrivant en avril elle repart en septembre.

Elle a les mêmes mœurs et habite les mêmes localités que la passerinette.

Fauvette pitchou — *Sylvia provincialis* (Gmelin) (pl.15, fig.8)

Taille 0,115, dessus d'un brun foncé olivâtre sur le dos, plus cendré à la tête, paupières orange, dessous d'un roux vineux intense, les plumes de la gorge souvent tachetées de blanchâtre, ventre d'un blanc sale au milieu seulement. La femelle ressemble au mâle, le dessus est un peu plus clair, plus ardoisé, le dessous d'un roux plus clair et plus lie de vin, la gorge a plus de taches blanches.

Œuf de 0,013 sur 0,010, d'un blanc gris avec des points roussâtres qui forment parfois une couronne au gros bout.

Le pitchou se trouve dans le midi de la France, en Anjou, en Bretagne, sur les côteaux secs et arides ; il se tient constamment caché au plus épais des touffes ; d'un naturel vif et pétulant, il tient la queue presque constamment relevée à la manière des troglodytes.

LES POUILLOTS

Les pouillots se ressemblent beaucoup comme formes, leur bec est comprimé à la base, leur couleur est toujours brun gris en dessus et plus ou moins jaunâtre en dessous, il n'y a que le bonelli et le veloce qui ne soient pas franchement jaunes. Les cinq espèces que nous avons en France quoique très distinctes sont cependant assez voisines pour que nous croyons devoir donner des descriptions comparatives pour permettre de les différencier aisément.

Ce sont des oiseaux gais et agiles, aimant à se percher sur une branche isolée pour faire entendre leur chant joyeux ; ils arrivent au printemps pour repartir à l'automne après les couvées faites, quelques-uns passent l'hiver dans le midi de la France, d'autres vont en Italie ou en Espagne ; ils se nourrissent surtout d'insectes, ils ajoutent à ce régime de très petits colimaçons, des fruits et des baies ; ce sont des destructeurs de chenilles qui méritent tous nos égards. Leur nid est bien construit assez profond en forme de coupe. La première rémige des ailes est tout à fait rudimentaire et absolument impropre au vol, c'est la seconde qui paraît être la première, aussi dans les longueurs comparatives des rémiges que nous indiquons, c'est la seconde que nous prenons comme base, si on ne prend pas bien garde à cette particularité, ces dimensions relatives paraîtront absolument erronnées, nous insisterons donc pour que nos lecteurs ne s'y méprennent pas.

DESCRIPTIONS COMPARATIVES DES POUILLOTS

Veloce

Dessus brun gris un peu olivâtre, tache brune devant et derrière les yeux.

Dessous blanc sale, plus roux à la gorge et aux flancs.

Ailes ne dépassant pas le milieu de la queue.

Rémiges : la première très petite et impropre au vol, deuxième égalant la septième ou plus courte.

Bonelli

Dessus brun roux, croupion jaunâtre.

Dessous blanc terne, brunâtre sur les bords.

Ailes liserées de jaune de même que la queue.

Rémiges : deuxième plus longue que la septième égalant parfois la sixième.

Fitis

Dessus brun verdâtre.

Dessous jaune brillant sur fond blanc, parfois le jaune en flammèches.

Ailes et queue liserées de brun verdâtre.

Rémiges : deuxième plus courte que la cinquième, plus longue que la sixième.

Luscinoïde

Dessus brun verdâtre plus clair au croupion, raie sourcillière ne dépassant pas l'œil.

Dessous jaune pâle, un peu brun à la poitrine et aux flancs.

Ailes brun clair, bordées de cendrée.

Remiges : deuxième égale ou presque égale à la sixième.

Ictérine

Dessus brun olivâtre.

Dessous jaune paille, pâle, uniforme.

Ailes brunes, les remiges secondaires bordées de gris.

Remiges : deuxième plus longue que la cinquième.

Pouillot Bonelli — *Phyllopneuste Bonelli* (Vieill) (pl.15, fig.7)

Taille 0,115, dessus d'un brun roussâtre nuancé de jaunâtre au croupion, dessous blanc terne, nuancé de brunâtre à la poitrine et aux flancs, ailes brunes, les remiges frangées de jaune verdâtre, queue semblable, bec brun en dessous, plus clair en dessous et sur les bords, pieds et iris bruns.

Œuf de 0,015 sur 0,012, d'un blanc roussâtre avec des points plus foncés très nombreux au gros bout.

Bien que répandu partout, le Bonelli est assez rare, il construit son nid par terre au pied des touffes d'herbes ou des buissons, il fréquente les bois et émigre l'hiver.

Pouillot véloce — *Phyllopneuste rufa* (Briss)

Taille 0,12 environ, dessus d'un brun olivâtre, sourcils et paupières jaunâtres, une tache brune devant et derrière les yeux; dessous blanc sale, plus roux à la poitrine et aux flancs, sous-caudales jaune clair, ailes ne dépassant pas le milieu de la queue, d'un brun gris, les plumes frangées d'olivâtre, queue de même

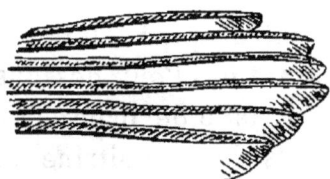

Grandes remiges, la deuxieme égalant la septième (1).

couleur que les ailes, bec brun jaunâtre sur les bords, pieds et iris bruns; femelle semblable.

Œuf de 0,015 sur 0,011, blanc avec des petits points brun foncé très nombreux au gros bout.

Il habite surtout les bois, est très commun partout pendant l'été, l'hiver il émigre, on le dit cependant sédentaire sur le littoral méditerranéen.

Pouillot Fitis — *Phyllopneuste trochilus* (Linné) (pl. 15, fig. 9)

Taille 0,12, dessus brun verdâtre, sourcils blanc jaunâtre, en dessous le fond du plumage est blanc, mais il est si largement flamméché de jaune que le fond disparaît sous cette coloration, ailes et queue gris brun, les plumes bordées de verdâtre. La deuxième remige plus courte que la cinquième plus longue que la sixième.

Œuf de 0,015 sur 0,012, d'un blanc plus ou moins pur avec des taches rougeâtres.

Le pouillot fitis est commun presque partout, sédentaire sur le littoral méditerranéen, il est de passage pendant la belle saison dans les autres contrées.

---

(1) Dans cette figure, de même que dans les suivantes, la première remige qui est très courte et impropre au vol n'est pas représentée.

Pouillot luscinoïde — *Hypolais polyglotta* (Vieill)

Taille 0,12, dessus brun verdâtre plus clair au croupion, raie sourcilière ne dépassant pas l'œil, dessous jaune pâle, lavé de brun clair sur les côtés de la poitrine et les flancs, ailes brunes, bordées de cendré ; deuxième remige égale ou presque égale à la sixième ; la femelle ne diffère que très peu du mâle.

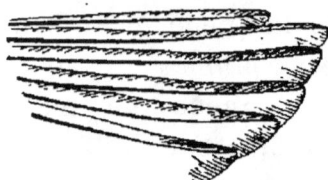

Grandes remiges, la deuxième presque égale à la sixième.

Œuf de 0,018 sur 0,013, d'un blanc rosé, avec des taches de taille irrégulière brunes, et des traits de même couleur.

Cette espèce est plutôt méridionale, toutefois on la trouve même dans le nord de la France, mais elle n'y reste que pendant la belle saison.

Pouillot icterine — *Hypolais icterina* (Vieil) (pl. 15, fig. 10)

Taille 0,135, dessus brun olivâtre, dessous jaune paille uniforme, raie sourcilière de même couleur ; ailes brunes, les remiges primaires bordées de gris olivâtre, les secondaires bordées de gris jaunâtre, la deuxième remige plus longue que la cinquième.

La deuxième remige plus longue que la cinquième.

Œuf de 0,019 sur 0,015, d'un blanc rosé avec des points et des taches rondes presque noires.

L'icterine est plus commun dans le nord de la France que partout ailleurs, il se tient de préférence dans les bosquets, niche sur les arbustes et ne reste que pendant la belle saison de mai à septembre.

FAUVETTES DE ROSEAUX

Le petit groupe qui comprend les Cysticoles, Phrag-mites, Locustelles, Cetties et Rousserolles comporte de petits passereaux qui tous, sauf la Locustelle, n'habitent que les contrées marécageuses et suspendent leurs nids aux joncs et aux roseaux, ils les construisent avec beaucoup d'art, ils représentent une bourse avec une seule ouverture. D'un naturel timide ils se cachent soigneusement, cependant ils ne sont pas farouches, aussi est-il très difficile de les déloger de leur retraite. ils volent peu et paraissent très paresseux lorsqu'il s'agit de prendre leur essor, quelques-uns restent sédentaires dans les contrées les plus méridionales de la France ; d'autres émigrent, aussi les rencontre-t-on assez régulièrement un peu partout, au printemps et à l'automne ; leur chant est assez mélodieux, perçant et strident.

Tous sont surtout insectivores, ils se nourrissent aussi de petits mollusques et de vers.

Leurs ailes sont courtes et arrondies, leur queue longue et étagée, ils la remuent volontiers de bas en haut à la manière des bergeronnettes.

Rousserolle turdoïde — *Sylvia turdoides* (Temmn) (pl. 7, fig. 1)

Taille 0,19, dessus brun, plus cendré à la tête, aux sourcils un trait étroit blanchâtre, dessous d'un brun blanchâtre plus clair à la gorge et au ventre, la femelle a la même livrée que le mâle.

Œuf de 0,023 sur 0,019, d'un blanc verdâtre avec

des points vineux plus ou moins foncés et des taches plus larges et plus claires.

Elle arrive en mai dans le nord et quitte dès les premiers jours de septembre, c'est surtout le bord des rivières et des marais qu'elle fréquente.

Rousserolle effarvate — *Sylvia arundinacea* (Briss) (pl.7, fig.2)

Taille 0,13, dessus brun roussâtre, le croupion plus clair, dessous d'un blanc roussâtre plus foncé à la poitrine et aux flancs ; la femelle est semblable.

Œuf de 0,018 sur 0,014, d'un gris verdâtre avec des taches étendues verdâtres, plus fréquentes au gros bout.

L'effavarte est commune par toute la France, elle niche au milieu des roseaux et construit avec art un nid long attaché aux tiges ; elle arrive vers la fin d'avril et repart dès le commencement de septembre.

Rousserolle verderolle — *Sylvia palustris* (Becket) (pl.7, fig.6)

Taille 0,133, ressemble absolument à l'espèce précédente mais elle est plus olivâtre en dessus, le dessous est d'un blanc presque pur, la poitrine et les flancs sont à peine un peu plus teintés.

Œuf de 0,019 sur 0,014, d'un gris verdâtre avec des taches et des points plus foncés et plus fréquents au gros bout.

La verderolle est moins commune que les espèces précédentes, bien que signalée dans un grand nombre de localités depuis le nord jusqu'au midi, elle paraît confinée dans certains cours d'eau ou marais assez peu étendus. C'est un des oiseaux qui paraît posséder au

plus haut point l'art d'imiter le chant des autres
oiseaux, c'est peut être à cela et à sa ressemblance avec
l'effarvate qu'il faut attribuer sa prétendue rareté, son
chant l'ayant fait prendre pour une autre.

Cetti bouscarle — *Sylvia cetti* (Marmora) (pl. 7, fig. 9)

Taille 13 à 14 c. dessus d'un brun roux uniforme,
l'œil entouré de plumes blanches, dessous d'un blanc
sale, gris brun sur les côtés de la poitrine, aux flancs
et au bas du ventre, où il tourne au roux. Les deux
sexes se ressemblent.

Œuf de 0,019 sur 0,014, d'un brun rougeâtre plus ou
moins ochracé et sans taches.

La bouscarle est surtout méridionale, elle fait son
nid au milieu des roseaux, se nourrit d'insectes et reste
constamment cachée dans les plantes aquatiques.

Cetti luscinoide — *Sylvia luscinoide* (Savig) (pl. 7, fig. 7)

Queue du Cetti luscinoide

Taille 0,14, dessus brun roux uniforme, la queue
très étagée, les plumes traversées par des ondes plus

foncées, visible sous un certain jour, dessous brun clair presque blanchâtre à la gorge et au milieu du ventre ; femelle semblable au mâle.

Œuf de 0,02 sur 0,015, d'un blanc grisâtre marqué de taches et de stries plus foncées.

C'est surtout dans le midi de la France qu'on rencontre la luscinoide, elle vit dans les roseaux et les joncs des bords des marais, comme ses congénères elle se nourrit principalement d'insectes.

Cetti à moustaches — *Sylvia mélanopogon* (Temm) (pl. 7, fig. 8)

Taille 0,13, dessus brun foncé, le reste de même coloration avec une raie longitudinale noire au centre des plumes du dos, le dessous roussâtre, avec le cou et le milieu du ventre blanc presque pur, raie sourcilière blanchâtre ne dépassant pas l'œil en avant, ailes et queue brun foncé avec les plumes liserées de roussâtre, bec, pied et iris bruns ; la femelle ressemble au mâle.

De toutes les espèces de ce groupe c'est la plus rare, elle n'a été rencontrée que dans le bassin méditerranéen ; elle vit dans les contrées inondées et construit un nid en forme de bourse appendu aux arbrisseaux.

Locustelle tachetée — *Locustella nœvia* (Brisson) (pl.3, fig.13)

Taille 0,14 environ, dessus brun, olivâtre au bord des plumes, le centre brun noir, dessous d'un blanc sale à la gorge et au milieu du ventre, la poitrine brun très clair, les côtés du cou et les flancs brun olivâtre.

Œuf de 0,018 sur 0,012, d'un blanc sale avec des

taches et de fines stries rouge brique, plus fréquentes vers le gros bout.

Cet oiseau est surtout commun en Bretagne dans les landes, on l'a rencontré aussi dans beaucoup de localités de la France, il vit le plus souvent à terre, court avec agilité au milieu des touffes ; sa nourriture se compose principalement d'insectes.

Phragmite des joncs — *Sylvia phragmitis* (Bechstein)
(pl. 7, fig. 10)

Taille 0,13, dessus brun, olivâtre sur le bord des plumes, le centre plus foncé surtout sur la tête, où il reste à peine de trace d'olivâtre, sourcils blancs s'élargissant derrière les yeux, les plumes des ailes bordées de brun clair, le dessous d'un blanc enfumé plus foncé sur les côtés.

Œuf de 0,018 sur 0,014, d'un blanc sale avec une multitude de taches plus foncées, formant souvent une maculature irrégulière.

Le nord et l'est de la France paraissent être ses contrées préférées, c'est toujours au bord des marais, au milieu des joncs et des roseaux qu'on le rencontre.

Phragmite aquatique — *Sylvia aquatica* (Gmel) (pl. 7, fig 11)

Taille 0,13, dessus brun roux clair, le centre des plumes presque noir, tête plus foncée, une ligne rousse claire au milieu, les sourcils de même couleur, le dessous d'un blanc roux plus foncé sur les côtés, parfois avec des taches noires à la poitrine, la gorge et le milieu du ventre sont d'un blanc presque pur.

Œuf de 0,017 sur 0,013, d'un blanc gris avec des points plus foncés, et formant parfois une couronne vers le gros bout.

Le phragmite aquatique se plaît dans les roseaux, il paraît confiné à la France méridionale, on le cite cependant de passage assez régulier dans les marais du nord au printemps et à l'automne.

Cysticole — *Sylvia cysticola* (Temm) (pl. 3, fig. 12)

Taille 0,10, dessus brun foncé, le bord des plumes liseré de roux, croupion roux unicolore, dessous d'un blanc teinté de roussâtre, plus clair à la gorge et à la poitrine ; la femelle est pareille ;

Œuf de 0,016 sur 0 012, d'un blanc plus ou moins rose, ou azur, le plus souvent sans taches.

Fréquentant les marais, surtout ceux du littoral de la Méditerranée, cette espèce n'est commune que dans quelques localités privilégiées.

GROUPE DES BECS SANS CROCHETS

Bec droit.. **Sittelle.**
Bec courbe.. *a.*
a. Une huppe de plumes très longues sur la tête.... **Huppe.**
Pas de huppe... *b.*
b. Plumage brun varié de points blanchâtres ...... **Grimpereau.**
Plumage gris cendré, les ailes rouges aux épaules **Tichodrome.**

Nous rangeons dans cette division quatre espèces d'oiseaux seulement, assez différents entre-eux, qui sont caractérisés par leur bec qui ne présente chez aucun le crochet qu'on remarque à l'extrémité de la mandibule supérieure des autres becs fins, chez quelques-uns de ces derniers, ce crochet est à la vérité très réduit, mais il n'en existe pas moins.

De ces quatre espèces trois sont des grimpeurs qui ont beaucoup de la façon de faire des pics, mais il n'est pas possible de les classer dans la même division parce que leurs pattes ont bien le caractère de celles des passereaux et présentent trois doigts dirigés en avant, le pouce seul est en arrière ; mais comme les pics, ils sont essentiellement insectivores.

La huppe grimpe moins, on la voit souvent même posée par terre à la recherche des insectes, picorant dans la fiente des bestiaux à la poursuite des staphylins, des aphodius et des larves de mouches qui y fourmillent.

Grimpereau — *Certhia familiaris* (Linné) (pl. 3, fig. 11)

Taille 0,135, dessus brun, varié de taches rousses et blanchâtres, une large bande sourcilière blanche, joues brunes piquetées de blanc, dessous d'un blanc pur ; queue longue composée de plumes raides, pointues, souvent usées, ayant servi à grimper comme celles des pics, bec long, grêle et très arqué, brun noir, sauf à la base de la mandibule inférieure qui est jaunâtre, iris brun clair.

Le grimpereau est commun partout, on le voit grimpant constamment sur les troncs et les grosses branches des arbres, cherchant dans les anfractuosités de l'écorce, des insectes et aussi leurs œufs et leurs larves dont il fait son unique alimentation ; il niche dans les trous des arbres, ses œufs mesurent 0,016 sur 0,012 et sont blancs avec des petits points rougeâtres. Bien qu'on le

voit assez souvent l'hiver, voyageant par petites
bandes, on ne peut pas dire qu'il émigre, car on le rencontre encore dans le nord au cœur de l'hiver, il
fréquente surtout les bosquets, les pommiers et les
autres arbres fruitiers qui sont plus souvent que d'autres
infestés d'insectes, ce sont surtout leurs œufs qu'ils
recherchent pendant la saison froide. On a fait plusieurs
espèces basées sur de légères différences de plumages;
la longueur proportionnelle du bec, des pattes et de la
queue, nous ne croyons pas devoir adopter ici ces
variétés.

Sitelle torchepot — *Sitta europœa* (Linné) (pl. 3, fig. 9).

Taille 0,13 environ, dessus gris cendré, un trait noir
part de l'œil et va jusque sur les côtés du cou, dessous
roux clair, plus pâle à la gorge et sur les côtés de la
tête, queue maculée de blanc, sous-caudales blanches
au centre, roux foncé sur les côtés.

La femelle est semblable.

La sitelle habite surtout les grandes forêts ; bien que
répandue partout, elle n'est à vrai dire très commune
nulle part, elle grimpe aux branches des arbres et se
suspend souvent à la manière des mésanges ; son nid,
qu'elle place dans les trous des vieux arbres contient
5 à 6 œufs, d'un blanc sale avec des taches et aussi
des points d'un brun plus ou moins rougeâtre, assez
fréquents vers le gros bout pour former un cercle.

Tichodrome échelette — *Tichodroma muraria* (Linné)
(pl. 3, fig. 8)

Taille 0,17 environ, les deux sexes se ressemblent,
dessus gris cendré, plus foncé à la tête et au croupion,

ailes et queue noires, les plumes externes maculées de blanc, ailes marquées de rouge rosé brillant ; dessous noir à la gorge et la poitrine, le reste comme le dos.

En hiver, le gris se rembrunit, la tête et la gorge deviennent d'un cendré brun, le dos d'un cendré blanchâtre.

L'échelette habite les contrées rocheuses des Pyrénées, des Alpes, on le rencontre aussi dans le Dauphiné et les Cévennes ; l'hiver, il descend dans les vallées, il voyage alors isolément, et bien que ses apparitions soient rares, on peut espérer le rencontrer partout.

Il grimpe volontiers le long des rochers, sur les vieilles murailles, à la recherche des insectes, il déploie sans cesse ses belles ailes rouges encadrées de noir, c'est alors un superbe oiseau dont les couleurs brillantes et tranchées rappellent les plus beaux spécimens des régions tropicales ; il niche dans les trous des rochers, ses œufs mesurent 0,020 sur 0,015, d'un blanc pur avec de très petits points noirâtres.

L'échelette est loin d'être commun, d'autant plus qu'il habite des contrées inaccessibles.

Huppe — *Upupa epops* (Linné) (pl. 9, fig. 11)

Taille 0,30, tête ornée d'une longue huppe de plumes, disposées en deux rangs parallèles, d'un roux vif, noires à la pointe, les dernières avec un trait blanc au-dessous du bord noir ; tête, dos, poitrine d'un roux rosé, ailes noires maculées de blanc, queue noire traversée par une ligne blanche formant un croissant quand elle est étalée, ventre blanc roux avec des traits bruns aux flancs ; femelle semblable.

Œuf de 0,027 sur 0,019 d'un blanc gris ou roussâtre, sans taches.

La huppe ne reste en France que pendant la belle saison, d'avril en octobre ou novembre, suivant la rigueur de l'automne ; elle vit par couple et voyage en petites bandes composées chacune de quelques individus seulement ; elle est répandue par toute la France, mais nulle part elle n'est abondante; elle fréquente surtout la lisière des bois ; avec son bec long et mince, elle fouille les herbes, les tas de feuilles pour y trouver des insectes et des vers dont elle fait sa nourriture, elle reste volontiers par terre et se pose peu sur les arbres; sa huppe, qu'elle relève verticalement sur la tête ou qu'elle tient couchée le long du dos, lui donne un aspect tout à fait singulier qui la fait rechercher des jeunes amateurs; on peut la conserver vivante et bien portante captive en lui donnant une nourriture animale comme du cœur de bœuf haché ou de la patée de rossignol.

FAMILLE DES COUREURS

Les coureurs, qui ne sont représentés en France que par deux espèces, sont caractérisés par leurs pattes longues, n'ayant que trois doigts robustes et proportionnellement courts, le pouce manquant complètement, les ailes sont grandes, le corps rond et épais, le cou long, la tête forte de même que le bec; ils habitent les plaines et se nourrissent de graines et d'insectes.

Grande outarde — *Otis tarda* (Linné)

Taille 1 m. à 1 m. 20, tête grise avec une bande médiane plus foncée, cou plus pâle; de grandes barbes, longues d'environ quinze centimètres, partent de la gorge près du bec et s'étendent sur les côtés de la tête, bas du cou roux, le dos roux avec de larges bandes noires transversales irrégulières, couvertures des ailes gris cendré blanchâtre, ventre blanc.

La femelle ressemble au mâle, elle est plus petite, les barbes sont très courtes, souvent nulles.

Œuf d'un gris cendré avec des taches brunes irrégulières, de 0,075 sur 0,055.

La grande outarde était commune autrefois en France dans les grandes plaines de la Champagne; chassée et traquée sans merci elle a presque disparu, on ne peut espérer la rencontrer que dans les passages irréguliers qu'elle fait l'hiver, quand la neige la chasse des contrées orientales de l'Europe qu'elle fréquente plus particulièrement, c'est surtout dans le nord de la

Grande outarde

France qu'elle paraît le plus souvent pendant ces migrations qui sont des plus irrégulières.

Outarde canepetière — *Otis tetrax* (Linné) (pl. **16**, fig. **1**)

Taille 0,45, dessus jaune ochracé. tacheté et ondulé de noir, un collier noir, large, va en diminuant vers la gorge qui est grise, il en est séparé par une bande blanche étroite ; ventre et poitrine blanc pur, avec une bande noire séparant le blanc à la poitrine; les côtés sont comme le dos; ailes brunes avec une bande longitudinale blanche.

L'hiver le cou ne présente pas de collier noir ni de traits blancs, le cou est garni de plumes plus courtes d'un gris roux.

La femelle est un peu plus petite, elle ressemble au mâle, les bandes transversales sont plus larges, le noir domine, elle n'a pas de collier noir, la gorge est d'un blanc sale, le cou et la poitrine d'un jaune ochracé

Petite outarde, mâle

tacheté de noir, le ventre blanc, les plumes des flancs avec une tache noire.

Œuf d'un brun verdâtre clair, parfois avec des taches mal circonscrites d'un brun roux, de 0,053 sur 0,039.

La cannepetière est assez fréquente en France pendant l'été, et se reproduit surtout dans les grandes plaines de la Champagne et de la Vendée.

Elle se nourrit surtout de sauterelles et autres insectes, aussi de graines ; toutes les tentatives faites jusqu'ici pour la faire reproduire en captivité n'ont pas eu de bons résultats, à peine arrive-t-on à force de soins à conserver en parquet les sujets qui ont été capturés en liberté ; c'est un oiseau timide et craintif qui ne vaut pas les soins et la peine qu'on doit se donner pour le conserver ; la nourriture qui leur convient le mieux est une patée à base de viande crue, hachée menue, mélangée avec de la mie de pain, quelques graines et un peu de verdure, salade ou autre ; mais il faut au début leur en faire avaler de force quelques boulettes, sans quoi elles se laisseraient mourir de faim, il n'est guère que les insectes qu'elles recherchent spontanément.

FAMILLE DES GALLINACÉS

Bec long, grêle, mou à la base, corné seulement a l'extrémité, queue assez longue et finissant carrément... **Pigeons.**

Bec bombé, court, corné dans toute son étendue.. *a.*

a　Queue longue de forme très diverse .... *b.*

Queue relativement courte, finissant carrément ... *c.*

Queue très étagée............................. **Faisans.**

b　Queue profondément échancrée, les plumes latérales retroussées en dehors, ou queue longue presque carrée.. **Tetras.**

c　Plumage variant du blanc au gris suivant les saisons....................................... **Lagopède.**

Plumage ne variant en aucune saison............ *d.*

d　Tarse complètement garni d'écailles .... *e.*

Tarse emplumé dans les deux tiers supérieurs.... **Gélinotte.**

e　Tarse pourvu chez le mâle d'un tubercule émoussé (excepté chez la perdrix grise), un espace nu derrière l'œil .... **Perdrix.**

Tarse sans tubercule dans les deux sexes, pas d'espace nu derrière l'œil........................ **Caille.**

La famille des gallinacés qui comprend les tourterelles, les pigeons, les faisans, la caille, la gélinotte, les perdrix et les tétras, forme un groupe d'oiseaux bien défini, caractérisé par le corps lourd et épais, le cou court, le bec ayant la mandibule supérieure recourbée vers l'extrémité qui est large et excavée en dessous, les pattes sont relativement courtes, les doigts assez longs et minces, les ongles plats, courbes et creux en dessous, la plupart grattent la terre pour trouver les graines et les insectes qui sont leur principale nourriture.

Presque tous les oiseaux de cette famille sont d'excellents gibiers et c'est à leur capture que les chasseurs dépensent le plus de poudre.

Tourterelle -- *Columba turtur* (Linné) (pl. 17, fig. 2)

Taille 0,29, dessus gris, les plumes du milieu du dos
et surtout les couvertures des ailes marquées de noir au
centre, de roux sur les bords; sur les côtés du cou
deux plaques de plumes écailleuses noires, bordées de
blanc, dessous d'un gris rosé, plus clair à la gorge;
milieu du ventre et sous caudales blanches ; queue
noire terminée de blanc ; femelle pareille.

Œuf de 0,030 sur 0,022, d'un blanc pur.

La tourterelle est commune partout dans les bois,
elle niche sur les arbres, l'hiver elle émigre en bandes,
vers mars ou avril elle revient par couples ; à l'état
sauvage, elle est défiante et rusée, ce n'est que par surprise qu'on peut l'approcher à portée du fusil ; prise
jeune et élevée en volière, elle devient aisément familière
au point de ne pas se sauver si on lui laisse la liberté,
elle reconnaît son maître, se plaît à le suivre, vient à
son appel ; nous en avons vu poursuivre les chats qui
pénétraient dans la maison qu'elles habitaient et se
réfugier sur les genoux des personnes présentes si Rami-
nagrobis avait l'air de faire tête.

L'espèce d'un blanc ochracé avec un collier noir qui
est si commune en volière est originaire d'Egypte, nous
n'avons donc pas à la décrire.

Pigeon bizet — *Columba livia* (Brisson)

Taille 0,32, entièrement gris cendré, les côtés et le
derrière du cou vert et violet à reflets métalliques,
croupion blanc ou à peine teinté de cendré ; femelle
semblable.

Œuf de 0,036 sur 0,027, d'un blanc bleuâtre.

Le bizet vit, à l'état sauvage, en bandes, plusieurs paires, souvent même un grand nombre de couples, nichent dans le même endroit, sur des rochers escarpés, ils en partent presque à heures fixes, le matin et l'après-midi, pour se répandre dans les cultures et chercher leur nourriture ; d'un naturel farouche et craintif, il est très difficile de s'en approcher.

Cette espèce est, dit-on, la souche de toutes les variétés domestiques, depuis l'immense pigeon romain, gros comme une poule, jusqu'au petit tunisien avec le bec si court, si réduit, qu'on le voit à peine ; c'est de lui qu'est descendu le pigeon tambour de Dresde avec sa calotte de plumes mobiles, ainsi que le pigeon queue de paon, qui a jusque quarante plumes à la queue, qu'il porte alors toujours relevée et en éventail (¹).

Les pigeons de race domestique qui ressemblent absolument au type sauvage sont appelés mondains, ce sont eux qui peuplent les colombiers destinés à l'alimentation.

Les pigeons voyageurs ressemblent aussi beaucoup aux bizets, mais un élevage raisonné, un entraînement calculé et une nourriture fortifiante ont beaucoup augmenté la puissance du vol dans cette race, aussi la poitrine est-elle plus large, les ailes plus longues, et l'oiseau en général plus fort.

Pigeon colombin — *Columba œnas* (Linné) (pl. 17, fig. 3)

Taille 0,35, entièrement gris cendré avec les côtés et le derrière du cou vert et violet à reflets métalliques, *croupion gris cendré*; femelle pareille au mâle.

1. Voir monographie des races de pigeons domestiques par La Perre de Roo, vol. in-8.

Œuf de 0,039 sur 0,028, d'un blanc légèrement bleuâtre.

Ce pigeon ne se distingue du bizet que par la coloration des plumes du croupion, mais ses mœurs sont bien différentes, il habite toujours les forêts, fait son nid dans les trous des arbres ou à l'enfourchement des grosses branches, il est surtout commun dans les grandes forêts, en particulier à Compiègne et à Rambouillet ; l'automne, il émigre en bandes considérables qu'on ne peut approcher que par surprise, tant ils sont défiants et farouches.

Pigeon ramier — *Columba palumbus* (Linné) (pl. 17, fig. 1)

Taille 0,45, dessus gris cendré, le bas du cou mélangé de plumes à reflets métalliques verts et violets, sur les côtés deux taches blanches transversales de plumes écailleuses ; dessous : gorge gris cendré, poitrine rose violacé à reflets métalliques, ventre cendré blanchâtre.

Femelle semblable.

Œuf d'un blanc pur de 0,041 sur 0,030.

Le ramier n'habite en France que pendant la belle saison ; à ses passages de printemps et d'automne, il se réunit en grandes troupes ; l'été il vit dans les forêts et reste toujours défiant et farouche, cependant dans les jardins publics de Paris où on ne le tourmente pas, au contraire, nombre de promeneurs se faisant une distraction de leur distribuer des morceaux de pain ou de biscuits, ils deviennent familiers au point de se poser sur les bras et sur les épaules de leurs pourvoyeurs habituels, nous en avons vus plusieurs fois jusque 8 posés sur la même personne ; mais ils reconnaissent leurs bienfaiteurs, les poursuivent dans le jardin, vont les guetter sur leur passage aux heures habituelles et se tiennent à distance respectable des inconnus.

Faisan — *Phasianus colchicus* (Linné)

Taille 0,87 mâle, 0,75 femelle, tête et cou vert foncé, avec deux touffes de plumes érectiles sur le dessus de la tête à reflets métalliques, poitrine, flancs, derrière du cou, d'un rouge cuivré brillant, chaque plume bordée de noir velouté; dos rouge cuivré à reflets violacés avec les plumes isabelle vers le centre, cette teinte bordée de noir de chaque côté, queue longue effilée, les plumes très étagées, d'un brun roux, traversées de bandes noires étroites en zig zag, espacées d'environ deux centimètres, les yeux entourés d'un large espace papillé d'un rouge vif, bec brun, iris rougeâtre.

Faisan

Il y a des mâles qui ont au bas du cou un collier blanc plus ou moins large, ce n'est qu'une variété.

La femelle est totalement différente du mâle, la queue est plus courte, mais aussi effilée, elle n'a pas les belles plumes d'un rouge à reflets métalliques, elle est entièrement d'un brun clair varié de taches noires, plus rares au ventre.

Œuf d'un blanc roussâtre sale, de 0,042 sur 0,034.

Cet oiseau qui vit actuellement à l'état sauvage dans beaucoup de forêts de la France, y a été naturalisé et s'y est plu assez pour s'y reproduire abondamment, il est, dit-on, originaire des contrées les plus orientales de l'Europe, il est commun au pied des Balkans et de la chaîne du Caucasse ; il préfère les grands bois humides, les bords des étangs au milieu des forêts ; c'est un des meilleurs gibiers et peut-être le plus recherché des gourmets.

Nous n'avons pas cru devoir mentionner dans cet ouvrage les faisans qui sont très communs dans les volières et se reproduisent régulièrement sous notre climat, parce que ces espèces ne vivent pas encore à l'état sauvage et que tous les essais tentés pour atteindre ce but n'ont pas donné de résultats encourageants, nous citerons seulement quelques-unes des espèces les plus communes, Faisan doré, *Thaumalea picta*; Faisan de Lady Amherst, *Thaumalea Amherstiæ*; Faisan vénéré, *Euplocamus Reevesi*; Faisan Sivinhoe, *Euploeamus Svinhoei*; Faisan argenté, *Euplocamus nicthymerus*, etc., etc.

Caille — *Perdix coturnix* (Linné) (pl. 16, fig. 2)

Taille 0,16, dessus de la tête brun avec trois bandes blanchâtres, une au milieu, les autres au-dessus des yeux, dos brun avec un trait blanchâtre au centre des plumes, celles des couvertures des ailes avec des traits transversaux blanchâtres, gorge noire ou brun roux entourée de deux bandes noires, irrégulières le plus souvent; dessous d'un roux clair plus foncé à la poitrine, les plumes des flancs bordées de roux foncé, le jeune mâle, voire même l'adulte en hiver, n'a pas de collier noir, il ressemble alors à la femelle.

Œuf de 0,030 sur 0,024, assez pointu à l'un des bouts, d'un fauve clair avec des taches brunes très nombreuses, elles sont même parfois confluentes.

La caille ne passe que la belle saison en France, elle arrive vers le 15 avril, s'accouple, pond, élève une ou deux nichées, et repart en septembre; elle habite les plaines et pond un grand nombre d'œufs, jusque quinze; le plus souvent lorsque la chasse est autorisée, la plus grande partie des cailles a déjà pris son vol; elles se dirigent vers le Sud et vont passer la mauvaise saison en Afrique, elles suivent les côtes d'Espagne ou d'Italie pour avoir un vol moins long à fournir pour traverser la mer, beaucoup accostent les îles de la Méditerranée pour scinder leur voyage, et de là, aller en Algérie, en Tunisie et en Egypte; on est étonné de voir un oiseau à corps lourd soutenu par des ailes courtes, qui, chez nous, ne fait pas de vol de plus quelques cent mètres, exécuter d'aussi longs trajets, mais lorsqu'elles arrivent sur la côte africaine, leur fatigue est telle qu'on peut aisément les attraper vivantes, aussi les capture-t-on en grand nombre pour les réexpédier dans des cages en destination des contrées d'où elles viennent et cela à la plus grande joie des gourmands auxquels elles sont destinées, car c'est un excellent gibier, mais celles qui nous sont ainsi retournées ont perdu cet embonpoint qui leur donnait une finesse toute particulière.

Perdrix grise — *Perdix cinerea* (Brisson) (pl. 16, fig. 3)

Taille 0,31, dessus brun roux, finement rayé et vermiculé de noirâtre, près de la queue de plus larges

bandes de roux vif, les plumes de la tête marquées au
centre d'un trait roux plus clair, celles des couvertures
des ailes avec de grandes taches d'un roux plus ou
moins foncé et des traits presque blancs au centre des

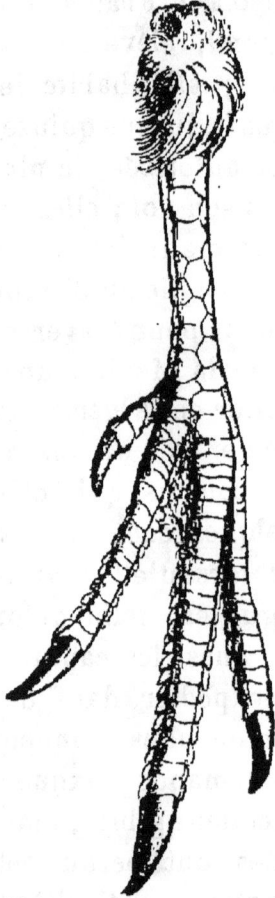

Patte de perdrix grise ordinaire,
grandeur naturelle

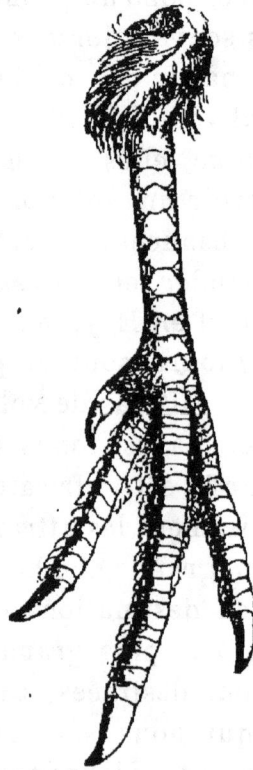

Patte de perdrix rochette,
grandeur naturelle

plumes ; front, côté de la tête et gorge roux uniforme,
poitrine et flancs gris roussâtre, avec des petites lignes
transversales en zigzag noirâtres, ventre blanc avec
une marque en fer à cheval d'un roux foncé au-dessus
des pattes, bec brun, iris brun noisette.

La femelle ressemble au mâle, elle est un peu plus petite, la tache rousse en fer à cheval est moins large et moins marquée et mélangée de plumes blanches, elle manque complètement le plus souvent.

Œuf d'un gris jaunâtre uniforme, de 0,036 sur 0,028.

La perdrix grise est commune dans le nord de la France, elle habite surtout les plaines, ce n'est que par les grandes chaleurs qu'elle recherche les taillis, elle fait son nid au pied d'une touffe d'herbe, dans les blés, les prairies, c'est l'un des fins gibiers que nous possédons.

Il est une variété plus petite à doigts plus courts qu'on appelle dans certaines contrées la perdrix de passage à doigts courts, ou rochette, qui présente, outre ces différences de taille, des mœurs assez spéciales; à l'automne elle voyage en compagnies considérables qu'il est très difficile d'approcher tant elles sont farouches et défiantes ; un chasseur qui connaît bien sa contrée est fort étonné de voir en novembre une compagnie de trente perdrix et plus qu'il ne connaissait pas, mais c'est bien rare si le lendemain il la retrouve dans les mêmes environs, chaque vol l'a éloignée de bien des kilomètres, elle va droit devant elle, passant au-dessus des grands bois, et ne se posant que dans les endroits découverts où elle n'a pas chance d'être surprise inopinément.

Perdrix rouge — *Perdix rubra* (Linné) (pl. 16, fig. 4)

Taille 0,31, dessus brun olivâtre, plus roux sur le cou et la tête, le devant de la tête gris, avec un trait blanc qui part du dessus de la tête et va jusque derrière, gorge blanche entourée d'un collier noir qui remonte jusqu'aux yeux et se continue en taches noires parsemées sur le bas de la poitrine dont le fond est gris cendré ; ventre roux clair, flancs gris cendré à la base des plumes qui ont chacune une bande transversale blanchâtre suivie d'un trait noir et terminées de roux vif ; femelle semblable au mâle, mais sans tubercules aux pattes ; pattes rouges, œil orangé.

Œuf de 0,039 sur 0,030, d'un brun très clair avec des points et des taches plus foncés.

Ayant un habitat plus méridionale que la perdrix grise, cette espèce semble s'arrêter à la Loire et au Rhône au nord, toutefois aimant beaucoup la chaleur, si quelques coteaux bien exposés et garnis de bruyères, de vignes ou de petits arbres rabougris, lui offrent un gite et un couvert à sa convenance, elle s'y établit volontiers, c'est pour cela qu'on la rencontre dans certaines localités parfois assez éloignées des contrées qu'elle fréquente d'ordinaire ; mais il faut avant tout que la situation lui plaise ; maintes fois on a essayé de repeupler en perdrix rouges des coteaux où elle avait élu domicile autrefois, et presque toujours ces couples ainsi lâchés sont partis à la recherche d'autres parages et ne sont jamais revenus, il est probable que les conditions climatériques avaient été modifiées par la culture, ou qu'elles n'y trouvaient plus la même tranquillité ; en résumé ces essais n'ont pas donné de résultats.

La perdrix rouge est de mœurs très sociable et s'élève assez facilement en captivité.

Perdrix bartavelle — *Perdix saxatilis* (Meyer) (pl. 16, fig. 5)

Taille 0,32 à 0,35, dessus brun cendré plus clair à la tête et sur les côtés du cou, sourcils blancs, une bande noire part du front, traverse les yeux et se prolonge jusqu'en bas de la gorge et forme collier ; cotés de la tête et gorge d'un blanc sale ; poitrine cendrée lavée de brun, ventre roux clair, flancs garnis de plumes gris cendré à la base, terminées par deux bandes noires étroites séparées par une large bande d'un blanc roussâtre, l'extrémité de celles du milieu est d'un roux foncé vif ; queue rousse à l'extrémité ; bec, tour des yeux et pattes rouge cerise ; iris brun rougeâtre.

La femelle est pareille, on la reconnaît facilement parce qu'elle n'a pas de callosités aux pattes.

Œuf de 0,045 sur 0,032, d'un brun très clair avec des taches plus foncées.

C'est l'espèce la plus rare que nous puissions citer parmi les perdrix françaises, elle habite les régions élevées, arides et chaudes du midi de la France, on ne la trouve que sur les contreforts des Alpes et des Pyrénées, surtout en Provence ; beaucoup de chasseurs la confondent avec la perdrix rouge à laquelle cependant elle ne ressemble pas, la distribution des couleurs étant tout autre.

Lagopède alpin — *Tetrao lagopus* (Linné) (pl. 16, fig. 6)

Taille 0,35, en été : dessus d'un brun jaunâtre barré de fines raies noires transversales en zigzag, une bande noire du bec à l'œil, dessous semblable, plus marqué de noir à la gorge ; poitrine, ventre, sous caudales et pattes jusqu'aux ongles, garnis de plumes blanches, queue noire terminée de blanc ; la femelle est semblable mais le noir est plus étendu, elle n'a pas de bande noire entre le bec de l'œil. En hiver, les deux sexes sont entièrement blancs, sauf la queue qui est noire terminée de blanc ; le mâle se distingue à la bande noire qui va du bec à l'œil et même un peu au delà, la femelle a la tête entièrement blanche.

Œuf de 0,041 sur 0,030, d'un blanc fauve avec des points et des taches plus foncées très irrégulières.

Le lagopède ou Ptarmigan est un animal qui ne quitte pas les hautes montagnes, l'hiver il est blanc comme neige, l'été brun comme la terre, aussi est-il très difficile à apercevoir ; il niche à terre sous les buissons, fréquente surtout la région des bouleaux.

Il ne faut pas confondre cette espèce avec les lagopèdes qui arrivent à la fin de l'hiver sur les marchés des grandes villes et proviennent de Russie, de Suède et de Norwège, ces derniers n'ont pas chez le mâle le trait noir entre le bec et l'œil, et leur taille est plus considérable, on l'appelle le lagopède blanc, c'est une espèce tout à fait étrangère que nous ne signalons que parce qu'elle est très commune sur les marchés.

Gélinotte — _Tetrao bonasia_ (Linné) (pl. 16, fig. 7)

Taille 0,36, dessus brun roux, les plumes terminées de noir et de gris, gorge noire, un collier blanc irrégulier part de dessous la gorge et s'étend jusqu'aux épaules où il est plus net, poitrine d'un roux vif maculé de noir et de blanc, ventre blanc sale, laissant voir les taches noires au centre des plumes, queue noire vermiculée de gris ; à l'extrémité des plumes une large bande brun noirâtre suivie d'un liseré gris, les plumes médianes sont roux brun vermiculée de bandes plus claires. La femelle ressemble au mâle, la gorge est rousse.

Œuf de 0,037 sur 0,027, d'un fauve clair avec des taches plus foncées, d'autant plus nombreuses qu'elles sont plus petites.

La gelinotte fréquente surtout les bois de sapins et de bouleaux situés sur les pentes des Alpes, des Vosges et du Jura ; elle se trouve aussi, mais en plus petit nombre, dans les Pyrénées. C'est un fin gibier qui, malheureusement, devient rare en France.

Tetras lyre — *Tetrao tetrix* (Linné) (pl. 16, fig. 9)

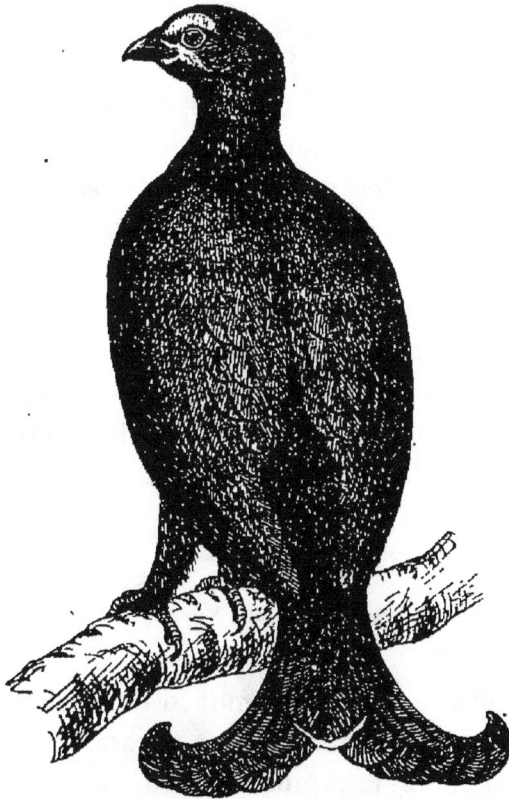

Tetras lyre

Taille mâle, 0,55 à 0,66, femelle, 0,42 à 0,46 ; noir partout le corps, à reflets métalliques vert ou violet sur le dos, à la tête ; à la poitrine, queue noire, les plumes externes beaucoup plus longues que celles du milieu et contournées en dehors, sous caudales blanches, ailes noires avec une barre blanche disposée en diagonale, au-dessus des yeux un espace nu d'un rouge vif, bec noir, iris brun. La femelle est plus petite, entièrement rousse, avec des bandes noires transversales et quelques maculatures blanches aux plumes qui recouvrent les ailes et au bas de la poitrine, milieu du ventre noir.

Œuf de 0,050 sur 0,035, d'un blanc sale ou brunâtre parsemés de points roussâtres.

Le petit coq de bruyères est devenu rare en France, on le trouve encore dans les Vosges et le Jura, il fréquente les bois de sapins et de bouleaux. Ce sont les plumes contournées de la queue de cette espèce que les Tyroliens ont pris l'habitude de mettre au ruban de leur chapeau.

Cette espèce, de même que le grand coq de bruyères, ne supporte pas volontiers la captivité, on n'a pu jusqu'ici obtenir de reproduction des sujets qu'on est arrivé à priver de leur liberté, les jeunes éclos des œufs capturés dans les bois ne tardent pas à mourir après leur venue.

Le Syrrhapte — *Syrrhates paradexus*

Nous devons dire un mot d'un oiseau dont on a constaté de grandes bandes en France en mai et juin 1888, c'est le syrrhaptes paradoxus, originaire de la Tartarie. Cette espèce avait déjà fait une apparition dans la même saison de l'année 1863, depuis on ne

l'avait pas revue dans les contrées occidentales de
l'Europe, puis tout à coup en 1888 on signale sa présence
en Russie fin avril, il se montre aux environs de Tours
un mois après par bandes de dix à trente exemplaires,
on le trouve également aux Sables d'Olonne, en Bretagne
à Trévignon près de Concarneau, à Dunkerque, à Calais,
en Belgique. Les Anglais déclarent en avoir vu des

Syrrhaptes

centaines d'exemplaires. Les Italiens le signalent dans
le nord et le centre de leur pays. Tous les sujets qui ont
été capturés étaient gros et gras, les femelles avaient
des œufs déjà très développés dans l'ovaire, les couples
se séparaient, ils avaient donc l'intention de nicher.

Se multiplieront-ils dans les contrées nouvelles pour
eux ? il est fort à craindre que non et que les quelques
exemplaires qui séjourneront jusqu'à l'automne seront
sacrifiés par les nemrods, jaloux de capturer un aussi
rare gibier ; c'est chose fort regrettable à la vérité,

mais allez donc recommander un oiseau à des chasseurs privés de gibier !

Le syrrhaptes est un oiseau fort remarquable par la structure de ses pattes qui n'ont que trois doigts courts soudés complètement entre eux, puis par les longs filets qui prolongent la penne externe des ailes, les deux plumes médianes de la queue se terminent aussi en longs filets, il est de couleur poussière, avec des teintes jaunâtres sur les côtés de la tête, plus accusées chez le mâle, la poitrine est traversée de quatre ou cinq fines lignes noires qui forment une bande, la femelle a la gorge encadrée d'un fin trait noir, le ventre est maculé de même couleur dans les deux sexes, le dos est parsemé de taches brunes arrondies.

En mars 1889, on a encore tué en France quelques couples de ces oiseaux, ce sont très probablement les derniers des nombreuses volées qui étaient venus à la fin du printemps, leur plumage était rembruni. En Allemagne on a constaté quelques nichées, les jeunes sont dès leur naissance couverts d'un duvet noirâtre.

Tetras urogalle — *Tetrao urogallus* (Linné) (pl. 16, fig. 8)

Taille 0,70 à 0,90 mâle, 0,55 à 0,65, femelle, dessus d'un noir ardoisé plus brun sur les ailes, chiné de traits très fins plus clairs; dessous: cou de même couleur, que le dessus, poitrine vert foncé à reflets métalliques, ventre noir maculé de blanc, queue noire souvent tachetée irrégulièrement de blanc vers le milieu, pattes velues jusqu'aux doigts, œil rougeâtre, paupière rouge vif, bec jaunâtre ; femelle plus petite que le mâle, d'un brun roux marqué transversalement de noir et de blanc, gorge d'un roux uniforme, poitrine rousse rayée de noir, ventre avec les plumes bordées largement de blanc, queue rousse avec des bandes noires transversales mal circonscrites, l'extrémité des plumes avec un étroit liseré blanc, bec brun en dessus, jaunâtre en dessous.

Œuf de 0,056 sur 0,042, d'un blanc fauve ou roussâtre avec des points plus foncés.

Le grand coq de bruyère ne se trouve plus que dans les Vosges et les Pyrénées, encore est-il très rare, il habite les contrées boisées des hautes montagnes.

FAMILLE DES ÉCHASSIERS

	Doigts cylindriques......................................	**A.**
	Doigts élargis par une membrane latérale.........	**B.**
B	Bec grêle aussi long que la tête, ressemblant à celui des bécasseaux.................................	**Phalarope.**
	Bec fort, plus court que la tête......................	**Foulque.**
A	Bec plus court que la tête.............................	**?.**
	Bec au moins aussi long que la tête...............	**??.**
?.	Queue droite ou arrondie..............................	**a.**
	Queue fourchue, les plumes latérales dépassant les autres...	**Glareole.**
a	Sur le front un espace nu plus ou moins tuberculeux...	**Poule d'eau.**
	Bec à pointe mousse, droit, plutôt relevé en l'air	**Tourne pierre**
	Bec très court (excepté chez le râle d'eau), tarses épais, pouce portant un ongle long............	**Râles.**
	Bec menbraneux à la base, déprimé vers le milieu	*b*
b	Mandibule inférieure anguleuse vers le bout, aussi longue que la supérieure, pas de pouce..	**Œdicnème.**
	Mandibule inférieure sans angle..................	*1.*
1	Pouce nul ou très petit...............................	**Pluvier.**
	Pouce bien développé.................................	**Vanneau.**
??.	Bec fort, pointu, variant de couleur mais jamais rouge vif, le dessus de la tête garni de plumes formant huppe......................................	**Hérons.**
	Bec fort pointu, noir, dessus de la tête presque nu	**Grue.**
	Bec fort, pointu, rouge vif..........................	**Cigognes.**
	Bec élargi en spatule vers l'extrémité...........	**Spatule.**
	Bec tronqué à l'extrémité, les deux mandibules étant d'égale longueur...............................	**Huitrier.**
	Bec mince, grêle, cylindrique......................	*a.*
a	Bec droit ou à peine arqué..........................	**!.**
	Bec fortement arqué...................................	**II.**
!.	Bec droit plus de deux fois plus long que la tête doigt médian une fois plus court que le tarse.	**Barge.**
	Bec droit, environ deux fois plus long que la tête, doigt médian à peu près de la longueur du tarse...	**Bécassine.**
	Bec variant de longueur mais n'atteignant pas deux fois la longueur de la tête, tête petite, cou long, pattes longues............................	**Chevalier.**

> Bec à peine plus long que la tête, tête grosse,
> cou court, pattes relativement courtes .... **Bécasseau.**
> !! Plumage gris cendré, mélangé................. **Courlis.**
> Plumage uniforme, roux mordoré............. **Ibis.**

Les échassiers ont un caractère bien défini, c'est la longueur et la gracilité de leurs jambes, tous ou presque tous fréquentent les plages, les bords des étangs et des rivières, la plupart ne se voient en France que pendant leurs migrations au printemps et à l'automne, certaines espèces comme les poules d'eau, les hérons passent la belle saison dans notre pays et y nichent, ceux qui font leurs nids sur les arbres sont des exceptions, les autres pondent dans les roseaux, les grandes herbes des rivages, ou même sur les plages arides des bords de la mer.

La nourriture de la plupart des espèces consiste en vers, coquilles, insectes, petits crustacés ou poissons ; ils vont même jusqu'à manger des petits mammifères, ils en est quelques uns comme les râles, les poules d'eau, l'œdicnème, qui ajoutent à cet ordinaire des graines et de la verdure.

Œdicnème criard — *Œdicnemus crepitans* (Linné) (pl.17, fig.6)

Taille 0,45 environ, brun jaunâtre partout, avec le centre des plumes marqué de brun foncé, excepté sous le bec, au bas du ventre et sur les cuisses, qui sont blanches, deux bandes blanches en diagonales sur les ailes, un trait blanc part du front et passe sous les yeux, une tache blanche sourcilière en arrière des yeux, bec jaune à la base, noir au bout, iris jaune ; les deux sexes se ressemblent.

Œuf de 0,055 sur 0,042, à peu près régulier aux

deux bouts, gris jaunâtre avec de nombreuses taches plus foncées.

Cet oiseau niche en France dans les contrées arides et pierreuses, il est de passage en automne dans le nord et l'ouest, où il ne paraît pas sédentaire.

C'est un vorace auquel toute matière animale est bonne, souris, mulots, œufs, petits oiseaux, grenouilles, lézards, insectes, et il mange jusqu'à ce qu'il ne puisse bouger ; le jour il reste volontiers tranquille, blotti si le temps est mauvais, étalé au soleil si le ciel est pur, mais dès que la nuit arrive il se met en campagne et parcourt de grandes distances si besoin est, pour trouver sa nourriture.

Cet oiseau fait bien le passage entre les outardes gallinacés et les échassiers; comme les premières il n'a que trois doigts aux pattes, mais son bec le rapproche des vanneaux, ses ailes sont longues et pointues.

L'œdicnème supporte fort bien la captivité, mais il ne se reproduit pas en volière.

Huitrier pie — *Hæmatopus ostralegus* (Linné) (pl. 18, fig. 2)

Taille 0,42, dessus noir, bas du dos et une large bande sur les ailes blanc pur; dessous : gorge et poitrine noires, ventre blanc, une petite tache blanche sous la paupière inférieure, bec brun au bout, rouge ensuite, bord des paupières rouge orangé, pieds et iris rouge, les deux sexes sont semblables : les jeunes ont le noir de la gorge traversé par un collier blanc.

Œuf de 0,055 sur 0,039, d'un blanc brunâtre ou verdâtre avec des taches et des traits brun foncé.

L'huitrier pie est un mangeur de mollusques, avec

son bec tronqué carrément et effilé il pénètre aisément entre les coquilles des bivalves qu'il affectionne tout particulièrement.

Glareole giarole — *Glareola pratincola* (Linné) (pl. 17, fig. 4)

Taille 0,25, dessus brun clair, le bas du dos blanc, les ailes et la queue plus foncées, gorge blanc jaunâtre encadrée d'un collier noir étroit qui part de dessous les yeux, poitrine comme le dessus, ventre blanc, bec noir, rouge à la base, de même que le tour des yeux, queue fourchue; femelle semblable.

Œuf de 0,031 sur 0,024, d'un jaune terreux clair, marbré de taches brunâtres, confluentes le plus souvent.

Le Glareole, qu'on désigne souvent sous le nom de perdrix de mer, fréquente surtout les rivages maritimes, il établit son nid au pied d'une touffe de plantes, c'est un excellent voilier et un coureur émérite, il arrive en France vers le mois d'avril pour repartir à l'automne, et passe souvent en grande troupe.

Pluvier doré — *Charadrius apricarius.* (Linné) (pl. 17, fig. 5)

Taille 0,27, dessus brun foncé, avec de petites taches irrégulières d'un jaune ochracé doré; gorge, poitrine et ventre, noirs, cuisses blanches. En hiver le dessous est blanc avec la poitrine brun très clair, marquées de taches plus foncées et de jaune ochracé. Les deux sexes sont semblables.

Œuf de 0,052 sur 0,036, pointu, d'un blanc sale verdâtre, avec des taches d'un brun gris, variant d'intensité de coloration, plus nombreuses au gros bout.

Le pluvier doré est surtout de passage en France au printemps et à l'automne où on le voit en grandes bandes, il recherche les terrains secs et élevés ; réduit en domesticité, il se plaît à détruire les vers et les limaces dans les jardins ; c'est un gibier recherché des gourmets, surtout à l'automne quand il est bien gras.

Pluvier guignard — *Charadrius morinellus* (Lepcthin)
(pl. 17, pl. 7)

Taille, 0,32 dessus brun clair, les plumes bordées de roussâtre, celles de la tête noir brun au centre bordées comme les autres, souvent la bordure manque presque complètement, une large bande sourcillière blanche s'étend jusque derrière la tête, gorge blanche en haut, gris brun en bas, bordée d'un trait noir étroit qui précède une bande blanche traversant la poitrine, ventre roux clair sur les bords, noir au centre. Les deux sexes semblables.

En hiver le dessus du corps est plus foncé, la tête est plus variée de roussâtre, la poitrine n'a pas le trait noir ni la bande blanche, elle est d'un gris sale avec des flammèches brunes, le ventre est brun roussâtre clair.

Œuf de 0,040 sur 0,030, d'un gris roussâtre avec des grandes taches noires, plus fréquentes au gros bout.

Le guignard était commun autrefois en France, les fameux pâtés de Chartres ont dû leur renommée à l'excellence de la chair de cet oiseau ; habitant les terrains en friche l'extension de la culture l'a éloigné, la destruction qu'on en a fait a peut-être aussi contribué à le faire rare, il est en effet peu d'oiseau plus facile à tuer, lorsque l'un d'eux est blessé il se met à crier, aussitôt toute la bande d'accourir, on peut les tuer jusqu'au dernier avant qu'ils aient apprécié le danger qui les menace ; on comprend que doué d'une pareille dose de sottise, la race ait été vite épuisée avec les armes à feu actuelles.

Pluvier à collier — *Charadrius hiaticula* (Linné) (pl.17, fig.12)

Taille 0,18, dessus gris brun, les ailes traversées diagonalement par une bande blanchâtre, le devant de la tête noir divisé par un trait blanc, les yeux largement entourés de noir, gorge blanche ; cette teinte, se prolongeant derrière la tête, forme un large collier blanc qui fait tout le tour et est suivi d'une bordure noire plus large sur le devant, ventre blanc ; femelle pareille ; en hiver les parties noires disparaissent et sont remplacées par du brun plus ou moins foncé. Bec noir au bout, jaune à la base, iris noir.

Œuf de 0,034 sur 0,025, d'un blanc brunâtre avec des points et des taches plus foncés, plus nombreuses vers le gros bout.

C'est surtout au passage du printemps et d'automne, que le pluvier à collier est commun en France, à l'automne on le rencontre souvent en compagnie d'échassiers ou de pluviers, fréquentant les plages maritimes, vivant et émigrant comme lui.

Petit pluvier à collier — *Charadrius minor* (Meyer) (pl. 17, fig. 11)

Taille 0,14, il ressemble beaucoup au précédent, il est d'une taille plus petite et le bec est entièrement noir; femelle semblable, avec le bandeau du front plus étroit.

Œuf de 0,030 sur 0,021, d'un blanc brunâtre, avec des points et des petites lignes foncés.

Cette espèce a absolument les mêmes mœurs que la précédente, elle a un habitat plus méridional et est aussi commune sur les côtes méditerranéennes et méridionales de l'océan, que l'autre sur les côtes septentrionales, comme elle on la rencontre en compagnie des chevaliers et des vanneaux dans ses migrations printanières et automnales.

Pluvier à collier interrompu — *Charadrius cantianus* (Latham) (pl. 17. fig. 9)

Taille 0,15, dessus gris brun, la tête rousse, le front blanc avec une tache noire séparant le blanc du roux, un trait noir part du bec et s'étend jusqu'à l'oreille, gorge blanche, cette teinte se prolongeant en un collier derrière la tête, côtés de la poitrine noirs, formant une sorte de collier interrompu, le reste du dessous blanc. La femelle a les parties, qui sont noires chez le mâle, d'un brun roussâtre, pour le reste elle lui ressemble.

Œuf de 0,032 sur 0,024, d'un blanc brunâtre, parfois mêlé de verdâtre avec des taches mêlées de traits brunâtres.

C'est l'espèce la plus commune sur nos côtes maritimes, comme ses congénères elle se mêle aux autres échassiers au moment de l'émigration, au printemps et à l'automne.

Vanneau suisse — *Vanellus griseus* (Brisson) (pl. 17, fig. 8)

Taille 0,28, le dessus cendré, varié de noir, le front blanc, cette teinte se prolongeant au-dessus des yeux, descend sur les côtés du cou et de la poitrine et limite le noir intense qui couvre tout le dessous ; les deux sexes se ressemblent, en hiver, le dessous est gris blanchâtre avec des lignes brunes.

Œuf de 0,045 sur 0,032, d'un brun clair olivâtre, avec des taches brunes.

Le vanneau suisse, ou vanneau pluvier, ne fait que passer au printemps et à l'automne, il niche dans les contrées boréales, et pour cette raison paraît plus fréquemment dans le nord de la France.

Vanneau huppé — *Vanellus cristatus* (Linné) (pl. 17, fig. 10)

Taille 0,33, dessus bronzé, le dessus de la tête noir, avec une longue touffe de plumes relevant en l'air vers l'extrémité, une bande sourcillière blanche, une grande tache de même couleur sur les côtés du cou, gorge et poitrine vert bronzé foncé, ventre blanc ; la femelle est semblable.

Œuf de 0,047 sur 0,033, d'un vert sale avec des points plus gros et plus nombreux vers le gros bout.

Il habite surtout les grandes plaines marécageuses, et n'est vraiment commun en France qu'au moment du passage vers la fin de novembre, et au commencement de mars.

Il est peu d'oiseau aussi gracieux, qui puisse être facilement tenu en captivité dans les jardins bien clos, et capable de rendre plus de service, les larves d'insectes, les petits colimaçons et limaces sont ses mets favoris, et tous sont des ennemis de nos cultures.

Quelle que soit la réputation faite à cet oiseau comme gibier, elle est évidemment surpassé, car sa chair a toujours un fort gout de marécage, il faut qu'il soit servi sous le nom de pluvier, pour être accepté par les moins difficiles des gourmets.

Tournepierre à collier — *Strepsilas interpes* (Linné)
(pl. 18, fig. 1)

Taille 0,21, dessus maculé largement de noir et de brun, bas du dos blanc, sus caudales noires et blanches, tête blanche, le milieu avec des traits noirs, une bande noire part du front va jusqu'aux yeux, un collier noir encadre la tête par derrière, côtés de la tête noirs avec du blanc pur aux oreilles, et sur les côtés du bec; dessous noir, sauf la gorge et le ventre, qui sont blanc pur; les deux sexes sont semblables.

En hiver le plumage est plus embrouillé et plus roussâtre.

Œuf de 0,041 sur 0,030, d'un blanc roussâtre, parfois verdâtre, avec de grosses taches noires ou violacées, confluentes vers le gros bout.

Le tournepierre ne voyage pas en grande compagnie, c'est par couple ou par petite famille qu'on les voit surtout en automne sur nos plages maritimes; sa principale nourriture consiste en mollusques et en vers.

LES RALES

Les râles sont des oiseaux très timides, qui se tiennent cachés dans les hautes herbes des prairies marécageuses, les chaumes touffus, les guérets, les bois humides, ils courent avec agilité, et la crainte du chien

et du chasseur fait qu'ils ne se lèvent qu'à la dernière
extrémité, leur vol est lourd, ils rasent la terre et filent
droit devant-eux, aussi sont-ils difficiles à tirer, poursuivis, ils cherchent parfois un refuge sur les saules bas
et les buissons, où ils se perchent en se dissimulant
dans le plus touffu de l'arbre ou le long des branches.

Nous réunisson à ce groupe les poules d'eau et foulque
qui ont à peu près les mêmes mœurs.

Leur nourriture consiste surtout en insectes, vers,
mollusques, auxquels ils ajoutent quelques graines et
même des herbes aquatiques et autres.

Râle d'eau — *Rallus aquaticus* (Linné) (pl. 18 fig. 5)

Taille 0,25, dessus brun olivâtre avec le centre des
plumes noir, dessous cendré, bec brun, iris rouge, les
deux sexes semblables.

Œuf de 0,037 sur 0,035.

Le râle d'eau n'est commun en France qu'aux époques
de l'émigration en automne, c'est au moment ou ceux
qui ont niché dans le nord descendent pour fuir les
rigueurs de l'hiver.

Râle de genêts — *Rallus crex* (Linné) (pl. 18, fig. 3)

Taille 0,24, dessus brun roux avec le centre des
plumes presque noir, côté des ailes roux; dessous brun
fauve, plus clair presque blanc sous la gorge et au
milieu du ventre, flanc roux, bec brun, rougeâtre en
dessus, plus clair en dessous, iris brun; la femelle est
plus enfumée.

Œuf 0,038 sur 0,029, blanc bleuâtre avec des taches plus ou moins circonscrites variant du brun au violet.

Le râle de genêts, qu'on appelle souvent le roi des cailles, arrive en France à la même époque que ces oiseaux et en repart de même, en automne il est très gras et fort apprécié en cet état des amateurs de gibier fin.

Râle marouette — *Rallus porzana* (Linné) (pl. 18, fig. 4)

Taille 0,20, dessus brun olivâtre, le centre des plumes plus foncé, presque noir, avec des traits blancs épars, plus nombreux et plus petits derrière la tête, manquant sur le dessus ; une bande sourcilière cendrée, pointillée de blanc ; gorge cendrée, poitrine et flancs bruns, pointillés de blanc ; milieu du ventre blanc ; bec jaunâtre plus rouge à la base, pieds verdâtres, iris brun ; femelle semblable.

Œuf de 0,035 sur 0,025, jaunâtre avec de nombreuses taches brunes.

La marouette, comme on l'appelle communément, est très répandue partout, elle paraît cependant plus fréquente dans le midi, elle quitte les contrées septentrionales en septembre pour y revenir en mars ou avril suivant.

Elle fréquente les prairies basses et les marais couverts de roseaux, ses mœurs ont beaucoup d'analogie avec celles du râle d'eau.

Râle Baillon — *Rallus Bailloni* (Vieillot) (pl. 18, fig. 6)

Taille 0,17, mâle : dessus brun olivâtre, le centre des plumes noires, tachetées de blanc sur le dos, dessous

cendré ardoisé, les parties inférieures du ventre et des
flancs sont noirâtres avec des lignes transversales d'un
blanc sale, bec vert foncé, pieds vert jaunâtre, iris
rouge.

La femelle ressemble au mâle, mais les parties
cendré ardoisé sont remplacées par du brun tacheté de
blanc gris, la gorge est presque blanche.

Œuf 0,027 sur 0,018, vert brun avec une multitude
de taches peu apparentes.

Commun seulement au moment de ses migrations
en septembre ou octobre, il habite de préférence le bord
des étangs et les marais couverts de plantes aquatiques.

Poule d'eau — *Gallinula chloropus* (Latham) (pl. 18, fig. 7)

Taille 0,35, dessus brun noirâtre, olivâtre sur le dos
et les ailes, dessous noir ardoisé plus clair au ventre,
où les plumes du centre sont frangées de blanc, les
plumes des flancs qui recouvrent les ailes avec une
longue bande blanche, bec jaunâtre à la pointe, rouge
à la base ; pattes verdâtres marquées de rouge à l'articulation et près des plumes de la cuisse, iris rouge ;
femelle semblable.

Œuf d'environ 0,045 sur 0,031, blanc roussâtre avec
des taches et des macules brunes variant beaucoup
quant à la disposition de ces marques.

La poule d'eau se tient de préférence dans les grandes
herbes au bord des étangs ou des rivières. elle joint à
beaucoup de prudence une grande habileté pour se
dissimuler au milieu des plantes aquatiques, elle plonge
et nage avec facilité, bien que ses doigts ne présentent
aucune palmature, elle grimpe le long des tiges des

roseaux et au besoin se perche sur les branches basses,
c'est surtout dès l'aurore et au crépuscule qu'elle prend
ses ébats et se met en quête de sa nourriture qui
consiste en animaux aquatiques, en graines et en
verdure.

Elle émigre peu, cependant les grands froids l'obli-
gent à descendre vers le sud, ce n'est pas avant la nuit
qu'elle part et s'en va autant à pied qu'au vol

Poule sultane — *Fulica porphyrio* (Linné) *(pl. 18, fig. 8)*

Taille 0,45 environ, d'un bleu ardoisé partout, plus
brillant sur les côtés de la tête et le devant du cou,
sous caudales blanches, une grande plaque nue sur le
front qui semble être une extension du bec, qui est d'un
beau rouge vif, pieds et iris rouges; femelle semblable.

Œuf 0,056 sur 0,039, d'un brun très clair avec des
taches variant de dimension, d'un brun vineux.

La poule sultane est rare en France, ce n'est que
dans les contrées les plus méridionales qu'on a chance
de la trouver à l'état sauvage, d'autre part, elle est si
fréquente dans les volières, que malgré sa rareté nous
avons cru devoir la signaler; c'est surtout en Algérie
qu'elle est commune où elle habite le bord des marais
comme la poule d'eau dont elle a les mœurs.

Foulque macroule — *Fulica atra* (Linné) *(pl. 18, fig. 9)*

Taille 0,40, d'un noir cendré partout, la tête et le
cou plus foncés, le ventre plus roussâtre, sur la tête
une grande plaque nue qui paraît être une extension du
bec d'un blanc à peine rosé, doigts élargis par une

membrane latérale dentelée d'un vert sombre avec un espace rouge à l'endroit où finissent les plumes de la jambe, iris rouge vif; femelle semblable.

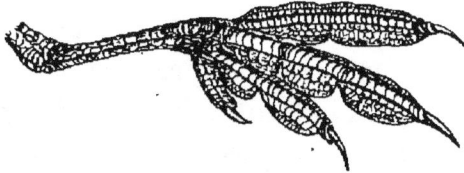

Patte de Foulque

Œuf de 0,053 sur 0,038, brun ochracé plus ou moins clair avec des taches plus foncées.

Très commun partout, il niche au printemps dans les roseaux et se réunit à l'automne en troupes considérables pour aller dans le midi; sa chair est peu estimable, beaucoup de chasseurs le prennent pour la poule d'eau, dont ses pattes semi-palmées le différencient aisément.

LES HÉRONS

Les hérons ont été caractérisés par l'illustre fabuliste :

> *Le héron au long bec*
> *Emmanché d'un long cou,*
> *Un jour sur ses longs pieds....*

C'est bien la figure de ces oiseaux, nous ajouterons que le bec est robuste, les pattes fortes, la queue courte.

La plupart ont le sommet de la tête garni d'une huppe formée de plumes effilées, celles formant le bas du cou et parfois aussi celles du dos sont déliées et prolongées en fins filaments.

Lorsqu'ils se reposent, ils replient leur cou au point de lui faire décrire un huit complet, la tête alors

paraît sortir des épaules, parfois ils dirigent le bout du
bec vers le ciel et ont une attitude tout à fait grotesque.

Ils fréquentent les endroits marécageux et se nourrissent de poissons, de reptiles, de batraciens et
d'insectes; si un oisillon ou un petit mammifère passe à
leur portée il est sûr de prendre le chemin de leur
gosier, ce sont des oiseaux voraces, mais le plus souvent
sociables, certaines espèces nichent en compagnie de
leurs semblables, tout en haut des arbres, d'autres
construisent leur demeure dans les buissons, áu bord
de l'eau ou parmi les plantes aquatiques du bord.

Ils ne séjournent chez nous que pendant la belle
saison et vont passer l'hiver dans le midi de l'Europe.

Lorsqu'un héron est blessé, il est parfois dangereux
de s'en saisir, il donne de tels coups de bec qu'il fait
des blessures profondes, plus d'un chien a perdu un œil
en voulant se jeter sur un héron qui pouvait encore
se défendre.

Héron cendré — *Ardea cinerea* (Linné) (pl. 19, fig. 2)

Taille 1,00, corps gris cendré, sur les couvertures
des ailes de longues plumes grises et blanchâtres, cou
blanc, les plumes du devant marquées de noir et
s'allongeant considérablement au point de former une
touffe tombante à la poitrine, dessus de la tête noir,
les plumes formant huppe, front blanc, des plumes
longues encadrent le noir du dessus de la tête, bord
antérieur des ailes blanc, deux grandes taches noires
sur les côtés de la poitrine; la femelle semblable.

Chez les jeunes, le gris cendré envahit toutes les
parties, ce n'est que peu à peu qu'ils prennent la livrée
des adultes qu'ils n'ont qu'entre trois et quatre ans.

Œuf de 0,060 sur 0,040, d'un bleu verdâtre uni.

Le héron cendré était beaucoup plus commun autrefois, nichant au haut des arbres et par groupes plus ou
moins nombreux, on comprend que son gîte est facilement découvert, d'autant plus aisément, qu'un de ces
grands oiseaux se tient constamment en sentinelle sur

Héron cendré

la plus haute cime et que vu sa taille il ne saurait être
inaperçu. Au congrès scientifique de Troyes, il a été
signalé une héronnière dans la forêt de Champignolle
qui ne comptait pas moins de 172 nids, ce qui repré-
sentait une population d'environ un millier de hérons.

On a constaté qu'ils y arrivaient régulièrement le 6 mars et la quittaient le 6 août.

L'hiver, le héron cendré se répand sur les plages maritimes, sur le bord des rivières, à la recherche de sa nourriture qui ne diffère pas de celle de ses congénères, et voyage en petites bandes, par petites étapes, pour gagner les contrées méridionales.

Héron pourpré — *Ardea purpurea* (Linné) (pl. 19. fig. 1)

Taille 0,80, environ, dessous du corps brun ardoisé, mêlé de roux avec les plumes du dos longues et effilées.

Tête noire dessus, avec une huppe et deux plumes terminales très longues, côtés du cou roux vif, avec une bande noire qui part de dessous l'œil et descend jusqu'à la poitrine, gorge blanche, devant du cou roux tacheté de noir, vers le bas les plumes s'allongent et forment une touffe tombante, poitrine et flancs roux vif, ventre noir gris à reflets; femelle semblable.

Chez les oiseaux qui n'ont pas atteint la livrée des adultes, le roux et le brun sont mélangés, toutes les teintes sont plus sombres et les longues plumes de la tête, du dos et de la gorge manquent plus ou moins.

Œuf 0,55 sur 0,038, d'un bleu verdâtre cendré.

Il niche plus souvent dans les roseaux que sur les arbres et est beaucoup plus rare que le cendré, habitant plus volontiers le midi de la France, ce n'est que dans ses passages d'émigration, qu'on le rencontre dans le nord et l'ouest, on le signale cependant de la Vendée et des environs de Lille.

Héron garde-bœufs— *Ardea bubulcus* (Savigny) (pl.19, fig.3)

Taille 0,45, entièrement blanc, le dessus de la tête, le dos, et les longues plumes du bas du cou d'un jaune

roussâtre, bec, iris et pieds jaunes ; la femelle est entièrement semblable au mâle, en hiver les adultes n'ont
pas les plumes du dos longues et effilées, de même que
les jeunes qui sont d'un blanc uniforme avec le bec et
les pieds noirâtres.

Œuf 0,045 sur 0,033, d'un blanc verdâtre.

Plus rare que les précédents, le garde-bœuf qui est
surtout répandu en Afrique ne fait que de rares apparitions en France et surtout dans les départements
méridionaux.

Héron crabier — *Ardea comata* (Pallas) (pl. 19, fig. 1)

Taille 0,42, d'un roux rougeâtre sur le dos, plus
jaune sur le cou, la tête garnie de longues plumes
jaunes avec des bandes noires, gorge et dessous blancs,
bec noirâtre, pieds et iris jaunes ; femelle semblable.

Les jeunes sujets n'ont pas de longues plumes sur la
tête, et toutes les teintes sont brunes, excepté le ventre
et les jambes qui sont blancs.

Œuf 0,038 sur 0,037, d'un beau bleu pâle.

Le crabier se montre accidentellement dans les
départements du nord et du centre, c'est surtout à son
passage d'automne qu'on a chance de le rencontrer en
Artois et à l'embouchure de la Somme, où il a été tué
maintes fois.

Héron butor — *Ardea stellaris* (Linné)

Taille 0,65 environ, entièrement fauve mélangé de
noir, le dessus de la tête noire, le devant du cou est
plus clair, bec brun en dessus, jaune en dessous à la

base, tour des yeux, iris et pieds d'un jaune verdâtre, les deux sexes sont semblables, les jeunes ne diffèrent que par les teintes plus enfumées et les plumes du jabot plus courtes et moins divisées.

Œuf 0,052 sur 0,038, d'un jaune ochracé, parfois teinte de verdâtre.

Héron butor

Il est commun au passage d'automne, il niche dans les roseaux et habite plus volontiers les contrées méridionales.

Héron bihoreau — *Ardea nycticorax* (Linné)

Taille 0,53, dessus de la tête et dos d'un noir bronzé à reflets métalliques, trois ou quatre longues plumes blanches étroites derrière la tête, ailes, queue et derrière du cou gris cendré ; front, côtés de la tête, du cou et tout le dessous blanc pur ; femelle semblable; bec noir, pattes jaune verdâtre, iris rouge.

Les jeunes sont bruns avec de longues taches plus foncées au centre des plumes, les longues plumes derrière la tête manquent.

Héron bihoreau

Œuf 0,050 sur 0,035, d'un vert pâle cendré.

Le bihoreau niche dans les joncs et roseaux, rarement sur les saules étêtés ou les petits arbres au bord des marécages qu'il fréquente, il vit sédentaire dans le sud et ne se trouve que de passage dans le nord.

Héron blongios — *Ardea minuta* (Linné) (pl. 19, fig. 5)

Taille 0,31, dessus de la tête, dos, grandes plumes des ailes, ailes et queue noirs, tout le reste du corps d'un brun fauve très clair.

La femelle a les teintes plus enfumées et moins nettes, le dessus de la tête est d'un noir brun, de même que le dos ou les plumes sont bordées de roussâtre, le ventre flamméché de brun.

Les jeunes sont d'un roux plus ou moins clair avec des taches plus foncées au centre des plumes.

Œuf 0,035 sur 0,025, d'un blanc mat.

C'est l'espèce la plus commune en France, il vit au bord des eaux, construit son nid dans les roseaux ou le plus souvent sur une vieille souche. Ils arrivent en mai et nous quittent en septembre ou octobre, il n'est pas rare cependant d'en rencontrer presque dans le cœur de l'hiver.

Grue cendrée — *Grus cinerea* (Bechstein) (pl. 19, fig. 7)

Taille 1,35 environ ; d'un gris cendré uniforme, le cou plus foncé devant et sur les côtés, côtés de la tête et derrière du cou blancs, front noir ; au-dessus de la tête, en arrière des yeux, la peau est presque nue et d'un rouge foncé, bec brun avec la base rougeâtre, pieds noirs, iris brun ; chez les jeunes, le cou est plus uniforme de coloration, le dessus de la tête est emplumé, le plumage est mélangé de roussâtre.

Œuf de 0,090 sur 0,065, fauve olivâtre avec des taches plus foncées.

Elle est de passage régulier dans la plupart des

départements du centre, de l'est et du sud, mais ne se reproduit pas en France.

Cigogne blanche — *Ciconia alba* (Linné)

Taille 1,20, entièrement blanc, sauf les grandes plumes des ailes et les plus grandes couvertures du dos noires, bec et pattes rouges, iris brun foncé.

Œuf 0,085 sur 0,060, d'un blanc pur.

Cicogne blanche

La cigogne devient de plus en plus rare, elle niche encore dans quelques départements de l'est, et place son nid dans les endroits très élevés, sur les tours des édifices, les cheminées, parfois aussi dans les marais même, en Algérie elle est très commune et paraît très familière au moment des amours ; elle se nourrit de reptiles, de batraciens, de poissons, d'insectes ; le passage s'effectue au printemps et à l'automne, surtout la nuit, à ce moment elle est d'une défiance extrême.

Cigogne noire — *Ciconia nigra* (Linné) (pl. 19, fig. 6)

Taille 1^m environ, d'un brun noir à reflets violets, pourpres et vert doré, ventre et sous caudales blanches, bec, pieds et iris rouges ; femelle semblable.

Les jeunes sont d'un noir plus ou moins sale sans reflets métalliques et maculé de blanchâtre.

Œuf 0,075 sur 0,052, d'un blanc gris uni.

Elle habite plus volontiers les forêts marécageuses, est d'un naturel sauvage et très méfiant, elle est encore plus rare que la cigogne blanche ; établit son nid sur les pins et les sapins.

Spatule — *Platalea leucorodia* (Linné) (pl. 19, fig. 8)

Taille 0.70, entièrement blanche, les plumes de la nuque longues et effilées, le devant de la poitrine marqué de jaune pâle, bec long très large et plat à l'extrémité brun noirâtre, le bout et le bord jaunâtre, parties nues de la tête jaunes, pieds noirs, iris rouge.

Œuf de 0,065 sur 0,045, d'un blanc bleuâtre.

La spatule est surtout de passage en France au

Spatule

printemps et à l'automne, à ce moment, on la rencontre fréquemment, surtout sur le littoral et aux embouchures de rivière.

LES ÉCHASSIERS A BEC GRÊLE

Avec les Ibis commence la série des échassiers à bec long, mince et surtout grêle et presque cylindrique, tous sont des oiseaux fréquentant les marécages ou les plages maritimes, ils se nourrissent de matière animale, principalement de vers, de crevettes et crevettines, d'insectes et de petits molusques, ce sont surtout des coureurs qui n'ont pas les pattes faites pour se percher.

Ibis falcinella — *Ibis falcinellus* (Linné) (pl. 19, fig. 9)

Taille 0,60, d'un brun roux, à reflets métalliques violets ou verdâtres, le milieu du dos, les ailes et la queue plus foncés, bec et pieds brun noirâtre, iris brun ; la femelle est semblable au mâle, seulement un peu plus petite.

Les jeunes ont le plumage plus sombre, maculé de blanchâtre, ce n'est que vers l'âge de trois ans qu'ils revêtent la livrée d'adulte.

Œuf de 0,048 sur 0,037, d'un bleu vert d'eau assez foncé.

Cet oiseau ne fait guère que passer en France aux époques de migration ; comme ses passages sont assez réguliers surtout dans le midi nous avons cru devoir le signaler.

Courlis cendré — *Numenius arquata* (Linné) (pl. 19, fig. 10)

Taille 0,58, d'un brun roussâtre clair avec le centre des plumes noir, la gorge et le bas du ventre blancs, sur le devant du cou et de la poitrine le brun fauve domine et les marques brunes sont longues, étroites et assez régulières, les deux sexes ne diffèrent que par la taille, les femelles étant un peu plus fortes.

Les jeunes ressemblent à leurs parents, le plumage plus cendré, le bec plus court et plus arqué.

Œuf 0,062 sur 0,049, d'un jaune ochreux verdâtre avec des taches grises et brunes.

C'est un oiseau très défiant, qui niche sur les bords marécageux garnis de plantes aquatiques, et émigre l'hiver ; sa chair est mangeable.

Courlis corlieu — *Numenius minor* (Linné) (pl. 19, fig. 11)

Taille 0,40 environ, brun dessus avec les plumes
bordées de gris roussâtre, le dessus de la tête brun uni
avec une ligne de petites taches blanchâtres au centre ;
gorge et ventre blancs, cou et poitrine gris clair avec
des taches brun foncé, longues et régulières au centre
des plumes ; la femelle est un peu plus petite.

Œuf de 0,059 sur 0,047, d'un brun clair verdâtre
avec des taches foncées.

Moins répandu que le cendré il est de passage
régulier sur les côtes maritimes de la Normandie et de
la Bretagne.

Barge commune — *Limosa ægocephala* (Linné) (pl. 20, fig. 2)

Taille 0,042, bec de 0,095 à 0,110 ; été: dessus de
la tête brun, les plumes liserées de roussâtre, cou roux
un peu plus cendré sur le dessus, dos brun cendré,
varié de taches noires et rousses, ailes et queue noires
vers l'extrémité, la base des plumes blanche, poitrine
rousse avec des bandes brunes transversales plus ou
moins apparentes, ventre blanc avec traits bruns et
roux transversaux ; femelle un peu plus grande et une
coloration moins nette.

Hiver: dans cette saison, le plumage est moins
brillant, le roux brillant de la poitrine est mélangé de
gris et de brun, la gorge et le ventre sont d'un blanc
pur.

Œuf de 0,060 sur 0038, d'un vert brun avec des
taches rousses.

Elle niche dans les marais et émigre l'hiver.

Barge rousse — *Limosa rufa* (Brisson) (pl. 20, fig. 1)

Taille 0,35, bec 0,08 ; été : dessus d'un brun noirâtre,
les plumes bordées de roux sur la tête, le cou et le dos,
de blanchâtre aux ailes, ces dernières noires, le bord
interne des plumes vermiculé de blanc, queue blanche
barrée d'environ dix traits noir brunâtre, toutes les
parties inférieures d'un roux ferrugineux uniforme;
la femelle ne diffère pas du mâle.

Hiver : les teintes du dessus sont plus cendrées, les
parties inférieures blanches, le cou et la poitrine roux
cendré avec de petites stries grises sur le devant.

Œuf de 0.055 sur 0,035, d'un gris roux avec des
taches brunes.

Elle ne niche pas en France, mais passe régulièrement deux fois par an en bandes nombreuses.

Bécassine ordinaire — *Scolopax gallinago* (Linné) (pl. 20, fig. 5)

Taille 0,27, bec 0,065 à 0,070. dessus noir avec de
petits points fauves, sur la tête trois bandes de la même
couleur, une au milieu, les autres au-dessus des yeux,
quatre bandes semblables sur le dos; gorge blanche,
cou et poitrine fauve roussâtre avec des taches brunes,
ventre blanc; les deux sexes sont identiques.

Œuf 0,040 sur 0,029, roux clair avec des taches
brunes.

La bécassine ordinaire visite régulièrement nos
contrées lors de ses migrations, elle arrive dans les
départements du centre et du nord dès le mois de mars,
quelques couples s'y fixent et élèvent une couvée, les
autres continuent leur voyage, elles repassent en

automne et se répandent partout, dans les marais, sur le bord des cours d'eau, dans les forêts marécageuses ; elle est alors très grasse et fort recherchée des gourmets, mais elle est difficile à tirer, au moment où elle prend son vol, elle pousse un cri, son départ est saccadé, irrégulier, plein de crochets imprévus.

Bécassine double — *Scolopax major* (Gmel) (pl. 20, fig. 3)

Taille 0,29, bec 0,065 à 0,070 ; cet oiseau ressemble beaucoup à la bécassine ordinaire, la description peut se rapporter à l'autre, toutefois sa taille est plus grande, le ventre est rayé transversalement de bandes brunes sur fond blanc terne, tandis qu'il est d'un blanc sans aucune tache chez la bécassine ordinaire.

L'ensemble de l'animal est plus fort, plus lourd. Les deux sexes sont pareils ; ses œufs, une idée plus gros que la précédente, leur ressemblent beaucoup.

Nous ne la rencontrons en France qu'au moment des passages, l'hiver, elle est très commune dans les contrées marécageuses, on la chasse beaucoup, sa chair étant délicate, elle est difficile à tirer à cause de son vol saccadé plein de crochets irréguliers.

Petite bécassine — *Scolopax gallinula* (Linné) (pl. 20, fig. 4)

Taille 0,19, bec 0,040 à 0,044, dessus brun, vermiculé de roussâtre avec des reflets métalliques sous certains jours aux parties noires ; de chaque côté de la tête une bande jaune ochracée part du bec et se prolonge jusqu'à la nuque, au-dessus de l'œil elle est divisée par une bande noire, sur le dos il y a deux bandes jaunâtres qui partent de la base de l'aile et se prolongent jusqu'à l'extrémité; un trait brun part du bec et rejoint l'œil, un autre traverse la joue; gorge blanchâtre, cou et poitrine gris mélangé de brun et de roussâtre, ventre blanc; les deux sexes semblables

Œuf de 0,036 sur 0,025, jaune brun clair avec des taches diffuses et des points bruns.

Elle ne se reproduit que dans les régions les plus froides au nord de l'Europe.

Elle n'est que de passage en France, mais elle vient au printemps et en automne très régulièrement.

Elle est souvent désignée sous les noms de petite bécassine ou bécassine sourde, parce qu'elle ne pousse aucun cri lorsqu'elle prend son vol, elle est aussi moins difficile à tirer au fusil, parce qu'elle fait moins de crochets que la précédente.

Bécasse ordinaire — *Scolopax rusticola* (Linné) (pl. 20, fig. 6)

Taille 0,35 environ, bec 0,08, dessus brun roux mélangé de noir et de gris, le dessus des ailes rayé de brun transversalement, front gris, trois bandes noires traversent la tête près de la nuque, la première commençant au niveau des yeux, dessous brun fauve rayé transversalement de brun. Les deux sexes semblables, la femelle seulement un peu plus grosse.

Œuf de 0,042 sur 0,025, d'un jaune ochracé avec des taches cendrées et brunes ou roussâtres.

La bécasse niche en France, mais en petit nombre, elle est surtout commune à son passage d'automne du 15 octobre à la fin de novembre, lorsque l'hiver n'est pas très rigoureux, bon nombre d'elles se cantonnent

dans les taillis, sur la lisière des bois et y séjournent
presque tout l'hiver.

C'est un des plus fins gibiers qui existe, mais aussi
l'un des plus difficiles à chasser. Aux personnes que

Bécasse ordinaire

les détails de cette chasse si pleine d'attrait intéressent,
nous conseillerons de lire l'ouvrage de Tristan-Audbert
qui a été publié dans le journal ''l'Acclimatation'', puis
réuni en un volume finement illustré.[1]

CHEVALIERS ET BÉCASSEAUX

Ces oiseaux varient beaucoup pour le plumage dans
la plupart des espèces, celles qui ne se rencontrent en
France que dans leurs migrations de printemps ou
d'automne et c'est le plus grand nombre, sont à ces

[1] La chasse à la bécasse par un chasseur de l'ouest, Tristan-Audbert,
vol in-8 illustré: 4 fr. au bureau du journal ''l'Acclimatation'',
46, rue du Bac, Paris.

époques dans des plumages plus ou moins mélangés ou
la livrée d'été se confond avec celle d'hiver, cette
dernière gagnant peu à peu au fur et à mesure que la
saison s'avance ; les décrire toutes c'eût été étendre
ce travail au-delà des limites voulues, nous mention-
nerons donc la livrée d'été, puis celle d'hiver sans
parler des mélanges qui se produisent souvent, mais
les amateurs une fois prévenus, sauront apprécier les
modifications produites par les saisons dans le plumage
de ces oiseaux ; la forme des becs et des têtes très exactement représentées aideront beaucoup à la détermination de ces espèces assez voisines mais cependant
faciles à distinguer.

Chevalier arlequin — *Totanus fuscus* (Linné) (pl. 20, fig. 9)

Taille 0,30, bec 0,055 à 0,060, mâle, entièrement
d'un noir cendré, le dessus tacheté de blanc sale sur
le dos et les ailes, le dessous des ailes blanc, les
plumes recouvrant la queue et cette dernière noir
cendré, barrée de blanc ; les plumes du ventre à peine
liserées de blanc, celles des flancs et derrière les pattes
avec des traits blancs en travers ; le tour des yeux
blanchâtre ; pieds rougeâtres, bec noir, la base de la
mandibule inférieure rouge ; la femelle est presque
semblable, les teintes moins nettes et plus de blanc aux
plumes du ventre.

En hiver, les deux sexes ont le dessus d'un brun
cendré quelque peu roussâtre avec les plumes du
dessus des ailes marquées de petits points blanc cendré,
côtés de la tête et gorge d'un blanc sale avec un trait
qui va du bec à l'œil, dessous blanc sale tacheté d'une
multitude de marques brun roussâtre plus grandes et
presque en barres transversales sur les flancs.

Le chevalier arlequin ne se reproduit que dans les contrées du nord de l'Europe, il vient en France par petites troupes aux époques d'émigration.

Chevalier aboyeur — *Totanus griseus* (Brisson) (pl. 20, fig. 8)

Taille 0,34, bec 0,047, d'un noir cendré en dessus, les plumes finement liserées de blanc, milieu du dos entre les ailes blanc, de même que les plumes qui recouvrent la queue, queue blanche avec des barres étroites brunes, tout le dessous blanc, le cou marqué de points bruns au milieu et de lignes de même couleur sur le côté, bec noir un peu rougeâtre à la mandibule inférieure, pieds brun verdâtre, iris noir.

La forme toute spéciale du bec de cette espèce permettra toujours de la distinguer du chevalier arlequin qu'il dépasse un peu comme taille.

En plumage d'hiver, les deux sexes ont plus de blanc sur le dessus.

Œuf de 0,050 sur 0,033, roux clair, quelquefois gris verdâtre avec des taches brunes.

Il ne fait que passer en France au printemps et à l'automne.

Chevalier stagnatile — *Totanus stagnatilis* (Bechstein (pl. 20, fig. 7)

Taille 0,24, bec 0,038, dessus brun avec de grandes taches noires, les grandes couvertures des ailes rayées de bandes noires en fer de lance, dos entre les ailes blanc, dessus de la tête et du cou avec des plumes bordées de blanc roussâtre ; dessous blanc avec des taches noires au cou, à la poitrine et aux flancs où elles sont presque transversales ; bec grêle, crochu au

bout, tout noir, pattes d'un noir rougeâtre avec une
teinte verdâtre aux articulations, iris brun.

L'hiver, les deux sexes ont les teintes moins vives
d'un ton plus uniforme.

Œuf de 0,042 sur 0,031, d'un jaune roux ou verdâtre
avec des taches irrégulières brunes.

Cette espèce est assez rare en France, ses passages
sont irréguliers.

Chevalier Gambette — *Totanus calidris* (Linné) (pl. 20, fig. 10)

Taille 0,28, bec 0,042 à 0,045, dessus brun gris
presque uniforme, légèrement varié de noirâtre et de
blanchâtre sur le dos et les ailes, le dessus de la tête
plus foncé avec les plumes bordées de roussâtre ;
dessous blanc avec des taches brunes au cou, à la

Chevalier gambette

poitrine et aux flancs, il n'y a que le milieu du ventre
qui n'en a pas ou très peu, bec noir à la pointe, rouge
à la base, fort et trapu, comparé à celui du stagnatile ;
pattes rouge vif, iris brun.

En hiver, les deux sexes ont le dos blanc, les parties du dessus d'un ton plus rembruni.

Œuf de 0,047 sur 0,031, d'un roux parfois grisâtre avec des taches irrégulières, variant du noir au roux foncé.

Cet oiseau est l'un des plus répandus, surtout à l'automne, il est connu aussi sous le nom de chevalier rayé, il voyage volontiers en petites bandes et fréquente de préférence les bords maritimes vaseux où il trouve en abondance des vers, des petits crustacés, des mollusques, dont il se nourrit de même que tous ses congénères.

Il supporte assez bien la captivité si on peut le mettre sur les bords d'une pièce d'eau, et en lui donnant des vers et de la viande coupée en très ménus morceaux.

Chevalier sylvain—*Totanus glareola* (Linné) (pl. 21, fig. 1 et 2)

Taille 0,22, bec 0,028 à 0,030, dessus brun foncé parsemé de taches blanchâtres, dessous blanc à la gorge et au ventre, d'un blanc sale au cou, à la poitrine, avec des taches brunes plus intenses vers les épaules, bec noir, pieds jaune verdâtre.

En hiver, les taches du dessus sont plus foncées et roussâtres, les flancs sont tachetés de brun, cette nuance étant généralement plus étendue.

Il ne se voit en France que par individu isolé ou par paire, et habite de préférence les marais dans l'intérieur qui sont garnis d'herbes et de roseaux, on le rencontre parfois en compagnie d'autres espèces.

Chevalier cul-blanc —*Totanus ochropus* (Linné) (pl. 21, fig. 3)

Taille 0,21, bec 0,033 à 0,035, dessus d'un brun uniforme ayant seulement quelques taches plus claires sur les ailes, dessous de la gorge blanche, ainsi que le milieu du cou et de la poitrine; les cotés bruns avec des flammèches plus foncées, bec noir jaunâtre vers la base, pattes verdâtres, iris brun.

En hivers, les teintes sont plus rembrunies, les taches moins nettes.

Le cul-blanc niche assez rarement en France, c'est plutôt dans les contrées boréales qu'il se reproduit, il se contente de nids abandonnés sur les buissons bas.

Œuf de 0,038 sur 0,027, d'un jaune ochracé avec des points bruns.

On le rencontre surtout à l'automne, il voyage par petites bandes le long des rivières, sur le bord des marais et aussi sur les rives maritimes, il est très répandu partout.

Chevalier guignette — *Totanus hypoleucos* (Linné)
(pl. 21, fig. 4)

Taille 0,18, bec 0,023 à 0,025, dessus brun uniforme, sur le dos les plumes légèrement marquées, sur le bord, de taches noires et jaunes mais circonscrites ; les plumes qui recouvrent les ailes vermiculées transversalement de roux clair et de noir, le dessus et les côtés de la tête marqués de petits traits noirs dans le sens des plumes, dessous blanc uniforme, les côtés du cou et de la poitrine bruns, bec noir cendré, pattes verdâtres, iris brun.

Œuf de 0,035 sur 0,025, d'un jaune ochracé avec des taches petites et d'un brun plus ou moins roux.

La guignette est très répandue surtout à l'automne, et le long des plages maritimes, c'est un gibier recherché à cette époque de l'année où les oiseaux sont bien replets ; il est difficile à tirer à cause de son vol saccadé

et de son caractère farouche, qui le fait fuir au moindre
bruit suspect.

Chevalier combattant — *Machetes pugnax* (Linné) (pl.21,fig.9)

Mâle : taille 0,30, femelle : 0,25, bec 0,035 à 0,040 ;
mâle au printemps : sur le derrière de la tête, deux
touffes de plumes plus ou moins distinctes, le devant de
la gorge avec une masse de plumes longues formant
collerette ; ces deux parures variant à l'infini comme
coloration du noir uniforme au blanc pur, passant par
le jaune, le roux et le brun, tantôt uniforme, parfois
variées de toutes les colorations avec des dispositions se
modifiant toujours d'un sujet à l'autre ; au dessus: le
reste du corps noir avec des macules roux vif et des
taches blanchâtres, ventre varié de noir, de blanc et de
roussâtre ; entre l'œil et le bec il y a des caroncules
charnues, bec variant du jaunâtre au noir, pieds jaunâtres, iris brun.

Le reste de l'année, ils n'ont plus les parures ni de
caroncules charnues à la tête, ils sont le plus souvent
bruns en dessus variés de noir et de roussâtre, blanc
en dessous et tachetés au cou et ressemblent alors
beaucoup aux femelles, dont ils diffèrent cependant par
la taille.

La femelle est beaucoup plus petite que le mâle,
dessus brun cendré, tachetée de noir à reflets et de
roux, dessous plus clair, ventre blanc, bec noir.

Œuf de 0,043 sur 0,032, d'un brun olivâtre ou
verdâtre, semé de taches brunes ou noirâtres plus
prononcées vers le gros bout.

Ces oiseaux, dès qu'arrive le printemps et que les
mâles ont terminé la mue qui leur donne leur parure,

font de la bataille un exercice continuel, mais ce sont des duels où rarement le sang coule, leur bec rond et émoussé, peu robuste, n'en fait pas une arme bien terrible, protégés par l'épaisse collerette de plumes, de la gorge et de la tête, l'adversaire ne peut blesser bien fort son ennemi.

Ce sont des oiseaux qui supportent très bien la captivité et sont fort intéressants à observer par leur humeur batailleuse.

Bécasseau maubèche — *Tringa canutus* (Linné) (pl. 21, fig. 6)

Taille 0,25, bec 0,030 à 0.035 ; été : tête et dos noirs avec des taches rousses, sous caudales blanches avec des raies transversales noires et des taches rousses ; remiges grises finement bordées de blanc. Les côtés de la tête et le dessous roux de rouille vif, le ventre blanc, mêlé de roux en arrière des pattes, des taches triangulaires noires vers le bout des plumes.

En hiver, ces oiseaux changent considérablement de couleur, la disposition des taches est la même pour ce qui regarde le noir, mais les teintes sont moins profondes et plus grises, le roux n'existe plus, il est remplacé par du gris cendré dans les plumes du dessus et au cou, par du blanc pur à la poitrine et au ventre.

Œuf 0,039 sur 0,030, d'un gris verdâtre mêlé de roussâtre, avec des taches d'un brun plus ou moins foncé, surtout au gros bout où elles se réunissent et forment une couronne.

Le canut ne niche pas en France, mais il nous arrive dès le mois d'août et passe une partie de l'hiver sur nos plages maritimes, on le voit donc à peu près dans tous les plumages ; il ne se trouve le plus souvent que par couple ou même par individu isolé.

Bécasseau violet — *Tringa maritima* (Brünn) (pl. 21, fig. 5)

Taille 0,21, bec 0,030 à 0,032, cette espèce varie beaucoup suivant la saison, mais elle est facile à distinguer par son bec toujours jaune ou rougeâtre vers la base, le doigt médian plus long que le tarse, et les teintes noir brun du dessus.

Eté : dessus d'un noir quelque peu violet avec les plumes bordées et tachées transversalement de roux ; dessous cendré clair, strié de noirâtre sur la poitrine et marqué de taches longitudinales plus claires sur les côtés du cou et les flancs.

Hiver : dessus d'un noir brun avec les plumes bordées de gris, le tour du bec cendré, gorge blanchâtre, poitrine cendrée, les plumes liserées de blanc, ventre blanc avec les flancs et les souscaudales marquées de taches longues cendrées.

Œuf 0,036 sur 0,024, gris olivâtre avec taches rousses et brunes plus fréquentes vers le gros bout.

Bécasseau cocorli — *Tringa subarcuata* (Gmel) (pl. 21, fig. 8)

Taille 0,20, bec 0,029 à 0,030 ; été : dessus brun foncé mêlé de roux et de gris cendré, le roux dominant derrière le cou, ailes grises avec des plumes bordées de blanc, suscaudales blanches avec des taches transversales brunes ; tout le dessous roux de rouille, les plumes terminées de blanc et de brun, le blanc dominant au ventre, souscaudales avec une ligne anguleuse transversale brune.

Hiver: la couleur rousse n'existe plus à cette saison, le dessus est d'un brun cendré avec le bord des plumes plus clair, les sus caudales sont entièrement blanches, le front, les sourcils, la gorge et tout le dessous sont d'un blanc pur excepté la poitrine qui est cendrée.

Il ne fait que passer sur nos cotes maritimes et ne se reproduit pas en France.

Bécasseau brunette — *Tringa cinclus* (Linné) (pl. 21, fig. 7)

Taille 0,19, bec 0,030 à 0,037 ; hiver : dessus cendré, les plumes de la tête marquées de brun au centre, les taches du cou plus claires, les ailes brunes, les plumes bordées de gris, les sus caudales latérales blanches, les médianes brun foncé, tout le dessous blanc, la poitrine mêlée de gris clair avec des taches rares, parfois roussâtres, et une petite tache noirâtre au centre des plumes.

Eté : dessus noir, les plumes bordées de roux, remiges brunes excepté les plus longues des secondaires presque entièrement blanches, croupion et sus caudales médianes brun cendré, les sus caudales latérales blanches, gorge, devant, côtés du cou et poitrine d'un blanc gris avec des taches noirâtres plus fréquentes à la poitrine, abdomen noir brun ; bas ventre, grandes plumes des flancs et souscaudales blanc pur, bec et pieds noirs.

Œuf 0,035 sur 0,026, roux ou verdâtre avec des taches roussâtres couvertes de petites taches brunes, plus nombreuses vers le gros bout.

Bécasseau minute — *Tringa minuta* (Leisler)

Le bécasseau minute est très voisin du bécasseau temmia, le caractère essentiel qui permettra de distinguer ces deux espèces existe dans la queue, les rectrices médianes sont plus longues que les latérales chez le temminck, tandis qu'elles sont aussi longues chez le minule et ce sont celles intermédiaires entre les médianes et les latérales qui sont plus courtes.

Taille 0,13, été : dessus noir taché de roux, les plumes liserées de cette couleur, sus caudales médianes brunes, bordées de roux, les latérales blanches maculées de brun ; cotés de la tête, devant du cou et poitrine brun roux avec des taches plus foncées au centre des plumes surtout à la poitrine, gorge plus claire, abdomen et sous caudales d'un blanc pur, les rectrices médianes brun très foncé, les suivantes plus claires, les latérales blanches.

Hiver : le roux disparaît en cette saison, les teintes noires deviennent enfumées, toutes les parties inférieures sont d'un blanc pur, les côtés de la tête et la poitrine sont cendrés avec des taches plus foncées au centre des plumes.

Il n'est que de passage en France.

Bécasseau temmia — *Tringa Temmincki* (Leisl) (pl. 21, fig. 10)

Taille 0,13, cette espèce ressemble considérablement à la précédente, les tâches foncées de la poitrine sont plus ovales chez la précédente que chez celle-ci, qui les présente plus longitudinales, le caractère essentiel de la distinction c'est comme nous le disons, plus haut, la longueur relative des plumes rectrices ; le temmia a la queue manifestement étagée, les plumes médianes étant plus longues que les latérales de sept à huit millièmes.

C'est aussi un passager qui se reproduit dans les contrées boréales de l'Europe.

Becasseau des sables — *Tringa arenaria* (pl. 22, fig. 5.)

Taille 0,13; dessus gris varié de brun et de blanc, couvertures des ailes brunes bordées de blanc, dessous blanc, pieds noirs, doigt médian d'un quart moins long que le tarse, iris, bec noir. En été tout le dessous roux.

Cet oiseau varie beaucoup, il passe en hiver.

Phalarope platyrhinque — *Phalaropus fulicarius* (Linné) (pl. 22, fig. 4)

Taille 0,23, bec 0,022 à 0,023 ; mâle, été: dessus noir, les plumes du dos largement bordées de roux clair, la gorge noire, le devant du cou et tout le dessous roux, queue brune bordée de roux, les deux plumes médianes plus foncées; la femelle ressemble au mâle, elle a les plumes du dos moins largement bordées, les couvertures des ailes frangées de blanc gris, elle est un peu plus grande.

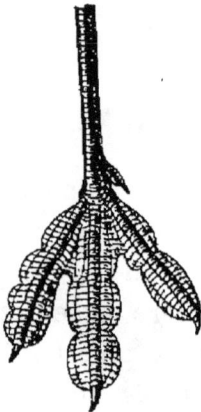

Patte de phalarope

En hiver: le dessus de la tête est gris clair avec le derrière plus foncé, des sourcils bruns presque noirs, tout le dessus est cendré avec les plumes frangées de blanchâtre, le devant du cou et tout le dessous d'un blanc pur.

Ce qui est surtout remarquable chez cet oiseau, c'est la patte qui a des menbranes qui élargissent les doigts, elle est d'un brun verdâtre, l'iris est brun foncé.

Le phalarope ne se rencontre qu'au moment du passage et particulièrement sur les côtes maritimes où il n'est pas très rare certaines années, mais ses visites chez nous sont assez irrégulières.

FAMILLE DES PALMIPÈDES

Les oiseaux qui composent ce groupe sont tous des nageurs qui fréquentent tout naturellement les contrées maritimes ou les rivières et les étangs, quelques-uns même sont des voiliers de premier ordre, aussi les rencontre-t-on fréquemment en pleine mer, très loin des côtes.

Leurs pattes ont les doigts réunis par une membrane ou palmure qui leur sert de rame, leur plumage est dense et serré, d'une nature grasse, qui ne permet pas à l'eau de pénétrer jusqu'à la peau.

Ils se nourrissent de poissons, de coquillages, de vers, et quelques-uns, comme les cygnes, les canards, mangent des plantes aquatiques ; il en est même, les oies entr'autres, qui broutent volontiers l'herbe des prairies.

Cette famille comprend quelques types aux longues pattes qui forment le passage bien naturel entre les échassiers et les palmipèdes, comme l'avocette, l'échasse et le flamant, dont les tarses sont d'une longueur telle que ne les désavoueraient pas les plus vaniteux des échassiers ; d'autre part, leurs pattes ayant les doigts réunis par une membrane, nous avons donc cru devoir les ranger dans la famille des palmipèdes.

TABLEAU DES GROUPES DES PALMIPÈDES

Trois doigts réunis par la palmure............ *a*

Quatre doigts réunis par la palmure.......... **Totipalmes.**

a Pattes plus longues que le corps............. **Longues pattes**

Pattes plus courtes que le corps............ ....   *b.*

b   Mandibule supérieure terminée par un crochet
bien accusé, cou court... ... .   **Becs crochus.**

Les mandibules présentent des dents, ou
lamelles, sur le côté ; la supérieure terminée
par une partie arrondie, recourbée appelée,
onglon, cou long........................   **Becs lamellés.**

Bec peu recourbé ou tout droit, les ailes très
longues, tarses grêles, cou court...........   **Grandes ailes.**

Bec cylindrique ou déprimé, pattes très en
arrière du corps, oiseaux nageant debout
dans l'eau, plongeant facilement et marchant
avec difficulté..............................   **Plongeurs.**

GROUPE DES LONGUES PATTES

Bec gros, renflé vers le milieu, et le bout dirigé
vers le bas..................................   **Flamant.**

Bec long, mince, droit.......................   **Échasse.**

Bec long, mince, terminé en pointe, celle-ci
dirigée en haut..............................   **Avocette.**

Avocette — *Recurrirostra avocetta* (Linn.) (pl. 22, fig. 3)

Taille 0,48, plumage entièrement blanc, excepté le
front, le derrière de la tête et du cou qui sont noirs,
de même que les couvertures des ailes les plus
supérieures, les moyennes intermédiaires et grandes
rémiges, de sorte que le côté de l'aile semble traversé
par trois larges bandes noires ; bec ayant la pointe
dirigée en l'air ; pattes noire bleuâtre, iris brun roux.

Œuf de 0,05 sur 0,034, d'un blanc sale, avec des
taches foncées irrégulières plus ou moins en larmes, et
d'autres arrondies grises et noires.

La femelle ne diffère que par une taille moindre et
des teintes moins nettes.

Avocette

Cette espèce niche dans le midi de la France et ne se trouve que de passage dans les autres parties, elle est peu commune.

Echasse manteau noir — *Himantopus melanopterus* (Temm.)
(pl. 22, fig. 1)

Taille 0,47, tout blanc, excepté le dessus du dos et les ailes qui forment comme un manteau noir. En été, le derrière de la tête et du cou sont noirs, tacheté de blanc, en hiver ces parties sont entièrement blanches comme le reste du corps. Bec noir, pattes et iris rouge brillant.

La femelle ne diffère que par une taille un peu plus petite et des teintes plus brunes.

Œuf de 0,045 sur 0,030, d'un blanc sale avec des taches violet noirâtre, plus nombreuses vers le gros bout.

C'est un oiseau plutôt méridional, on le retrouve
même en Algérie, il niche dans les étangs voisins de la
Méditerranée, et n'est que de passage à la fin du
printemps dans les départements du nord et du centre.

Flamant rose — *Phœnicopterus roseus* (Linn.) (pl. 22, fig. 6)

Taille de 1m30 à 1m50, pattes comprises; d'un rose
tendre plus vif sur la tête et le dos, les ailes rouge
vif, grandes plumes des ailes noires, bec de forme
très singulière, rose à la base et noir vers l'extrémité,
pattes rose tendre, iris jaune brillant.

Flamant rose

La femelle est plus petite, les teintes un peu moins
vives, les jeunes sont presque entièrement bruns. Le

Flamant habite surtout les étangs et les grands marais, il ne niche en France que dans les plaines marécageuses de la Camargue, et ne s'égare pas au nord ; son nid est toute une construction en terre argileuse, mélangée de brins de jonc et de chaume, il forme un cône tronqué qui émerge de l'eau et sur lequel la femelle se pose à cheval pour couver, les jambes presque pendantes ; ses œufs, d'un blanc mat, mesurent 0,080 sur 0,050, quelquefois plus ; son caractère doux et sociable permet de le garder aisément en captivité, mais il craint les grands froids.

GROUPE DES BECS-CROCHUS

Tout le plumage d'un noir de suie, excepté le croupion.....................................	**Thalassidrome**
Le plumage brun, varié de blanc jaunâtre, les plumes médianes de la queue dépassant les autres...	**Stercoraires.**
Le plumage brun cendré dessus, blanc en dessous, les plumes médianes de la queue ne dépassant pas les autres.................	**Puffin.**

Les oiseaux de ce groupe constituent un ensemble qu'on pourrait qualifier de rapaces aquatiques, tous ont le bec crochu comme celui des oiseaux de proie, ils se nourrissent en effet de proie vivante, surtout de poissons ; ce sont des bêtes voraces, jamais rassasiées, des pêcheurs infatigables qu'on rencontre parfois au large bien loin de toutes côtes ; doués d'un vol puissant et soutenu, si la fatigue les surprend, ils se posent sur l'eau et s'y endorment pour reprendre haleine.

Stercoraire des rochers — *Stercorarius pomarinus* (Viel.)
(pl. 22, fig. 8)

Taille 0,55 dont 10 de filets de la queue, dessus de la tête et tout le dessus du corps, brun enfumé ; gorge, cou, côtés de la tête et un collier derrière la nuque, blanc, lavé de jaunâtre ; à la poitrine une bande transversale brune se prolongeant sur les flancs, ventre blanc, sous caudales brunes, les deux plumes médianes de la queue larges et parallèles dans toute leur étendue, dépassant les autres d'environ dix centimètres.

Le Pomarin habite surtout les contrées septentrionales de l'Europe et de l'Amérique, il ne vient en France que poussé par les vents nord-ouest.

Stercoraire cataracte — *Stercorarius cataractes* (Linn.)
(pl. 22 fig. 9)

Taille 0,58, entièrement brun, les parties inférieures nuancées de roussâtre de même que le cou et les côtés de la tête, les deux plumes médianes de la queue dépassant les autres seulement de deux ou trois centimètres.

Cette espèce, de même que les deux autres du même genre, habite surtout les contrées froides des deux hémisphères, ce n'est que poussée par la tempête qu'elle se montre sur les côtes de France ; douée d'un vol puissant, fréquentant souvent la haute mer, on comprend quelle peut être emportée par les ouragans loin des contrées de sa prédilection.

Tous sont très voraces et d'un appétit considérable.

Stercoraire longicaude — *Stercorarius longicaudus* (Briss.)
(pl. 22, fig. 10)

Taille 0,58 dont 0,20 de filet de la queue ; dessus de la tête noire, dos gris cendré foncé ; gorge, côté de la tête et un collier blanc lavé de jaunâtre ; poitrine blanche au milieu, gris cendré sur les côtés, cette teinte se prolongeant sur les flancs et envahissant tout le ventre ; les deux plumes médianes de la queue se prolongeant en deux filets et dépassant les autres plumes d'environ vingt centimètres, bec et pattes noir bleuâtre, iris brun foncé.

Cette espèce habite surtout Terre-Neuve et le Groënland, on la rencontre assez souvent en France.

Puffin cendré — *Puffinus cinereus* (pl. 22, fig. 7)

Taille 0,50, le dessus du corps brun cendré avec les plumes du dos plus ou moins bordées de brun, toutes les parties inférieures blanches.

Œuf de 0,070 sur 0,045, blanc pur.

Ce puffin fréquente la Méditerranée, on le rencontre parfois sur l'Océan, il niche sur les points les plus tranquilles des côtes et des îles, dans les trous des rochers.

Thalassidrome tempête — *Thalassidroma pelagica* (Linné.)
(pl. 22, fig. 2)

Taille 0,15, entièrement d'un noir de suie excepté les suscaudales et quelques plumes au bas ventre qui sont blanches, bec et pieds noirs, iris brun très foncé.

Le Thalassidrome se reproduit sur certaines îles de l'Océan et de la Méditerranée, on ne les remarque sur les côtes et dans les environs des ports qu'à la suite de

violents ouragans, alors ils se réunissent volontiers par
bandes nombreuses qui volent à la surface des flots.

Thalassidrome tempête

Il pond dans un trou de rocher un seul œuf blanc
parsemé de points rouge brun, plus nombreux vers le
gros bout et mesurant 0,027 sur 0,020.

GROUPE DES TOTIPALMES

Bec droit sans crochet à la mandibule supérieure	**Fou.**
Bec avec un crochet à la mandibule supérieure	α
α Plumage d'un noir bronzé	**Cormoran.**
Plumage entièrement blanc ou rosé............,.	**Pelican.**

Les cormorans, le fou de bassan et le pelican,
forment un groupe caractérisé par la conformation des
pattes dont le pouce est réuni au doigt interne par une
membrane, on en a fait une division spéciale sous le
nom de totipalmes.

Tous font une grande consommation de poissons; les
cormorans se soumettent facilement à la domesticité
et se laissent dresser à pêcher pour le compte de leur

maître, pour les empêcher d'avaler le poisson on leur met un anneau au cou qui intercepte le passage de leur proie.

Cormoran ordinaire — *Phalacrocorax carbo* (Linné)
(pl. 22, fig. 11)

Taille 0,75 à 0,80, mâle et femelle en été: tête et cou vert foncé, les plumes de la nuque allongées formant huppe, tout autour de la base de la tête des plumes blanches et libres au-dessus des autres, le

Cormoran ordinaire

dessus d'un brun mordoré avec les plumes frangées de noir verdâtre, tout le dessous vert foncé avec une tache blanc pur en dehors des jambes ; le tour des yeux, la commissure du bec, nus et jaunes ; à la gorge un large collier de blanc sale, pattes noires, iris vert clair ; en automne ils sont semblables, mais ils n'ont pas les plumes blanches à la tête ni sur les côtés des flancs.

Le cormoran ordinaire niche dans les falaises et sur les rochers de l'Océan, il établit son nid par terre et même sur les arbres, pond trois ou quatre œufs d'un blanc verdâtre qui ont 0,065 sur 0,042.

Cormoran huppé — *Phalacrocorax cristatus* (Linn.)

Cormoran huppé

Taille 0,50 à 0,60, entièrement d'un vert foncé à reflets métalliques, les plumes du dessus bordées de noir, la commissure du bec jaune, sur le front une huppe composée de quelques plumes érigées, bec et pieds noirs, iris vert bouteille, en hiver ils sont semblables mais n'ont pas de huppe.

Cette espèce est plutôt méditerranéenne, on la rencontre cependant parfois sur les côtes de la Manche et de l'Océan, on dit même qu'elle se reproduit aussi sur les rochers des environs de Cherbourg et dans le Finistère.

Il niche dans les rochers, et pond trois œufs d'un blanc verdâtre mesurant 0,058 sur 0,037.

Pelican blanc — *Pelecanus onocrotalus* (Linn).

Pelican blanc

Taille 2ᵐ00, entièrement blanc, nuancé de rose clair partout, excepté sur le devant du bas du cou où les plumes sont jaunes et raides, une huppe de plumes longues et pendantes à la nuque, les grandes plumes des ailes noires, bec jaune, bleuâtre au milieu vers la base, les bords et l'onglon rouge, poche de la machoire inférieure jaune, pattes rosées, iris rouge.

En hiver le rose pâlit, et tout le bec est jaunâtre.

Cet oiseau ne passe qu'accidentellement en France, il en a été fait cependant un assez grand nombre de captures pour que nous ayons dû le signaler, de plus il est trop connu par les sujets qui vivent en captivité pour ne pas le comprendre dans cette nombreuse nomenclature des oiseaux français.

Fou de Bassan — *Sula Bassana* (Briss.)

Fou de bassan

Taille 0,85, entièrement blanc, sauf les grandes plumes des ailes qui sont noires.

Les deux sexes adultes sont semblables, mais les jeunes sont entièrement d'un brun gris uniforme, tout pointillés de petites taches blanches triangulaires.

C'est un oiseau de haute mer qui ne s'approche des côtes que pour pondre et couver, ou contraint et entraîné par la tempête, il plonge en se laissant tomber de très haut dans la mer et nage avec une rapidité prodigieuse, repu, il se pose sur l'eau et s'endort.

Œuf de 0,072 sur 0,050, d'un blanc légèrement verdâtre

GROUPE DES GRANDES AILES

Bec moins long que la tête, déprimé, la mandibule supérieure recourbée............ ..	**Goélands.**
Bec souvent plus long que la tête, mince et pointu, la mandibule supérieure droite.... .	**Sternes.**

Les goélands ou mouettes, et les sternes ou hirondelles de mer, forment un groupe d'oiseaux qui sont caractérisés par leur plumage à fond blanc, règle à laquelle ne font exception que les sternes moustac, leucoptère et épouvantail, bien qu'elles aient un air de famille indéniable ; leurs ailes sont très développées, longues et pointues, ce sont tous des voiliers de premier ordre ; tous aussi sont des oiseaux de mer, se nourrissant de proie vivante ou des débris d'animaux rejetés sur le rivage par les flots. Ils nagent facilement, mais ne plongent pas.

Leurs pattes sont assez grêles, le pouce est petit et placé très haut, ils marchent rapidement à pas précipités ; l'hiver leur livrée est sensiblement différente de leur plumage d'été qui chez les espèces à ventre blanc est d'un ton rosé qui passe après la mort. Les jeunes sont presque toujours d'un brun plus ou moins mêlé de roux et de blanchâtre.

L'hiver ils se rassemblent en bandes considérables pour opérer leurs migrations et souvent les espèces se mélangent à cette époque, pêchant de concert et vivant en bonne harmonie, quelques sujets poussés par les vents se voient alors jusque dans le centre de la France, suivant les grands cours d'eau.

Patte de Goéland

Les goélands ont quelques caractères particuliers, leur bec est déprimé, la mandibule supérieure recourbée formant presque un crochet, leurs pattes sont plus longues que celles des sternes, la palmure est complète, les ailes grandes et très développées sont assez larges.

Goéland mélanocéphale — *Larus melanocephalus* (Natt.)
(pl. 23, fig. 1)

Taille 0,40 à 0,42, blanc partout, excepté le dessus de la tête qui est noir et le dessus du dos et les ailes d'un gris cendré très clair, un seul liseré noir sur l'extérieur de la plus grande plume des ailes, bec rouge vif avec une bande transversale noirâtre vers l'extrémité ; bord des paupières rouge minium, pieds de même couleur, iris brun clair ; les deux sexes semblables.

En hiver, le capuchon noir de la tête est remplacé

par un plumage blanc à peine teinté de gris cendré très clair.

On ne le rencontre en France que l'hiver, l'été il habite le nord de l'Europe et de l'Amérique, encore ses apparitions dans nos contrées ne sont-elles pas très fréquentes.

Goéland marin -- *Larus marinus* (Linné) (pl 23, fig. 8)

Taille 0,65 à 0,70, blanc partout, excepté le dos qui est d'un noir de suie, ailes de même teinte, toutes les plumes terminées de blanc, les deux plus grandes, noires sur les barbes externes et sur les barbes internes vers l'extrémité, terminées par une grande tache blanche que coupe une bande noire manquant plus ou moins complètement sur la première, bec jaunâtre avec une tache rouge vif à l'angle de la mandibule inférieure, pattes d'un blanc livide, iris jaunâtre clair.

En hiver le dessus de la tête et le cou ont des traits bruns placés au centre des plumes, de même que les flancs et les sous caudales.

Œuf de 0,080 sur 0,055, d'un blanc roux ou verdâtre avec des taches plus ou moins diffuses et de petits points clairsemés.

Cette espèce, souvent désignée sous le nom de goéland à manteau noir, habite surtout les contrées du nord de l'Europe mais elle se reproduit aussi en France, nichant dans les rochers ; c'est surtout de septembre à décembre qu'on la rencontre en grand nombre sur les côtes de l'Océan.

Goéland brun — *Larus fuscus* (Linn.) (pl. 23, fig. 7)

Taille 0,55 à 0,50, blanc partout, excepté sur le dos

et les ailes qui sont gris cendré foncé, les ailes noires à l'extrémité des grandes plumes, toutes sont terminées de blanc, les grandes plumes n'ont qu'une petite tache arrondie, les autres ont une large bordure de 4 à 5 centimètres, les deux plus longues présentent en outre vers l'extrémité une tache blanche subterminale très grande sur la première, beaucoup plus réduite sur la seconde ; bec jaune avec une tache rouge vif à l'angle de la mandibule inférieure.

En hiver, la tête et le haut du corps sont mélangés de traits bruns qui occupent le centre des plumes.

Œuf de 0,065 sur 0,045, d'un fauve plus ou moins gris avec des taches foncées, des points et souvent des lignes étroites irrégulières.

Il se reproduit en France, mais est surtout commun en automne le long des côtes de l'Océan.

Goéland argenté — *Larus argentatus* (Brünn.) (pl. 23, fig. 6)

Taille 0,60 à 0,55, blanc partout, excepté sur le dos qui est d'un gris cendré pâle, les ailes de même couleur, les cinq ou six plus grandes rémiges noires vers l'extrémité avec la pointe blanche, les deux externes portant parfois en outre une tache blanche subterminale ; bec jaune avec la base bleuâtre et une tache rouge à l'angle de la mandibule inférieure, pattes d'un blanc livide, tarse un peu plus long que le doigt médian et mesurant 60 à 65 millimètres.

En hiver, les plumes de la tête et du cou sont mélangées de lignes brunes.

Œuf de 0,075 sur 0,050, d'un fauve sale plus ou moins verdâtre avec des taches plus foncées.

Cette espèce se reproduit en France, des bandes

considérables venant du nord passent dans nos contrées
vers la fin de l'automne.

Goéland railleur — *Larus gelastes* (Lichst.) (pl. 23, fig. 9).

Taille 0,42 à 0,45, blanc partout, excepté le dos et
les ailes d'un gris cendré très clair, les six plus grandes
plumes des ailes noires vers leur extrémité, les quatre
premières blanches dans leur plus grande étendue,
liserées de noir sur les grandes barbes, la première
liserée en plus extérieurement de cette couleur presque
jusqu'à l'extrémité ; queue blanche, bec rouge carmin,
pattes rouge orangé.

En hiver, les couvertures des ailes se mélangent de
brun, les quatre premières rémiges bordées et terminées
de brun, queue bordée de brun.

Le goéland railleur ou à bec grêle se trouve surtout
sur la Méditerranée, il se reproduit sur nos côtes
méridionales.

Œuf de 0,055 sur 0,040, d'un blanc laiteux avec des
taches brunes ou grises irrégulières.

Goéland cendré — *Larus canus* (Linn.) (pl. 29, fig. 5)

Taille 0,42 à 0,43, cette espèce ressemble beaucoup
au goéland argenté, il n'en diffère essentiellement que
par sa taille plus réduite et par la longueur proportionnelle
du doigt médian qui est beaucoup plus court que le tarse,
celui-ci mesurant de 0,045 à 0,050 ; le dessus du manteau
est aussi plus clair, les longues plumes des ailes sont
noires vers l'extrémité avec un long espace blanc ; bec
jaune, paupières rouges, pieds jaune livide, iris brun.

En hiver, la tête et le dessus du cou sont mélangés
de taches brunes longitudinales.

Œuf de 0,055 sur 0,040, d'un blanc roussâtre ou verdâtre avec des tâches rondes irrégulières et des points clairsemés.

Cette espèce se reproduit en France, mais elle habite surtout les contrées nord, l'hiver on en voit des bandes nombreuses sur les bords de l'Océan.

Goéland tridactyle — *Larus tridactylus* (Linn.) (pl. 23, fig. 3)

Taille 0,38, blanc partout excepté le dos et les ailes qui sont d'un gris cendré pâle, les cinq plus grandes plumes des ailes noires vers le bout, la première entièrement noire sur les barbes externes, la quatrième et la cinquième terminées de blanc ; bec jaune verdâtre, commissure du bec et paupières jaune orangé ; pieds noir verdâtre, pouce nul ou très petit, iris noir.

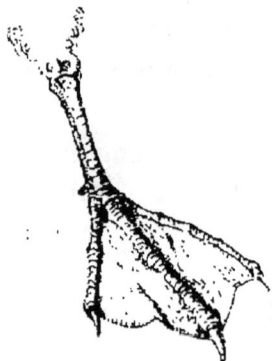

En hiver, ces oiseaux ont le dessus de la tête et du cou de même teinte que le dos.

Ce goéland est très commun l'hiver sur nos côtes, l'été, il habite les contrées boréales de l'Europe.

Goéland rieur — *Larus ridibundus* (Linné) (pl. 23, fig. 4)

Taille 0,37 à 0,38, tête et haut du cou noir enfumé tirant sur le brun ; cou, tout le dessous et queue blancs, le dessus et les ailes d'un gris cendré clair ; les cinq plus grandes plumes des ailes terminées de noir, les deux ou trois dernières de celles-ci avec une petite tache blanche à l'extrémité et grise à la base au moins aux barbes internes, les trois plus longues blanches avec un liseré noir à l'intérieur, n'atteignant pas la tache noire du bout dans les deux premières ; ce liseré noir partant de la tache à la troisième ; bec et pattes rouge de laque, iris brun foncé.

En hiver, ces oiseaux ont la tête et le cou blancs avec une ou deux taches noirâtres diffuses devant et derrière les yeux.

Œuf de 0,050 sur 0,039, d'un blanc gris ou verdâtre avec des taches grises et brunes et des points clairsemés.

Le goéland rieur, ou mouette commune, est très répandu en France, c'est l'espèce la plus fréquente, on la voit souvent sur les rivières dans l'intérieur des terres, surtout au printemps.

Goéland pygmée — *Larus minutus* (allas) (pl. 23, fig. 2)

Taille 0,27, tête et cou noirs avec un petit croissant blanc au devant des yeux, le reste du corps blanc à l'exception du dos gris cendré très clair et des ailes qui sont terminées de blanc, le dessous des ailes est brun, bec et pieds rouge sang, iris brun foncé.

En hiver, le front et le dessus de la tête sont blancs, la nuque noire, une tache brune devant les yeux, une autre en dessous de l'œil, le reste du plumage pareil.

Œuf de 0,040 sur 0,030, d'un gris sale verdâtre avec des taches foncées très variables, formant une couronne vers le gros bout.

La mouette pygmée émigre en France l'hiver, l'été elle habite surtout les contrées orientales de l'Europe.

LES STERNES

Les sternes se distinguent des goélands par leur bec aussi large que haut, pointu, la mandibule supérieure n'est pas recourbée en crochet, les pattes sont très courtes, la palmure est moins complète, les ailes sont très longues et étroites, la queue est plus longue et dans certaines espèces les plumes latérales dépassent sensiblement les autres, on les désigne souvent sous le nom d'hirondelles de mer.

Sterne hansel — *Sterna anglica* (Montagu) (pl. 24, fig. 2)

Taille 0,34, dessus de la tête et du cou noirs, dessus du corps ainsi que les ailes et la queue gris cendré très clair, tout le reste du corps blanc, bec et pieds noirs, iris brun très foncé.

En hiver, le plumage est le même, mais le noir de la tête est mêlé de blanc.

Œuf de 0,045 sur 0,035, d'un blanc sale gris ou verdâtre, avec des taches irrégulières répandues uniformément.

Cette espèce ne se reproduit pas en France, elle y est seulement de passage et même assez rare.

Sterne caugek — *Sterna cantiaca* (pl. 24, fig. 7)

Taille 0,43, dessus de la tête et du haut du cou noir, un espace blanc le sépare du gris cendré clair qui couvre tout le dessus du corps et s'étend aux ailes, queue et tout le reste du corps blanc, les plus grandes plumes des ailes d'un gris brun vers l'extrémité, bec noir avec la pointe jaune, pattes noires en dessus, brun jaunâtre en dessous, iris noir.

En hiver le front est blanc et le dessus de la tête est mélangé de plumes blanches.

Œuf de 0,050 sur 0,035, blanc sale, jaune ou vert, avec beaucoup de petites taches irrégulières.

La caugek est très commune sur toutes nos côtes, elle a un cri perçant qu'elle répète souvent et qui peut se traduire par ces syllabes, *scraavick*, aussi les marins le désignent-ils sous ce nom, il est vrai de dire qu'ils confondent volontiers sous cette dénomination, toutes les espèces de Sternes.

Sterne Pierre Garin—*Sterna hirundo* (Linn.) (pl.24, fig.6)

Taille 0,40, dessus de la tête noir, cette teinte se prolongeant jusqu'en haut du cou, dos et ailes gris cendré clair, un peu plus foncé que chez la caugek; tout le dessous blanc, lavé de gris très clair à la poitrine, les grandes plumes des ailes d'un cendré noirâtre vers leur extrémité, les autres cendrées terminées de blanc, queue blanche avec les plumes externes lavées de gris sur les barbes externes, bec rouge avec le bout noir finement terminé de brun rouge, pieds rouges, iris noir.

En hiver, le front est blanc, et des plumes de cette teinte sont mélangées dans le noir de la tête.

Œuf 0,042 sur 0,030, blanc sale, roux ou verdâtre, avec beaucoup de taches et points formant couronne vers le gros bout.

C'est l'espèce la plus commune sur nos côtes, on la voit aussi sur les marais et sur les rivières.

Sterne paradis — *Sterna paradisea* (Brün.) (Brunn.)

Taille 0,38. Cette espèce est fort voisine de la Pierre-Garin, elle en diffère par la teinte grise du dessous qui est aussi foncée que celle du dessus, par son bec entièrement rouge. En hiver les plumes de la tête sont variées de blanc, les jeunes ont le bec brun bordé de rouge, et la base de cette même teinte.

Elle ne fait d'apparition sur nos côtes de l'Océan que l'hiver, habitant l'été les régions boréales.

Sterne Dougall — *Sterna Dougallii* (Montagu) (pl. 24, fig. 4)

Taille 0,37, dessus de la tête et du cou noirs, le reste gris cendré très clair, les plumes latérales de la queue longues et effilées, la première plume des ailes brun cendré en dehors, les suivantes de teinte plus claire, bec noir, roux à la pointe, pattes rouge orangé, iris brun noir.

Œuf de 0,042 sur 0,031, blanc roussâtre, parsemé de taches souvent un peu plus nombreuses au gros bout.

Cette espèce se reproduit dans les rochers des îles de Bretagne, mais n'est pas commune.

Sterne petite — *Sterna minuta* (Linné) (pl. 24, fig. 1)

Taille 0,22, tête noire dessus, front blanc, cette teinte séparé du bec par un trait de plumes noires, dessus du corps d'un gris cendré très clair, tout le reste blanc pur, les deux grandes plumes des ailes brun cendré en dehors, queue blanche, les plumes latérales longues, bec jaune orange, noir à la pointe, pieds rouges, iris noir.

En hiver, les plumes noires de la tête sont mélangées de blanc, le reste est semblable.

Œuf de 0,032 sur 0,023, d'un blanc roussâtre, avec des points et des taches fort irréguliers, plus nombreux vers le gros bout.

La sterne petite ou naine est répandue sur toutes nos côtes, mais n'est très commune nulle part.

Sterne épouvantail — *Hydrochelidon fissipes* (Linné)
(pl. 24, fig. 8)

Taille 0,22 à 0,25, entièrement d'un noir cendré, cette teinte plus brune vers l'extrémité du corps, les rémiges d'une teinte plus cendrée, bec noir, rouge à la commissure, pieds rouge brique, iris noir. En hiver, les plumes qui entourent la mandibule supérieure, sont blanches de même que celles de la gorge et du devant du cou, le dessous plus cendré.

Œuf de 0,035 sur 0,025, d'un roux clair, parfois verdâtre, couvert de taches irrégulières souvent confluentes vers le gros bout.

La sterne épouvantail est répandue dans toute la France, même sur les étangs de l'intérieur, l'automne elle se réunit en bandes pour émigrer.

Sterne leucoptère -- *Hydrochelidon nigra* (Linné)
(pl. 24, fig. 3)

Taille 0,24, corps entièrement noir, queue et croupion blancs, ailes blanches aux épaules, passant au gris cendré pour se terminer en noir cendré, bec et pattes rouge sang, iris noir.

Œuf de 0,037 sur 0,028, d'un brun variant plus ou moins du jaune au vert, avec des taches ou des points formant couronne vers le gros bout.

Cette espèce habite surtout le midi de la France, on l'y voit souvent en compagnie de la moustac.

Sterne moustac. — *Hydrochelidon hybrida* (Pallas)
(pl. 24, fig. 5)

Tête et dessus du cou noirs, gorge et côtés de la tête blancs, tout le reste du corps gris cendré, plus foncé tirant sur le noir au ventre, sous caudales blanches, bec et pieds rouge vif, iris noir.

Œuf de 0,040 sur 0,028, d'un gris clair lavé de verdâtre, avec des taches et des points foncés formant couronne vers le gros bout.

Cette espèce peut être considérée comme propre au midi de la France, ce n'est qu'accidentellement qu'on la rencontre sur les plages du nord.

GROUPE DES BECS LAMELLÉS

Bec déprimé vers le bout, garni sur les bords des mandibules de lamelles, onglon large peu recourbé..............................	*a*
Bec cylindrique vers le bout, les lamelles des bords des mandibules simulant des dents, onglon étroit et très recourbé.............	**Harles.**
a Bec jaune et noir, plumage entièrement blanc, oiseaux de grande taille...................	**Cygnes.**
Bec haut à la base, le dessus de la mandibule supérieure présentant une ligne concave....	**Oies.**
Bec moins haut à la base, la mandibule supérieure droite ou redressée en l'air, les ailes présentant le plus souvent un miroir de plumes brillantes........................	**Canards.**

Cygnes, oies, canards et harles, qui sont classés dans ce groupe, ont un air de famille qui les distingue à première vue, leur bec est d'une forme particulière, les bords en sont garnis de lamelles très développées chez quelques-uns, chez d'autres, comme les harles, ces

lamelles ressemblent assez bien à de petites dents
pointues qui sont implantées sur le bord de la mandibule ; leur tête est grosse, l'œil petit, le cou long, le
corps occupe presque toujours une position horizontale
même pendant la natation, le harle cependant fait
exception à cette règle, ses pattes sont placées bien plus
en arrière que dans les autres genres, aussi se tient-il
presque debout. Leurs ailes sont étroites et pointues,
leur queue courte, le pilet a cependant les rectrices
médianes longues et effilées, mais c'est exceptionnel.
Leurs pattes sont courtes, la palmature en est complète.

LES CYGNES

Les cygnes ont des habitudes essentiellement aquatiques ; sur terre ils marchent gauchement, sur l'eau
au contraire ils nagent gracieusement, et soulevant une
partie de leurs ailes se laissent pousser par le vent ;
ils ne plongent pas comme les canards, mais leur long
cou leur permet d'atteindre les plantes aquatiques,
les coquillages et les autres substances dont ils se
nourrissent.

C'est surtout en hiver qu'on les voit sur nos côtes
maritimes et parfois jusque dans l'intérieur, ils
supportent fort bien la captivité, l'un d'eux, le cygne
domestique, est l'ornement le plus fréquent de nos pièces
d'eau.

Les cygnes sont des oiseaux entièrement blancs, les
descriptions de ces espèces ne nous paraissant pas
suffisantes pour les distinguer, nous croyons utile de
les comparer.

Comme taille le cygne sauvage atteint les plus grandes proportions, il mesure 1ᵐ55 et au delà, le cygne domestique atteint à l'état adulte 1ᵐ45 et parfois il mesure jusqu'à 1ᵐ55, surtout les mâles qui sont dans toutes les espèces les plus grands ; quant au bewick, sensiblement le plus petit des trois, il mesure de 1,15 à 1,28.

Les becs sont assez différents dans les trois espèces, présentant à la base un tubercule noir et charnu, gros environ comme une noisette chez le cygne domestique, cet appendice manque chez les deux autres qui ont la base jaune tandis qu'elle est noire chez le premier.

Du fond de la commissure du bec (c'est-à-dire du bord des lèvres) jusqu'au bout, on mesure 11 cent. chez le cygne sauvage et 8 chez le bewick.

Il est une quatrième espèce absolument semblable au cygne domestique, qui n'en diffère que par le plumage des jeunes qui ont un duvet d'un blanc pur dans le premier âge, duvet qui est remplacé par une première livrée blanche, c'est la variété invariable (immutabilis de Yarrell), ainsi appelée parce qu'elle ne présente pas cette particularité observée chez le cygne domestique commun, dont les jeunes sont couverts, en naissant, d'un duvet cendré qui est remplacé par des plumes de même couleur à la première mue, et ce n'est qu'en avançant en âge que les oiseaux deviennent blancs.

Cygne domestique — *Cygnus mansuetus* (Ray) (pl. 25, fig. 10)

Taille 1,45 et plus, entièrement blanc, bec orange, une caroncule charnue noire à la base, l'onglon et le bord noirs, pieds et iris noirs.

Œuf de 0,11 sur 0,073, d'un blanc verdâtre.

Cygne domestique

Ce cygne habite les contrées orientales du Nord de l'Europe, il est de passage assez fréquent en France et très commun en captivité, c'est lui qui vit d'ordinaire sur les pièces d'eau.

Cygne sauvage — *Cygnus ferus* (Ray) (pl. 21, fig. 10)

Taille 1.60, plumage d'un blanc pur, parfois légèrement teinté de jaunâtre derrière la tête, bec jaune à la base, sans tubercules, noir depuis les narines exclusivement à l'extrémité, iris et pieds noirs. La femelle semblable au mâle est seulement un peu plus petite.

Œuf blanc légèrement teinté de verdâtre mesurant 0,11 sur 0,07.

Les jeunes naissent couverts d'un duvet brun, leur première livrée est d'un brun cendré clair.

Une variété qui a reçu le nom d'immutabilis produit

des jeunes qui viennent au monde couverts d'un duvet
blanc très légèrement jaunâtre, leurs premières plumes
sont entièrement blanches.

Cygne de Bewick — *Cygnus minor* (Yarr) (pl. 25 fig. 12)

Taille 1,25, entièrement blanc, légèrement nuancé
de jaune vers la nuque, bec jaune à la base, noir
depuis la pointe jusqu'au delà des narines, pieds et iris
noirs. La femelle est semblable mais un peu plus petite;
les jeunes sont brun cendré clair.

Œuf d'un blanc jaunâtre de 0,10 sur 0,065.

Cette espèce habite le nord de l'Europe et se montre
l'hiver sur nos côtes surtout par les grands froids.

LES OIES

Les oies forment un groupe caractérisé par le bec
moins large à la pointe qu'à la base, leur queue est
courte arrondie, les ailes les dépassent le plus souvent;
leurs pattes sont placées moins à l'arrière du corps que
chez les canards, ce qui leur rend la marche plus
facile, aussi les voit-on souvent dans les prairies
broutant l'herbe et sont-ils par celà même aussi ter-
restres qu'aquatiques par leurs habitudes.

Ils n'ont pas non plus la livrée brillante et variée
des canards, ils sont tous de teinte sombre presque
uniforme, et les deux sexes ne diffèrent que par la
taille, moindre chez la femelle.

Oie cendrée — *Anser cinereus* (Meyer)

Taille 0,75 à 0,85, tête et cou brun roux, front blanchâtre, haut du dos et les couvertures des ailes brun cendré, le dos entre les ailes et les sus caudales médianes brun cendré, les latérales blanches, poitrine et flancs brun clair les plumes frangées de blanc, abdomen et sous caudales blanc pur, bec entièrement jaune, le bout ou onglon plus clair. Femelle un peu plus petite.

Œuf blanc verdâtre de 0,085 sur 0,060.

Habitant d'ordinaire les parties orientales de l'Europe, elle est de passage fréquent en France l'hiver.

Oie cendrée

C'est de cette espèce qu'est originaire très probablement notre oie domestique, souvent dénommée oie de Toulouse.

Oie vulgaire ou sauvage — *Anser segetum* (Gmel.)
(pl. 25, fig. 7)

Taille 0,75 à 0,85, tête et cou brun roux plus clair vers la poitrine, dessus brun, les plumes du dos bordées plus clair et les grandes couvertures des ailes frangées de blanc, dos, croupion et sus-caudales médianes brun cendré, les latérales blanches, queue brune, les plumes bordées de blanc, le dessous blanc pur seulement au milieu du ventre et aux sous-caudales, la poitrine et les flancs ondés de gris; *bec noir* avec un anneau jaune orange irrégulier entre les narines et le bout du bec, pieds jaune orange, iris brun. Femelle plus petite.

Bien que très voisine de l'oie cendrée, cette espèce peut être aisément distinguée à la coloration du bec, elle habite les régions boréales de l'Europe et se montre en France chaque hiver.

Il existe une variété ou espèce qui ne s'en distingue que par la brièveté relative de son bec qui a été dénommée à cause de cela, *Oie à bec court* par Baillon, la teinte jaune du bec est aussi moins étendue.

Oie rieuse ou à front blanc — *Anser albifrons* (Gmelin)
(pl. 25, fig. 9)

Taille 0,65 à 0,72, dessus brun, le bord des plumes du haut du dos et du dessus des ailes frangées plus clair, front blanc ainsi qu'une partie des joues, sus-caudales du centre brunes, celles du tour blanches, queue brune, les plumes entourées de blanc. Dessous blanc pur au milieu du ventre et au croupion, gris cendré clair à la poitrine et aux flancs qui ont de larges bandes transversales brunes plus ou moins nombreuses suivant l'âge, les jeunes en manquant presque totalement à la poitrine ; bec jaune orange, plus rouge sur les côtés, l'onglon blanchatre, pieds orange, iris brun. Femelle un peu plus petite et le blanc de la tête moins étendu.

Œuf de 0,082 sur 0,055, d'un blanc sale.

L'oie à front blanc est assez commune chaque hiver en France, l'été elle habite les régions boréales.

Oie Bernache — *Anser leucopsis* (Bechst.) (pl. 25, fig. 6)

Taille 0,62, face blanche avec un trait noir allant du bec à l'œil, le reste de la tête et cou noirs; dos, grandes couvertures des ailes cendré foncé, frangées de blanc, traversées vers le bout d'une large bande noire, croupion et sus-caudales médianes noir brun, les latérales blanches ; dessous blanc grisâtre, bec et pieds noirs. Femelle un peu plus petite.

Œuf d'un blanc grisâtre, de 0,075 sur 0,052.

Habitant les contrées boréales de l'Europe, nous ne la voyons en France que l'hiver, poussée par le froid vers les contrées plus tempérées.

Oie Cravant — *Anser Brenta* (Steph.) (pl. 25, fig. 5)

Taille 0,50 à 0,60, tête, cou, haut de la poitrine et du dos noir uniforme, avec un collier interrompu devant et derrière de plumes blanches irrégulières sur les côtés du cou ; dos cendré noirâtre de même que le ventre, les plumes des flancs frangées de blanc, sus-caudales noir cendré au centre, blanches autour, sous-caudales blanches, bec et pieds noirs. Femelle un peu plus petite.

Œuf d'un blanc sale, de 0,076 sur 0,053.

Elle est commune en France chaque hiver sur les côtes de l'Océan, dès la belle saison elle regagne les contrées du nord où elle niche.

LES CANARDS

Les canards, tous oiseaux essentiellement aquatiques, sont représentés en France par une quinzaine d'espèces, les deux tiers ne sont pour nous que des passagers qui, chassés par le froid, vont passer l'hiver dans les contrées plus tempérées, quatre ou cinq seulement restent l'été en France et y nichent.

Leur forme et leurs allures les font distinguer à première vue des autres oiseaux, leur bec large et déprimé, garni de lamelles sur les bords internes, a une forme bien particulière et constante chez les deux sexes, leur cou est long, cylindrique, souvent de couleur tranchée et disposée en collier ; les mâles se distinguent des femelles par une coloration plus vive et plus brillante, leurs pattes sont courtes, les doigts antérieurs sont réunis par une palmure ou membrane complète.

Lorsqu'ils voyagent, il y en a toujours un qui vole en tête, les autres le suivent sur deux rangées qui s'écartent et forment comme un V, leurs ailes longues, bien qu'assez étroites, leur donnent une grande puissance de vol, c'est surtout au crépuscule qu'ils voyagent ou du moins dès le coucher du soleil ils se mettent en route et à l'aube on les voit se poser dans les endroits qui leur conviennent et où ils séjournent souvent tant que dure le jour.

17

Lorsqu'ils se posent sur l'eau, le corps est horizontale et à peine la moitié immerge.

Canard eider — *Anas mollissima* (Linné)

Taille 0,65, mâle en été: dessus de la tête noir, un trait blanc en arrière au milieu, tout le reste de la tête, le cou, le dos, la poitrine, de même couleur, lavé de verdâtre clair derrière la tête, d'isabelle à la poitrine ; ventre, ailes et queue d'un noir profond. Le caractère remarquable de cet oiseau c'est d'avoir le bec en partie

Canard eider

emplumé sur les côtés, presque dans la moitié de sa longueur; en hiver il devient brun plus ou moins roux, plus foncé en dessous et ressemble alors beaucoup à la femelle.

Ce n'est qu'accidentellement que cette espèce se trouve en France, et seulement dans les hivers rigoureux. C'est de son duvet que sont fabriqués les

édredons, elle habite surtout la Laponie où elle se
reproduit pendant la belle saison.

Canard tadorne — *Anas tadorna* (Linn.) (pl. 25, fig. 3)

Taille 0,55 à 0,60, mâle : tête et haut du cou vert
bronzé, cette partie suivie d'un large collier blanc qui

Canard tadorne

limite un autre collier roux vif, plus étroit sur le dos
qu'à la poitrine, où il est traversé par le noir du milieu

du ventre qui se prolonge dessus, une ligne blanche au milieu du dos, grandes couvertures des ailes d'un noir bronzé, sus-caudales blanches de même que les flancs, ailes blanches depuis l'épaule jusqu'aux petites couvertures, rémiges primaires noires, les secondaires sont extérieurement, les premières vertes, les suivantes roux chocolat, les dernières blanches ; sous-caudales roux de rouille ; bec rouge, pieds rosés, iris brun.

Femelle : elle ressemble beaucoup au mâle, le coloris est moins vif et sur le front est souvent une tache blanche mal limitée.

Œuf de 0,065 sur 0,045, d'un blanc légèrement teinté de verdâtre.

Le tadorne niche en France sur les bords de la Manche et de la Méditerranée, l'hiver on le rencontre assez souvent au moment de ses émigrations ; il supporte aisément la captivité et s'y reproduit même, son plumage brillant à couleurs tranchées, le fait rechercher pour l'ornement des pièces d'eau.

Canard souchet — *Anas clypeata* (Linné) (pl. 25, fig. 4)

Taille 0,47, mâle : tête et cou vert foncé à reflets métalliques, poitrine blanche, cette teinte se prolongeant au-dessus des ailes qui sont bleu cendré à la base, cette couleur suivie vers le bord d'un liseré blanc, limitant le miroir vert métallique des rémiges secondaires ; milieu du dos brun foncé, les plumes frangées de gris blanchâtre, croupion noir verdâtre, queue blanche maculée de brun, ventre roux, sous-caudales noir verdâtre, deux taches blanches sur les côtés de la queue, bec noir, verdâtre dessus, jaunâtre en dessous, pieds orange, iris brun.

Femelle rousse, le centre des plumes d'un brun noir, plus prononcé sur le dessus, le devant du cou, et les flancs ; petites couvertures des ailes cendré bleuâtre sombre, bordées de blanc, miroir des ailes vert foncé, bec noir, un peu gris sur les bords et en dessous.

Canard souchet

Œuf de 0,055 sur 0,036, verdâtre clair.

Le souchet est remarquable par la largeur de l'extrémité de son bec dont la mandibule supérieure dépasse et recouvre de beaucoup l'inférieure, ce caractère seul permet de le distinguer de tous ses congénères.

Ses passages dans toute la France sont réguliers chaque hiver, il séjourne pendant la mauvaise saison dans le midi, et retourne au printemps dans les contrées froides pour s'y reproduire.

Canard sauvage — *Anas boschas* (Linné) (pl. 25, fig. 2)

Taille 0,55 à 0,50, mâle: tête et haut du cou vert métallique, suivi d'un collier blanc interrompu derrière le cou ; ce collier suivi d'une bande couleur chocolat, s'étendant sur toute la poitrine; tout le corps dessus et dessous mélangé de traits très fins blancs et bruns.

Femelle: d'un brun varié de taches rousses, plus étendues et plus claires au ventre.

Œuf d'un blanc gris verdâtre, de 0,057 sur 0,041, plus petits et plus colorés que ceux du canard domestique.

Le canard sauvage est la souche évidente de nos canards domestiques, les plumes retroussées du croupion en sont une preuve indéniable, car de toutes les espèces sauvages c'est la seule qui présente, chez le mâle, cette particularité, de même que les races domestiques qu'on désigne sous le nom de canard de Rouen, de Pékin, d'Aylesbury et autres.

Il se reproduit sur les grands marais, les cours d'eau, et passe en bandes considérables l'hiver, les jeunes dè l'année sont désignés sous le nom de halbrans, on les chasse le plus souvent dès le mois de juillet ou août.

Les femelles très adultes lorsqu'elles deviennent stériles, prennent parfois le plumage du mâle, dont elles ne diffèrent en rien alors extérieurement.

Canard sauvage

Canard chipeau ou bruyant — Anas strepera

Taille 0,52, tête roux cendré, plus foncé sur le dessus et derrière, dos noir festonné de gris, couvertures des ailes avec des zigzags cendrés à la base, les longues plumes noires bordées de roux clair, ailes cendré brun vers l'épaule, roux vif, noir et blanc près des flancs, bas du dos brun, sus-caudales noir de velours, poitrine noire avec des croissants blancs roux, abdomen blanc lavé de roux, varié de taches brunes, flancs bruns avec des zigzags blancs.

Femelle: brune en dessus, les plumes bordées de roux, poitrine brun roux taché de noir, croupion et sous-caudales gris, les flancs sans zigzag.

Œuf d'un blanc sale verdâtre, de 0.055 sur 0,040.

Il niche dans le nord de l'Europe, mais passe régulièrement chaque année en France pendant l'hiver, il n'est pas rare à cette saison.

Canard siffleur — Anas penelope (Linné)

Taille 0,49, tête avec le dessus en avant blanc; roux vif partout ailleurs, de même qu'au cou avec des points noirs plus ou moins nombreux suivant l'âge, dos brun vermiculé de zigzags blancs, flancs pareils, poitrine roux vineux, ventre blanc pur, ailes blanches vers l'épaule avec un miroir vert foncé bordé de noir, région caudale noire en dessous et sur les côtés, queue brune, les deux plumes médianes dépassant les autres d'un centimètre, bec noir bleuâtre, l'extrémité plus foncée, pieds noir plombé, iris brun.

Femelle: en dessus brune, le centre des plumes plus

foncé, bas de la poitrine et ventre blanc pur, flancs roux brun, les plumes terminées de blanchâtre.

Œuf de 0,055 sur 0,039, d'un blanc gris quelque peu verdâtre.

Canard siffleur

Le canard siffleur ne se montre en France que l'hiver, à cette époque on le voit passer en grand nombre, sa chair est très appréciée d'autant plus qu'elle est considérée comme mets maigre et fait le régal des gourmets en carême.

Canard pilet — *Anas aculicauda* (Linné) (pl. 25, fig. 1)

Taille 0,60, queue 0,15, mâle : tête et gorge brunes, derrière du cou noir, une bande blanche part de chaque côté de l'occiput, va en s'élargissant et s'étend sur la poitrine, la gorge et le ventre, dos brun vermiculé de traits blancs en zigzag qui s'étendent sur les flancs, ailes brunes avec un miroir bronzé bordé de blanc et de roux, queue brune, les plumes liserées plus clair ; les deux médianes noires dépassant les autres de cinq à six centimètres, bec noir bleuâtre, pieds brun cendré, iris brun. Femelle brune tachetée de roussâtre, le ventre presque uniformement roux clair.

Canard pilet

Œuf de 0,057 sur 0,053, d'un blanc sale légèrement verdâtre.

Il est commun l'hiver en France lors de ses émigrations, il se reproduit dans les contrées boréales, sa chair est fort estimée, c'est un maigre de carême.

Sarcelle d'hiver — *Anas crecca* (Linné) (pl 26, fig. 1)

Taille 0,35, mâle : tête rousse avec une bande noirâtre contournant le bec, plus large dessus et dessous, une ligne blanche part de l'œil et descend jusqu'audessous du bec, une autre lui faisant suite part du

Sarcelle d'hiver

dessous de l'œil et se dirige en arrière, une large bande verte occupe les côtés de la tête et se prolonge derrière le cou où elle se réunit ; côtés du cou, dos et flancs vermiculés de noir et de blanc, poitrine blanche avec

des taches noires arrondies, ventre presque blanc avec
des taches peu visibles ; ailes brunes vers l'épaule, un
miroir vert bordé de roux clair et de noir, dessous de
la queue noir au centre, blanc roussâtre sur les côtés
avec une ligne noire vers la base.

Femelle: tête et cou roux clair avec des taches brunes,
dessus brun, les plumes plus claires sur le bord, poitrine
brune tachetée de cendré et de roussâtre, ventre blanc
avec les bords tachetés.

Œuf de 0,049 sur 0,033, d'un blanc roussâtre clair.

La sarcelle d'hiver se reproduit en France ; lorsque
le froid arrive elle se met en bande pour émigrer vers
le sud.

Sarcelle d'été — *Anas querquedula* (Linné) (pl. 26, fig 2)

Sarcelle d'été

Taille 0,33, mâle : tête brune, très foncée dessus et à la gorge, côtés de la tête et cou roux avec de petits traits blancs, une large bande sourcillière blanche descendant jusqu'au cou ; dos brun, ailes gris cendré vers l'épaule, un miroir vert terne bordé de blanc, poitrine rousse avec des croissants noirs irréguliers, ventre blanc, lavé de roux au centre, flancs rayés de noir.

Femelle : brune au-dessus, les plumes plus claires au bord, tête avec une tache blanche près du bec et un trait de même couleur derrière les yeux, dessous blanc roussâtre presque blanc pur à la gorge, tacheté de brun sur les bords depuis le cou jusqu'à la queue.

Œuf de 0,049 sur 0,033, d'un blanc roussâtre clair.

Elle est commune en France où elle se reproduit, l'hiver elle émigre vers le sud, les couples du midi y séjournent constamment.

Canard morillon — *Anas cristata* (Linné) (pl. 26, fig 3)

Taille 0,42, mâle : entièrement noir sauf le ventre qui est blanc et un petit miroir sur les ailes, le bas de la poitrine varié de blanc au milieu.

La tête a des reflets verts et est ornée sur le dessus, en arrière des yeux, d'une touffe de plumes en huppe qui ont six à sept centimètres de long ; bec bleu cendré avec l'extrémité noire, pieds bleuâtres avec les palmures noires, iris jaune.

La femelle ressemble au mâle, mais elle est d'un noir brun qui tourne au roussâtre à la poitrine, la huppe est réduite de plus de moitié.

Œuf de 0,058 sur 0,039, d'un blanc gris verdâtre.

Habitant des contrées boréales, ce canard ne paraît
en France que l'hiver, il n'est pas rare à cette saison.

Canard morillon

Canard milouinan — *Anas marila* (Linné) (pl. 26, fig. 4)

Taille 0,50, mâle : tête, cou, haut du dos et poitrine
noir profond avec des reflets verdâtres à la tête, dos
noir avec des zigzags blancs surtout entre les épaules,
ailes noires, cendrées aux épaules, un étroit miroir
blanc ; ventre et flancs blancs, vermiculé de noir en
arrière des pattes, sous-caudales noires, bec et pattes
brun bleuâtre, iris jaune sale.

Femelle : le tour du bec blanc, le reste de la tête, le
cou, la poitrine, le haut du dos brun roux foncé avec
des zigzags blancs moins fréquents que chez le mâle,
tout le dessous blanc, les flancs rayés de roux brun de

même que les sous-caudales, le bas du ventre mêlé de brun.

Canard milouinan

Œuf de 0,065 sur 0,043, d'un blanc sale olivâtre.

Le milouinan est une espèce boréale qui ne se montre que l'hiver en France et surtout dans les départements maritimes du Nord.

Canard milouin — *Anas ferina* (Linné) (pl. 26, fig. 5).

Taille 0,47, tête et cou roux vif, haut du dos et poitrine noirs, le reste du dessus uniformément cendré clair avec de très fines rayures noirâtres, tout le dessous semblable, plus clair au milieu du ventre; queue, sus-caudales et sous-caudales noires, bec bleu foncé avec la base et l'extrémité noires, pattes bleuâtres avec les palmures noires, iris rouge orangé.

Femelle : tête et cou brun plus roussâtre vers la gorge, le dessus brun avec de très fines rayures cendrées, poitrine et ventre blanc à peine cendré, bas ventre et flancs bruns avec de fines rayures, pattes et bec plus enfumés que chez le mâle, œil rouge brun clair.

Canard milouin

Œuf de 0,062 sur 0,044, d'un blanc verdâtre foncé.

Le milouin habite les régions boréales et se montre de passage en France à l'automne et au printemps.

Canard nyroca — *Anas nyroca* (Linné)

Taille 0,42, tête, cou, poitrine roux foncé, une tache
blanche sous la mandibule inférieure, au cou une sorte
de collier plus foncé, tout le dessus brun roux uniforme,
un miroir blanc aux ailes, ventre blanc en avant des
pattes, brun vermiculé de noir après ces membres,
flancs brun roussâtre, sous-caudales blanches avec du
noir à la base, bec noir bleuâtre, noir à la pointe, pieds
cendré bleuâtre, iris blanc.

Canard nycora

Femelle : elle ressemble au mâle, les teintes du
dessous sont moins uniformes, les plumes étant
bordées de roussâtre, les sous-caudales rayées de roux.
Œuf de 0,053 sur 0,037, d'un blanc sale jaunâtre.
Le nyroca se reproduit dans les contrées orientales

de l'Europe, il n'est que de passage en France l'hiver,
on le rencontre plus fréquemment dans le nord que
partout ailleurs.

Canard garrot — *Anas clangula* (Linné) (pl. 26, fig. 6)

Taille 0,50, femelle 0,42, mâle: tête et haut du cou vert
foncé, une tache blanche sur les côtés de la tête près
du bec, dos noir, ailes noires largement fournies de
blanc au centre, queue noire grise, tout le dessous, la
poitrine et un collier au cou, d'un blanc pur, bec noir
bleuâtre, pattes jaunâtres avec les palmures brun
gris, iris jaune brun.

Femelle: tête et haut du cou brun roux, un collier
blanc, dessus noir légèrement ondé de gris aux épaules,
poitrine gris cendré, flancs noirâtres bordés de gris,
ventre et sous-caudales blancs, bec noir avec une bande
jaune vers le bout, pattes jaunâtres avec les palmures
noirâtres.

Œuf de 0,055 sur 0,041.

Habitant des contrées boréales, le garrot ne se montre
en France que lors de ses émigrations hivernales.

Canard macreuse noire — *Anas nigra* (Linné) (pl. 26, fig. 7)

Taille 0,50, mâle: entièrement noir sans taches
aucune, bec noir avec un trait jaune entre les deux
bosses de la base du bec et un espace de même couleur
au milieu, s'étendant au delà des narines et allant en
se rétrécissant jusqu'au bout du bec, pattes noires, iris
brun foncé.

Femelle: d'un brun nuancé de gris et de roux, plus
clair sur le devant du cou et à la poitrine, bec noir avec

les bosses de la base moins saillantes, narines et une tache vers le bout jaunâtre.

La macreuse a pour patrie les régions arctiques d'où elle descend en hiver et passe en France parfois en grand nombre, on la vend sur les marchés, mais sa chair huileuse à forte odeur de marée est détestable.

Macreuse noire

Macreuse brune — *Anas fusca* (Linné)

Taille 0,55, femelle 0,50, mâle: entièrement d'un noir brun, plus foncé à la tête, la paupière inférieure

blanche ainsi qu'un miroir long et étroit aux ailes, bec
jaune rougeâtre à l'exception des bords latéraux qui
sont noirs de même que la base et le tour des narines,
pattes rougeâtres avec les palmures noires, iris blanc.

Macreuse brune

Femelle : d'un noir plus enfumé, les parties du bec
qui sont jaunes chez le mâle, sont d'un brun cendré, il
n'y a pas de bosses à la base, les pattes sont d'un rouge
plus brun, iris brun.

La macreuse brune souvent désignée sous le nom de
double macreuse, habite l'été les régions septentrionales
de l'Europe, elle est de passage en France pendant
l'hiver, surtout dans les régions maritimes. Sa chair
n'est pas meilleure que celle de la macreuse ordinaire.

Macreuse à lunettes — *Anas perspicillata*

Taille 0,50, mâle : entièrement noir, sauf une tache blanche bien circonscrite au-dessus de la tête entre les deux yeux et une autre triangulaire derrière le cou, bec très bossu en dessus avec les plumes du front se prolongeant jusqu'aux narines, rouge jaunâtre avec une tache noire de chaque côté, pattes rouges, palmures noires, iris blanc.

Macreuse à lunettes

Femelle : brun enfumé avec deux taches blanchâtres sur les côtés de la tête, bec brun sans bosse, iris brun, pattes d'un rouge moins net.

Cette espèce vient assez rarement en France, elle paraît habiter surtout les régions arctiques américaines, toutefois on la rencontre assez fréquemment sur le marché de Paris pour que nous ayons dû la mentionner.

HARLES

Les Harles sont les cousins germains des canards: ils s'en distinguent cependant par leur bec moins large, presque cylindrique vers l'extrémité, avec l'onglon terminal plus large en proportion et surtout plus recourbé. Lorsqu'ils nagent, leur corps est presque entièrement dans l'eau. Ils marchent plus difficilement encore que les canards, leurs jambes sont placées si en arrière qu'ils se tiennent presque debout, ou tout ou moins dans une position plus verticale que les canards.

Harle piette — *Mergus albellus* (Linné) (pl. 26, fig. 8)

Taille 0,43, mâle : presque entièrement blanc, une tache noire entre le bec et l'œil, deux bandes noires sur les côtés de la huppe derrière la tête, dos noir, un trait noir se prolonge sur les côtés et un autre limite les plumes des flancs vermiculées de cendré; dos, croupion et queue cendré foncé; bec et pieds noir bleuâtre, palmures noires; iris brun roux.

Femelle plus petite, tête et derrière du cou brun roux, tout le dessus brun cendré, gorge blanche, la poitrine gris cendré lavé de blanc, ventre et sous-caudales blanc pur, bec et pieds noir bleuâtre.

Nous ne rencontrons cet oiseau en France que l'hiver, l'été il habite les régions boréales.

Harle bièvre — *Mergus merganser* (Linné) (pl. 26, fig. 9)

Taille 0,60 à 0,63, mâle été : tête et cou noir, à reflets verts métalliques, derrière la tête une courte huppe très fournie, dos noir, séparé du cou par un espace blanc, ailes et tout le dessous blanc, croupion et queue gris cendré, la poitrine et le ventre sont lavés de rosé saumon, bec rouge sur les côtés, noir dessus et dessous, pattes et iris rouge vif.

Femelle; elle est un peu plus petite, la tête et le cou brun roux avec une longue huppe de plumes, dos cendré foncé, gorge blanche, milieu du cou brun roux; bas du cou, côtés de la poitrine et flancs cendré clair bordé de blanc, poitrine, abdomen et sous-caudales blanc jaunâtre, pieds rouges, palmures noirâtres, iris brun.

Œuf de 0,074 sur 0,050 d'un blanc légèrement verdâtre.

Le Grand Harle, ou Harle Bièvre est assez commun l'hiver lors de ses passages, l'été il habite les régions arctiques. Sa chair est fort médiocre.

Harle huppé — *Mergus serrator* (Linné) (pl. 26, fig. 10)

Taille, 0,55 à 0,58, mâle: tête et haut du dos noir à reflets vert foncé, sur la tête une huppe de plumes longues et déliées blanches et noires, cou blanc, dessus noir avec du blanc aux ailes; bas du dos, croupion et flancs vermiculés de traits noirs et blancs, poitrine rousse flamméchée de noir, ventre et sous-caudales blancs; bec, pieds et iris rouges.

Femelle plus petite que le mâle, tête et haut du cou roux, foncé sur le dessus de la tête, plus clair ailleurs avec une huppe très courte, dessus brun cendré, gorge blanc roussâtre, devant du cou cendré de même que les flancs, poitrine et ventre blancs, bec et pieds orangés, iris brun.

Cet oiseau habite les régions boréales ; à l'époque des migrations, au printemps et à l'automne il passe sur les bords de la Manche et de l'Océan. Des trois espèces que nous voyons en France, c'est la plus rare.

GROUPE DES PLONGEURS

Pattes avec une palmature complète............		α
Doigts libres élargis par une membrane..........		**Grèbe**
α Bec déprimé................................		β
Bec long et pointu........................		γ
Bec court arrondi........................		**Mergule**
β Bec aussi haut que long chez les adultes.........		**Macareux**
Bec deux fois plus long que haut...............		**Pingouin**
γ Plumage noir uni sur le dos, blanc au ventre.....		**Guillemot**
Plumage varié, dos gris ou noir à reflets avec des points blancs..............................		**Plongeons**

Ces oiseaux ont été bien nommés plongeurs ; ce sont en effet des nageurs émérites, c'est surtout en plongeant qu'ils cherchent à se dissimuler à leurs ennemis et c'est aussi grâce à la facilité qu'ils ont de rester longtemps submergés et de nager rapidement qu'ils pêchent les poissons qui flânent non loin de la surface. Leurs pattes sont placées si en arrière du corps qu'il leur serait presque impossible de se maintenir debout dans une position autre que la verticale, ce qui leur donne un aspect tout particulier et une démarche gauche parce qu'elle est difficile ; l'eau est donc leur élément de prédilection. Leurs ailes sont longues et étroites, mais puissantes cependant, car la plupart sont des voyageurs émérites ; il est vrai que suivant les plages et pouvant se reposer sur l'eau ils sont toujours à même de reprendre haleine.

LES GRÈBES

Les grèbes n'ont pas les pattes construites comme les autres palmipèdes, les doigts ne sont pas réunis par une membrane dans toute leur longueur, mais leur extrémité est élargie et si étendue qu'ils y trouvent une compensation suffisante pour nager aisément. Leur plumage lors de la saison des amours est agrémenté dans la plupart des espèces de huppes et de collerettes qui disparaissent l'hiver ; les plumes du ventre sont chez beaucoup d'un blanc nacré qui les a fait rechercher pour la fourrure.

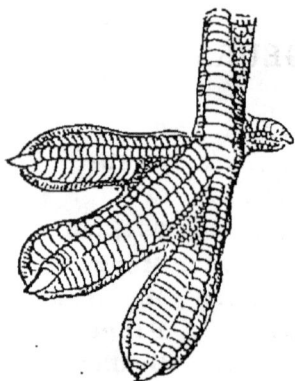

Grèbe huppé — *Podiceps cristatus* (Linné) (pl. 27, fig. 2)

Taille 0,55, tête noire dessus, avec deux huppes de plumes noires, blanche sur les côtés et en dessous, encadrée d'une collerette de plumes longues, rousses et noires ; tout le dessus brun, le dessous blanc nacré, bec brun verdâtre en dessus, rouge en dessous, pieds verdâtres, iris rouge.

La femelle pareille, avec les huppes et la collerette moins développées.

En automne, ils n'ont ni huppe ni collerette.

Œuf de 0,055 sur 0,035, d'un jaune roussâtre couvert d'un enduit crayeux blanc qui tend à disparaître pendant l'incubation.

C'est avec le ventre de ce grèbe qu'on fait ces fourrures blanches nacrées qui sont si jolies, on leur fait

une chasse acharnée pour obtenir leurs dépouilles aussi
l'espèce tend-elle à devenir rare, autrefois elle était
répandue dans tous les marais, on la voit rarement
maintenant excepté aux passages d'automne ou dans
les hivers très rigoureux.

Grèbe jougris — *Podiceps grisegena* (Bodd.) (pl. 27, fig. 1)

Taille 0,38, tête noire dessus, avec deux huppes, gris
cendré partout ailleurs, cette partie formant collerette.
dessus du corps brun, les plumes bordées de roux brun;
cou et haut de la poitrine roux de rouille, ventre blanc
parsemé de taches brunes, flancs bruns, bec orange à la
base et en dessous, noir dans le reste, pieds verdâtres,
iris rouge brique.

La femelle ne diffère du mâle que par sa coloration
moins vive ; le ventre est entièrement blanc.

En hiver, pas de taches au ventre chez le mâle, ni
huppe ni collerette dans les deux sexes.

Œuf de 0,050 sur 0,033 jaunâtre ou verdâtre, la coloration s'accusant pendant l'incubation.

Il est très rare en France dans sa livrée de printemps
parce qu'il séjourne peu dans notre pays, il y est
surtout de passage à l'automne.

Grèbe oreillard — *Podiceps auritus* (Linn.) (pl. 27, fig. 8)

Taille 0,35, tout le dessus noir, une huppe sur la
tête une et collerette rousse de plumes effilées sur le
côté, cou blanc devant, mélangé de plumes brunes dans
le haut, ventre blanc nacré, flancs bruns, pieds verdâtre
foncé, iris rouge ; les deux sexes semblables.

En hiver, pas de huppe ni de collerette.

Œuf de 0,045 sur 0,030, bleuâtre passant au roux brun pendant l'incubation.

Le grèbe oreillard fréquente les marais et les étangs, il est surtout de passage en France et se tient dans les grands cours d'eau, où il est assez commun.

Il existe une espèce très voisine de celle-ci, le grèbe à cou noir *Podiceps nigricollis* qui ne diffère que par une taille un peu plus considérable et les plumes noires formant collerette au-dessus et au-dessous de la tête un peu plus longue.

Grèbe castagneux — *Podiceps minor* (Lath) (pl. 27, fig. 7)

Taille 0,25 ; tout le dessus noir, foncé à la tête et au cou, verdâtre sur le corps, gorge noire, devant du cou roux de rouille, poitrine et flancs brun roux, ventre gris luisant, bec noir, jaune à la pointe, pieds noir verdâtre, iris brun rouge; les deux sexes semblables.

En hiver la gorge et le ventre sont presque blancs, les côtés du cou brun roux de même que les flancs.

Œuf de 0,037 sur 0,026 blanc sale devenant roussâtre pendant l'incubation.

C'est la plus petite espèce du genre et aussi la plus commune, il niche surtout dans le nord et se montre partout l'hiver.

Plongeon imbrim — *Colymbus glacialis* (Linné.)

Taille 0,75, tête et cou noirs à reflets métalliques verts, une bande étroite transversale à la gorge, formée par des traits verticaux blancs, une autre tache ana-

logue en dessous, plus large en arrière où elle est
interrompue, dos noir parsemé de taches blanches plus
larges sur les couvertures des ailes, ventre blanc, bec
noir, pieds bruns, iris rouge.

Plongeon imbrim.

Femelle seulement plus petite que le mâle.

En hiver, le dessus est brun noirâtre, les taches sont
cendrées, pas de bande à la gorge, tout le dessous blanc,
les bords bruns.

Cette grande espèce est rare en France où on ne la
rencontre guère qu'en plumage d'hiver pendant l'époque
des migrations.

Plongeon lumne — *Colymbus arcticus* (Linné.)

Taille 0,70, dessus de la tête et du cou cendré foncé, dos noir avec des raies blanches sur les couvertures des ailes, gorge et devant du cou violet foncé à reflets métalliques, une bande de petites tâches blanches sous la gorge, une autre bande analogue en dessous, plus large en arrière où elle est interrompue, poitrine et flancs blancs, côtés de la poitrine avec des traits noirs, bec noir, pattes brunes, iris roux de rouille.

En hiver, le dessus est brun gris, le haut du dos et les couvertures plus claires, ces dernières avec des taches blanches, poitrine et ventre blancs bordés de brun.

Cet oiseau ne fait que passer en France l'hiver aussi ne le rencontre-t-on que sous ce plumage, et encore est-il rare.

Plongeon catmarin — *Colymbus septentrionalis* (Linné)
(pl. 24, fig. 4)

Taille 0,60, partie antérieure de la tête, gorge et côtés du cou gris cendré, derrière de la tête et du cou noir verdâtre avec des raies noires et blanches, devant du cou roux marron, dessus du corps brun foncé avec des taches blanches dans le haut, devenant des raies sur les couvertures des ailes ; poitrine et ventre blancs bordés de brun foncé, bec noir, pieds verdâtre foncé, iris rouge foncé.

La femelle est pareille.

En hiver, tout le dessus est gris foncé avec un grand nombre de petites taches blanches ; tout le dessous est blanc bordé de brun gris, il n'y a pas de tache rousse en haut du cou.

Le plongeon catmarin est commun en hiver sur les bords de la Manche et de l'Océan ; l'été il habite les régions boréales.

Guillemot troile — *Uria troile* (Linné.) (pl. 27, fig. 3)

Taille 0,43, tête, cou et tout le dessus du corps noir de suie, plus brun sur la tête et le cou, dessous blanc pur avec les flancs tachés de noir.

La femelle pareille.

En hiver la gorge et les côtés du cou sont blancs variés de brun sur les bords (voir la figure).

Œuf de 0,085 sur 0,050, gris, brun ou verdâtre, avec des taches ou des traits bruns ou roux, très variables.

Bien que se produisant sur quelques points de l'Océan, cette espèce est difficile à obtenir en plumage d'été, mais l'hiver des bandes nombreuses, venant des régions arctiques, parcourent nos côtes de l'Océan.

Guillemot grylle — *Uria grylle* (pl. 27, fig. 9)

Taille 0,35, entièrement d'un noir uniforme avec un miroir blanc formé par les couvertures des ailes ; bec noir, pieds rouges, iris brun.

La femelle est un peu plus petite, la teinte noire rembrunie.

En hiver (voir la figure), dessus varié de noir et de blanc, gorge, cou, poitrine et ventre blanc pur ainsi que les couvertures des ailes.

On ne le rencontre en France qu'en hiver, le long des côtes maritimes ; l'été il fréquente les régions boréales.

Mergulle nain — *Mergulus alle* (Linné.) (pl. **27**, fig. 10)

Taille 0,22, tête, cou, tout le dessus du corps noir ; poitrine, ventre blanc pur, bec noir, pattes brun verdâtre, iris noir.

Femelle un peu plus forte, mais semblable.

En hiver, la gorge, le cou et les côtés de la tête sont blancs (voir figure.)

C'est un oiseau des régions arctiques qu'on ne rencontre en France le plus souvent qu'après les tourmentes d'équinoxe d'automne.

Macareux moine — *Fratercula artica* (Linné.) (pl. 27, fig. 6)

Taille 0,30, dessus de la tête, cou et parties supérieures noirs, côtés de la tête gris cendré, tout le devant d'un blanc pur, bec très haut, déprimé, noir bleuâtre à la base, rouge à la pointe avec trois bourrelets jaunes à la mandibule supérieure, deux à l'inférieure, un bourrelet gris cendré à la base du bec et un autre orange à la commissure du bec, bord des paupières orange, pieds rouge orange, iris blanc. La femelle est pareille, le bec est moins brillant.

En hiver, ou mieux après la saison des amours, toutes les teintes du dos et des joues s'assombrissent et se confondent presque, les ornements du bec disparaissent presque complètement.

Œuf de 0,058 sur 0,043, blanc sale, souvent couvert d'un enduit roussâtre.

Ce curieux oiseau à cou très court, à bec singulier, se reproduit sur quelques points de la Manche et de l'Océan, mais c'est surtout à l'automne qu'il arrive en grand nombre sur nos côtes, les marins bretons les prennent parfois en grande quantité dans les filets à maquereaux.

Pingouin tarda *Alca torda* (Linn.) (pl. 27, fig. 5)

Taille 0,38, tête, cou, tout le dessus d'un brun de suie uniforme, tout le devant blanc mat, une fine ligne blanche va du bec à l'œil, bec déprimé, noir avec des sillons profonds et une ligne blanche transversale sinueuse ; femelle semblable, pattes noires, iris brun ; en hiver les teintes sont moins intenses et moins uniformes, un miroir blanc sur l'aile.

Œuf de 0,075 sur 0,048, d'un blanc sale avec des taches et des points plus nombreux vers le gros bout.

Cet oiseau ne niche que sur quelques points en France, dans les trous des rochers, il pond un seul œuf; à l'automne, par les forts vents nord-ouest, on le voit en grand nombre sur nos côtes où il est capturé souvent dans les filets des pêcheurs.

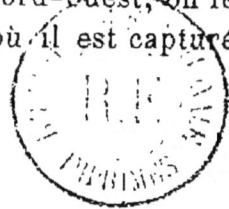

FIN

LISTE SYSTÉMATIQUE DES ESPÈCES

FAMILLE DES RAPACES

Vautour fauve....	Vultur fulvus................ ...	8
Vautour moine..........	Vultur monachus.............	10
Percnoptère	Vultur percnopterus............	11
Gypaëte barbu	Gypaetos barbatus..........	13
Aigle impérial	Aquila imperialis.	15
Aigle pygargue	Aquila albicillia	16
Aigle fauve	Aquila fulva................	17
Aigle criard	Aquila nœvia............. ...	18
Aigle bonelli.	Aquila fasciata.............	19
Aigle botté................,...	Aquila pennata	20
Aigle pêcheur...............	Aquila pandion haliœtus....	21
Aigle Jean le Blanc..	Aquila circaetus gallicus ...	21
Buse vulgaire.................	Buteo vulgaris................	23
Buse pattue..	Archibuteo lagopus....... ...	24
Buse boudrée........ ..	Pernis apivorus..........	25
Milan royal..................	Milvus regalis	26
Milan noir................	Milvus niger................	27
Buzard ordinaire........	Circus rufus	29
Buzard cendré	Circus cineraceus...........	30
Buzard St-Martin	Circus cyaneus............ 30,	31
Buzard pâle	Circus pallidus............ 30,	32
Epervier	Astur nisus	33
Autour	Astur palumbarius	34
Faucon gerfaut	Hierofalco gyrfalco	35
Faucon islandais..........	Falco islandicus	36
Faucon pèlerin	Falco communis.............	36
Faucon hobereau	Falco subbuteo..............	37
Faucon émerillon.............	Falco lithofalco.............	38
Faucon crécerelle.............	Falco tinnunculus	39
Faucon à pieds rouges........	Falco vespertinus.............	40
Chouette hulotte	Syrnium aluco	44
Chouette chevêche......	Strix noctua.....	44
Chouette tengmalm	Strix tengmalmi...	45
Chouette effraye	Strix flammea	45
Chouette brachyote...........	Strix brachyotus.............	46
Petit duc ou scops...........	Strix scops...	47
Hibou grand duc	Strix bubo.................	47
Hibou moyen duc.............	Strix otus.................	48

FAMILLE DES GRIMPEURS

Pic noir	Picus martius	51
Pic vert	Picus viridis	51
Pic cendré	Picus canus	51
Pic epeiche	Picus major	52
Pic mar	Picus medius	52
Pic épeichette	Picus minor	53
Torcol	Yunx torquilla	53
Coucou	Cuculus canorus	55

FAMILLE DES MARTINS-PÊCHEURS

Martin-pêcheur	Alcedo ispida	56
Guêpier	Merops apiaster	57

FAMILLE DES PASSEREAUX

Corbeau ordinaire	Corvus corax	62
Corbeau corneille	Corvus corone	62
Corbeau mantelé	Corvus cornix	63
Corbeau freux	Corvus frugilesius	63
Corbeau choucas	Corvus monedula	64
Rollier	Coracias garrula	64
Geai	Garrulus glandarius	64
Pie	Pica caudata	66
Grave ordinaire	Coracia gracula	68
Chocard alpin	Pyrrhocorax alpinus	68
Casse-noix	Nucifraga caryocatactes	69
Pie-grièche grise	Lanius excubitor	70
Pie-grièche méridionale	Lanius meridionalis	71
Pie-grièche d'Italie	Lanius minor	71
Pie-grièche écorcheur	Lanius collurio	72
Pie-grièche rousse	Lanius rufus	73
Roitelet huppé	Regulus cristatus	75
Roitelet à moustaches	Regulus ignicapillus	75
Troglodyte	Troglodytes parvulus	76
Mésange noire	Parus ater	79
Mésange bleue	Parus cœruleus	79
Mésange charbonnière	Parus major	80
Mésange huppée	Parus cristatus	80
Mésange nonette	Parus palustris	81

Mésange à longue queue ......   Parus caudatus 81
Mésange à moustaches..... ...   Parus biarmicus................ 82
Mésange remiz............. ... Parus penduliuus............... 82
Cincle plongeur...............   Cinclus aquaticus 83
Martin roselin ....   Pastor roseus................ 84
Loriot ....   Oriolus galbula............... 84
Merle noir ....   Turdus merula.. 86
Merle à plastron ... .   Turdus torquatus............. 86
Grive musicienne . ...   Turdus musicus 87
Grive draine. ....   Turdus viscivorus 88
Grive litorne...........   Turdus pilaris 89
Grive mauvis.........   Turdus iliacus............. 89
Petrocincle de roche... ...   Turdus saxatilis 90
Pétrocincle bleu........   Turdus cyaneus 90
Etourneau ou sansonnet.....   Sturnus vulgaris 91
Bec croisé ordinaire.........   Loxia curvirostra 94
Bouvreuil vulgaire ....   Pyrrhula vulgaris 94
Bouvreuil cini ....   Fringilla serinus........... 95
Gros-bec..............   Coccothraustes vulgaris 97
Verdier ....   Fringilla chloris............. 97
Moineau ....   Fringilla domestica............ 98
Friquet...   Fringilla montanus............ 100
Moineau soulcie..........   Fringilla petronia... 100
Pinson ordinaire.... ....   Fringilla cœlebs 101
Pinson des neiges........   Fringilla nivalis 102
Pinson des Ardennes........   Fringilla montifringilla 102
Chardonneret............   Fringilla carduelis........ 103
Tarin ....   Fringilla spinus 104
Linotte ordinaire....,. .... Fringilla linota 105
Linotte montagnarde..........   Fringilla flavirostris 106
Linotte venturon............   Fringilla citrinella..... ... 106
Cabaret...............   Fringilla linaria 107
Bruant jaune........... .....   Emberiza citrinella............ 108
Bruant zizi . ... Emberiza cirlus....... 108
Bruant fou ......   Emberiza cia 109
Bruant ortolan ....   Emberiza hortulana 109
Bruant des roseaux ·· ·......   Emberiza schœniculus.......... 110
Bruant proyer·..............   Emberiza miliaria 111
Bruant des neiges. ... . Emberiza nivalis 111
Engoulevent ....   Caprimulgus europœus 113
Hirondelle de cheminée.... ... Hirundo rustica 115
Hirondelle de fenêtre .. .. Chelidon urbica............. 116
Hirondelle de rivage... ....   Hirundo riparia 116
Hirondelle de rocher..... ... Hirundo rupestris 117
Martinet noir.. ....   Cypselus apus................. 117
Martinet alpin..... .... Cypselus melba 118
Jaseur........ ... .   Bombycilla garrula.......... 119
Gobe-mouches gris...........   Muscicapa griseola............ 120
Gobe-mouches noir.........   Muscicapa nigra............. 120
Gobe-mouches à collier......   Muscicapa albicollis 121
Alouette des champs..... ....   Alauda arvensis 123
Alouette lulu.......... .....   Alauda arborea... 124

Alouette cochevis ou huppée...	Alauda cristata................. ...	124
Alouette calaudrelle........ ...	Alauda brachydactyla.·.........	125
Alouette calandre.............	Alauda calandra....	125
Pipi richard....................	Anthus richardi................	127
Pipi rousseline...	Anthus campestris...	127
Pipi des prés..................	Anthus pratensis..............	128
Pipi à gorge rousse...	Anthus cervinus.....	129
Pipi des arbres	Anthus arboreus	129
Pipi spioncelle	Anthus spinoletta	130
Pipi obscur	Anthus obscurus	130
Bergeronnette boarule	Motacilla sulphurea	132
Bergeronnette printanière... ..	Motacilla flava..............	132
Bergeronnette grise..........	Motacilla alba............. ...	133
Traquet motteux........	Saxicola œnanthe	134
Traquet stapazin	Saxicola stapazina....	135
Traquet oreillard	Saxicola aurita..............	136
Traquet rieur..............4.	Saxicola leucura	136
Traquet tarier.............. ...	Saxicola rubetra...............	137
Traquet pâtre ....·.	Saxicola rubicola.............	137
Rossignol...................	Sylvia luscinia...............	139
Rubiette rouge-queue.	Sylvia tithys................	140
Rossignol de muraille.........	Sylvia phœnicura	140
Rouge-gorge	Sylvia rubecula.............	141
Fauvette gorge-bleue	Sylvia suecica	142
Accenteur alpin....	Sylvia alpinus	143
Accenteur mouchet	Sylvia modularis.............	143
Fauvette tête noire...........	Sylvia atricapilla.............	145
Fauvette mélanocéphale.......	Sylvia melanocephala..........	145
Fauvette babillarde	Sylvia curruca·.............	145
Fauvette des jardins	Sylvia hortensis	145
Fauvette orphée...............	Sylvia orphea	146
Fauvette grisette.......... ...	Sylvia cinerea.............	146
Fauvette passerinette....... ...	Sylvia subalpina	147
Fauvette à lunette............	Sylvia conspicillata...........	147
Fauvette pitchou	Sylvia provincialis............	148
Pouillot bonelli......	Phyllopneuste Bonelli.......	150, 151
Pouillot veloce.....	Phyllopneuste rufa..........	150, 151
Pouillot fitis	Phyllopneuste trochilus.....	150, 152
Pouillot luscinoide.............	Hypolais polyglotta........	151, 153
Pouillot icterine.............	Hypolais icterina	151, 153
Rousserolle turdoïde.....	Sylvia turdoides............	154
Rousserolle effarvate..........	Sylvia arundinacea..........	155
Rousserolle verderolle.....	Sylvia palustris.............	155
Cettie bouscarle...... ..	Sylvia cetti	156
Cettie luscinoide.............	Sylvia luscinoide	156
Cettie à moustaches...........	Sylvia melanopogon...........	157
Locustelle tachetée............	Locustella nœvia............	157
Phragmite des joncs..........	Sylvia phragmitis............	158
Phragmite aquatique	Sylvia aquatica............·...	158
Cysticole...................	Sylvia cysticola.............	159
Grimpereau................	Certhia familiaris.............	160

Sitelle torchepot............... Sitta europœa........... 161
Tichodrome échelette..... ... Thichodroma muraria 161
Huppe..................... Upupa epops................. 162

FAMILLE DES COUREURS

Grande outarde.............. Otis tarda.................... . 164
Outarde canepetière.......... Otis tetrax 165

FAMILLE DES GALLINACÉS

Tourterelle.......... .... Columba turtur........... 169
Pigeon bizet .... Columba livia............:.... 169
Pigeon colombin..... ...... Columba œnas...... 170
Pigeon ramier... .... Columba palumbus........ ... 171
Faisan............... .... Phasianus colchicus. 172
Caille................. Perdix coturnix 173
Perdrix grise... .... Perdix cinerea.. 174
Perdrix rouge ...... Perdix rubra............... 176
Perdrix bartavelle .... Perdix saxatilis........ ... 177
Lagopède alpin............. Tetrao lagopus..... 178
Gélinotte .... Tetrao bonasia 179
Tetras lyre .... Tetrao tetrix................. 180
Syrrhapte..................... Syrrhaptes paradoxus..' 181
Tetras urogalle...... .... Tetrao urugallus...... 183

FAMILLE DES ÉCHASSIERS

Œdicnème criard............. Œdicnemus crepitans.......... 186
Huitrier pie .... Hœmatopus ostralegus.. 187
Glareole giarole............. Glareola pratincola.......... 188
Pluvier doré .... Charadrius apricarius........ 188
Pluvier guignard .... Charadrius morinellus... 189
Pluvier à collier .... Charadrius hiaticula......... 190
Petit pluvier à collier .... Charadrius minor ...:....... 190
Petit pluvier à collier interrompu... Charadrius cantianus......... 191
Vanneau suisse.............. Vanellus griseus............. 191
Vanneau huppé .... Vanellus cristatus. 192
Tournepierre à collier....... Strepsilas interpes........ 193
Râle d'eau .... Rallus aquaticus............. 194
Râle de genêts .... Rallus crex................. 194
Râle marouette.... ... . Rallus porzana.............. 195

Râle baillon.................... Rallus Bailloni.................... 195
Poule d'eau.................... Gallinula chloropus...... 196
Poule sultane...... Fulica porphyrio 197
Foulque macroule......... Fulica atra 197
Héron cendré.............. Ardea cinerea.............. 199
Héron pourpré .... Ardea purpurea............. 201
Héron crabier.............. Ardea comata...... 202
Héron garde bœuf.......... Ardea bubulcus... 201
Héron butor.................. Ardea stellaris...... 202
Héron bihoreau. .... Ardea nycticorax. 203
Héron blongios... .... Ardea minuta... 205
Grue cendrée............ .. Grus cinerea............ 205
Cigogne blanche.............. Ciconia alba..... 206
Cigogne noire.... .... Ciconia nigra..... 207
Spatule...................... Platalea leucorodia............ 207
Ibis falcinella................ Ibis facinellus............ 209
Courlis cendré.... .... Numenius arquata 209
Courlis corlieu............ Numenius minor 210
Barge commune............. Limosa œgocephala 210
Barge rousse..... Limosa rufa.................. 211
Bécassine ordinaire......... Scolopax gallinago........ 211
Bécassine double . ... Scolopax major 212
Bécassine petite ...... Scolopax gallinula 212
Bécasse.............. Scolopax rusticola......... 213
Chevalier arlequin....... . Totanus fuscus.............. 215
Chevalier aboyeur........... Totanus griseus 216
Chevalier stagnatile .. Totanus stagnatilis........ 216
Chevalier gambette. .... Totanus calidris... 217
Chevalier sylvain .... Totanus glareola 218
Chevalier cul-blanc.......... Totanus ochropus 218
Chevalier guignette .... Totanus hypoleucos........ 219
Chevalier combattant........ Machetes pugnax............. 220
Bécasseau maubèche......... Tringa canutus..... 221
Bécasseau violet............. Tringa maritimus 222
Bécasseau cocorli ...... Tringa subarcuata........... 222
Bécasseau brunette....... . Tringa cinclus.............. 223
Bécasseau minute ... . Tringa minuta............. 223
Bécasseau temmia....... Tringa temmincki 224
Phalarope platyrhinque .. .... Phalaropus fulicarius.......... 225

FAMILLE DES PALMIPÈDES

Avocette.................... Recurvirostra avocetta 227
Echasse manteau noir......... Himantopus melanopterus....... 228
Flamant rose................. Phenicopterus roseus 229
Stercoraire des rochers .... Stercorarius pomarinus 231
Stercoraire cataracte......... .. Stercorarius cataractes 231
Stercoraire longicaude........ Stercorarius longicaudus 232

Puffin cendré................... Puffinus cinereus............... 232
Thalassidrome tempête........ Thalassidroma pelagica......... 232
Cormoran ordinaire... .... Phalacrocorax carbo............ 234
Cormoran huppé .... Phalacrocorax cristatus........ 235
Pélican blanc.................. Pelecanus onocrotalus.......... 236
Fou de bassan .... Sula bassana................... 238
Goëland mélanocéphale........ Larus melanocephalus.......... 239
Goëland marin .... Larus marinus... 240
Goëland brun ... . Larus fuscus................... 240
Goëland argenté............... Larus argentatus........ 241
Goëland railleur.............. Larus gelastes 242
Goëland cendré................ Larus canus................... 242
Goëland tridactyle.......... Larus tridactylus 243
Goëland rieur................. Larus ridibundus.............. 243
Goëland pygmée............... Larus minutus................. 244
Sterne hansel.................. Sterna anglica................. 245
Sterne caugek.................. Sterna cantiaca................ 245
Sterne Pierre Garin........... Sterna hirundo 246
Sterne paradis................. Sterna paradisea 246
Sterne Dougall .... Sterna Dougallii............... 247
Sterne petite.......... .... Sterna minuta...... 247
Sterne epouvantail .. .. Hydrochelidon fissipes.......... 248
Sterne leucoptère............. Hydrochelidon nigra........... 248
Sterne moustac................ Hydrochelidon hybrida......... 249
Cygne domestique .... Cygnus mansuetus............. 251
Cygne sauvage................ Cygnus ferus 252
Cygne de Bewick .... Cygnus minor 253
Oie cendrée .... Anser cinereus 254
Oie vulgaire ou sauvage....... Anser segetum................ 255
Oie rieuse à front blanc .... Anser albifrons............... 255
Oie bernache.................. Anser leucopsis 256
Oie cravant................... Anser brenta.................. 256
Canard eider .... Anas mollisima................ 258
Canard tadorne .... Anas tadorna 259
Canard souchet................ Anas clypeata 260
Canard sauvage... .... Anas boschas 262
Canard chapeau ou bruyant... Anas strepera 264
Canard siffleur................ Anas pelenope 264
Canard pilet......... .... Anas acuticauda.............. 266
Sarcelle d'hiver .... Anas crecca.................. 267
Sarcelle d'été................ Anas querquedula............. 268
Canard morillon .... Anas cristata................. 269
Canard milouinan .... Anas marila.................. 270
Canard milouin............... Anas ferina 271
Canard nyroca................. Anas nyroca.................. 273
Canard garrot................ Anas clangula 274
Canard macreuse noire........ Anas nigra 274
Canard macreuse brune .... Anas fusca................... 275
Canard à lunettes .... Anas perspicillata 277
Harle piette.... .... Mergus albellus............... 278
Harle bièvre .... Mergus merganser........... .. 278

Harle huppé .... Mergus serrator............... .. 279
Grèbe huppé .... Podiceps cristatus 281
Grèbe jougris .... Podiceps grisegena 282
Grèbe oreillard .... Podiceps auritus 282
Grèbe castagneux.......... . Podiceps minor 283
Plongeon imbrim............. Colymbus glacialis 283
Plongeon lumne .... Colymbus articus,............. 285
Plongeon catmarin...... ..... Colymbus septentrionales 285
Guillemot troile......... ...... Uria troile..................... 286
Guillemot grylle .... Uria grylle 286
Mergulle nain .... Mergulus alle................. 287
Macareux moine. .... Fratercula articula.............. 287
Pingouin torda............... Alca torda......... 288

LISTE ALPHABÉTIQUE DES NOMS FRANÇAIS

A

Accenteur alpin........... 143
Accenteur mouchet.......... 143
Aigle bonelli 19
Aigle botté 20
Aigle criard 18
Aigle fauve.......... 17
Aigle impérial.... 15
Aigle Jean le Blanc... 21
Aigle pêcheur... 21
Aigle pygargue.......... 16
Alouette calandre 125
Alouette calandrelle......... 125
Alouette cochevis ou huppée. 124
Alouette des champs........ 123
Alouette lulu.. 124
Antour.............. 34
Avocette.............. 227

B

Barge commune. 210
Barge rousse... 211
Bécasse ordinaire........ 213
Bécasseau brunette.... 223
Bécasseau cocorli......... 222
Bécasseau des sables 225
Bécasseau maubèche 221
Bécasseau minute 223
Bécasseau temmia....... 224
Bécasseau violet... 222
Bécassine double............ 212
Bécassine ordinaire 211
Bécassine petite............ 212
Bec-croisé ordinaire 94
Bergeronnette boarule 132
Bergeronnette grise 133
Bergeronnette printanière... 132
Bouvreuil cini.............. 95
Bouvreuil vulgaire........ 94
Bruant des neiges 111
Bruant des roseaux 110

Bruant fou.............. 109
Bruant jaune... 108
Bruant ortolan 109
Bruant proyer 111
Bruant zizi 108
Buse bondrée.......... 25
Buse pattue 24
Buse vulgaire.... 23
Buzard cendré......... 30
Buzard ordinaire. 29
Buzard pâle 30-32
Buzard St-Martin 30-31

C

Cabaret........... 107
Caille...... 173
Canard à lunettes.... 277
Canard chipeau ou bruyant . 264
Canard eider 258
Canard garrot..... 274
Canard macreuse brune 275
Canard macreuse noire..... 274
Canard milouin... 271
Canard milouinan.. 270
Canard morillon..... 269
Canard nyroca...... 273
Canard pilet..... 266
Canard sauvage............ 262
Canard siffleur....... 264
Canard souchet.... 260
Canard tadorne 259
Casse-noix.............. 69
Cettie à moustaches........ 157
Cettie bouscarle 156
Cettie luscinoide 156
Chardonneret.............. 103
Chevalier aboyeur........ 216
Chevalier arlequin... 215
Chevalier combattant 220
Chevalier cul-blanc......... 218
Chevalier gambette..... 217

Chevalier guignette.......... 219
Chevalier stagnatile 216
Chevalier sylvain............ 218
Chocard alpin 68
Chouette brachyote.......... 46
Chouette chevêche 44
Chouette effraye 45
Chouette hulotte............. 44
Chouette tengmalin. 45
Cigogne blanche.... 206
Cigogne noire...... 207
Cincle plongeur 83
Corbeau choucas............ 64
Corbeau corneille 62
Corbeau freux 63
Corbeau mantelé........ 63
Corbeau ordinaire 62
Cormoran huppé........... . 235
Cormoran ordinaire........ 234
Coucou 55
Courlis cendré 209
Courlis corlieu............. 210
Crave ordinaire............. 68
Cygne de Bewick 253
Cygne domestique........... 251
Cygne sauvage 252
Cysticole........ 159

E

Echasse manteau noir 228
Engoulevent. 113
Epervier................ 33
Etourneau ou sansonnet..... 91

F

Faisan................... . 172
Faucon à pieds rouges....... 40
Faucon crécerelle.......... . 39
Faucon émerillon.......... 38
Faucon gerfaut 35
Faucon hobereau........ ... 37
Faucon islandais 36
Faucon pèlerin 36
Fauvette à lunettes. 117
Fauvette babillarde.... ... 115
Fauvette des jardins........ 115
Fauvette gorge-bleue 142
Fauvette grisette........... 146
Fauvette mélanocéphale..... 144
Fauvette orphée 146
Fauvette passerinette....... 147

Fauvette pitchou........... 148
Fauvette tête noire 134
Flamant rose 229
Fou de Bassan 237
Foulque macroule 197
Friquet................... 100

G

Geai.................... 64
Gélinotte 179
Glareole giarole............ 188
Gobe-mouches à collier 121
Gobe-mouches gris.... 120
Gobe-mouches noir....... 120
Gobe-mouches argenté...... 241
Goëland brun.......... 240
Goëland cendré............ 242
Goëland marin............ 240
Goëland mélanocéphale 239
Goëland pygmée........ 244
Goëland railleur........... 242
Goëland rieur...... 243
Goëland tridactyle.......... 243
Grèbe castagneux........... 283
Grèbe huppé 281
Grèbe jougris 282
Grèbe oreillard 282
Grimpereau............... 160
Grive draine.............. 88
Grive litorne..... 89
Grive mauvis............ 89
Grive musicienne........... 87
Gros-bec................ 97
Grue cendrée 205
Guêpier. 57
Guillemot grylle...... ... 286
Guillemot troile 286
Gypaète barbu...... 13

H

Harle bièvre.............. 278
Harle huppé............... 279
Harle piette 278
Héron bihoreau............ 203
Héron blongios............. 205
Héron butor 202
Héron cendré............. 199
Héron crabier............. 202
Héron garde-bœuf 201
Héron pourpré............ 201
Hibou grand-duc 47

Hibou moyen-duc............ 48
Hirondelle de cheminée..... 115
Hirondelle de fenêtre. 116
Hirondelle de rivage........ 116
Hirondelle de rocher........ 117
Huîtrier pie.... 187
Huppe..................... 162

I

Ibis falcinelle.............. 209

J

Jaseur........ 119

L

Lagopède alpin........... 178
Linotte montagnarde.... . 106
Linotte ordinaire.......... 103
Linotte venturon........... 106
Locustelle tachetée 157
Loriot.................... 84
Macareux moine 287
Martinet alpin............. 118
Martinet noir............. 117
Martin-pêcheur 56
Martin roselin 84
Mergulle nain...... 287
Merle à plastron.. 86
Merle noir 86
Mésange à longue queue..... 81
Mésange à moustaches....... 82
Mésange bleue... 79
Mésange charbonnière..... . 80
Mésange huppée.......... 80
Mésange noire 79
Mésange nonette...... ... 81
Mésange remiz............. 82
Milan noir... 27
Milan royal.............. 26
Moineau........ 98
Moineau soulcie. 100

O

Œdicnème criard............ 186
Oie bernache.............. 256
Oie cendrée........ 254
Oie cravant............... 256
Oie rieuse à front blanc...... 255
Oie vulgaire ou sauvage 255
Outarde canepetière........ 165
Outarde grande............ 164

P

Pélican blanc.............. .. 236
Percnoptère................. 11
Perdrix grise 174
Perdrix rouge 176
Perdrix bartavelle 177
Petit-duc ou scops......... 47
Pétrocincle de roche........ 90
Pétrocincle bleu............ 90
Phalarope platyrhinque. 225
Phragmite aquatique.. ... 158
Phragmite des joncs. 158
Pie........................ 66
Pie-grièche d'Italie........ ... 71
Pie-grièche écorcheur 72
Pie-grièche grise........... . 70
Pie-grièche méridionale.... . 71
Pie-grièche rousse 73
Pic cendré 51
Pic épeiche........ 52
Pic épeichette.............. 53
Pic mar..... 52
Pic noir................. 51
Pic vert................. 51
Pigeon bizet 169
Pigeon colombin........... 170
Pigeon ramier 171
Pingouin torda 288
Pinson des Ardennes....... 102
Pinson des neiges........... 102
Pinson ordinaire.. 101
Pipi à gorge rousse 129
Pipi des arbres............ 129
Pipi des prés............. 128
Pipi obscur............... 130
Pipi richard 127
Pipi rousseline............. 127
Pipi spioncelle............. 130
Plongeon catmariu 285
Plongeon imbrin 283
Plongeon lumne............ 285
Pluvier à collier........... 190
Pluvier doré 188
Pluvier guignard 189
Pluvier petit, à collier..... . 190
Pluvier petit, à collier interrompu... 191
Pouillot bonelli 150-151
Pouillot fitis 150-152
Pouillot icterine 151-153
Pouillot luscinoïde.... . 151-153
Pouillot veloce........... 150-151

Poule d'eau.................. 196
Poule sultane... 197
Puffin cendré 232
Râle baillon 195

R

Râle d'eau.................. 194
Râle de genêts..... 194
Râle marouette.. 195
Roitelet huppé 75
Roitelet à moustaches ou à
    triple bandeau 75
Rollier............. ...... · 64
Rossignol........... 139
Rossignol de muraille.. ... 140
Rouge-gorge............... 141
Rousserolle effervate 155
Rousserolle turdoïde........ 154
Rousserolle verderolle 155
Rubiette rouge-queue....... 140

S

Sarcelle d'été 268
Sarcelle d'hiver............. 267
Sitelle torchepot..... 161
Spatule................. 207
Stercoraire cataracte.... 231
Stercoraire des rochers....... 231
Stercoraire longicaude....... 232
Sterne caugek 245
Sterne Dougall 247
Sterne épouvantail 248

Sterne hansel...... 245
Sterne leucoptère........ . . 248
Sterne moustac.... 249
Sterne paradis 246
Sterne petite............... 247
Sterne Pierre Garin.. 246
Syrrhapte 181

T

Tarin.................. 104
Tetras lyre......... 180
Tetras urogalle.. 183
Thalassidrome tempête...... 232
Tichodrome échelette........ 161
Torcol.................... 53
Tournepierre à collier....... 193
Tourterelle 169
Traquet motteux 134
Traquet oreillard.. 136
Traquet pâtre........ ... 137
Traquet rieur... 136
Traquet stapazin 135
Traquet tarier 137
Troglodyte................ 76

V

Vanneau huppé 192
Vanneau suisse............. 191
Vautour fauve 8
Vautour moine 10
Verdier......... 97

LISTE ALPHABÉTIQUE DES NOMS LATINS

A

Alauda arborea............. 124
Alauda arvensis 123
Alauda brachydactyla...... 125
Alauda calandra........... 125
Alauda cristata..... ... 124
Alca torda................. 288
Alcedo ispida.............. 56
Anas acuticauda 266
Anas boschas.............. 262
Anas clangula............. 274
Anas clypeata 260
Anas crecca.... 267
Anas cristata 269
Anas ferina........ ... 271
Anas fusca................ 275
Anas marila 270
Anas mollissima........... 258
Anas nigra................ 274
Anas nyroca.............. 273
Anas penelope............. 264
Anas perspicillata 277
Anas querquedula 268
Anas strepera. 264
Anas tadorna............. 259
Anser albifrons........... 255
Anser brenta........ .. 256
Anser cinereus.......... 254
Anser leucopsis............ 256
Anser segetum 255
Anthus arboreus.......... 129
Anthus campestris.......... 127
Anthus cervinus.......... 129
Anthus obscurus.......... 130
Anthus pratensis 128
Anthus richardi.......... 127
Anthus spinoletta........... 130
Aquila albicilla..... 16
Aquila circaetus gallicus... . 21
Aquila fasciata.............. 19

Aquila fulva...... 17
Aquila imperialis............ 15
Aquila nœvia 18
Aquila pandion haliœtus.... 21
Aquila pennata............. 20
Archibuteo lagopus......... 24
Ardea bubulcus. 201
Ardea cinerea............ 199
Ardea comata............ 202
Ardea minuta............ 205
Ardea nycticorax 203
Ardea purpurea........... 201
Ardea stellaris............. 202
Astur nisus........ 33
Astur palumbarius......... 34

B

Bombycilla garrula......... 119
Buteo vulgaris..... 23

C

Caprimulgus europœus 113
Certhia familiaris.......... 160
Charadrius apricarius....... 188
Charadrius cantianus....... 191
Charadrius hiaticula 190
Charadrius minor........... 190
Charadrius morinellus....... 189
Chelidon urbica 116
Ciconia alba.............. 206
Ciconia nigra. 207
Cinclus aquaticus... 83
Circus cineraceus......... ... 30
Circus cyaneus.......... 30-31
Circus pallidus 30-32
Circus rufus............. 29
Coccothraustes vulgaris...... 97
Columba œnas............ 170
Columba livia 169
Columba palumbus........ 171

Columba turtur.............. 169
Colymbus arcticus........... 285
Colymbus glacialis... 283
Colymbus septentrionalis. .. 285
Coracias garrula 64
Goracia gracula..... 68
Corvus corax 62
Corvus cornix 63
Corvus corone........ 62
Corvus frugilesgus 63
Corvus monedula 64
Cuculus canorus........... 55
Cygnus ferus. 252
Cygnus mansuetus.,........ 251
Cygnus minor ..:.... 253
Cypselus apus............. 117
Cypselus melba... 118

E

Emberiza cia............. 109
Emberiza cirlus............. 108
Emberiza citrinella......... 108
Emberiza hortulana 109
Emberiza miliaria 111
Emberiza nivalis 111
Emberiza schœniculus....... 110

F

Falco communis...... 36
Falco lithofalco. 38
Falco subbuteo 37
Falco tinnunculus.......... 39
Falco vespertinus. 40
Fratercula artica........... 287
Fringilla carduelis.......... 103
Fringilla chloris 97
Fringilla citrinella.......... 106
Fringilla cœlebs 101
Fringilla domestica........ 98
Fringilla flavirostris........ 106
Fringilla linaria 107
Fringilla linota 105
Fringilla montanus...... ... 100
Fringilla montifringilla...... 102
Fringilla nivalis...... 102
Fringilla petronia. 100
Fringilla serinus.......... 95
Fringilla spinus. 104
Fulica atra .. ..:... 197
Fulica porphyrio 197

G

Gallinula chloropus......... 196

Garrulus glandarius........ 64
Glareola pratincola... 188
Grus cinerea....... 205
Gypaetus barbatus......... 13

H

Hierofalco ?........... .. 36
Hierofalco gyrfalco 35
Himantopus melanopterus... 228
Hirundo riparia............. 116
Hirundo rupestris 117
Hirundo rustica........... 115
Hœmatopus ostralegus 187
Hydrochelidon fissipes..... 248
Hydrochelidon hybrida 249
Hydrochelidon nigra....... 248
Hypolais icterina........ 151 153
Hypolais polyglotte.. ... 151 153

I

Ibis facinellus,.... 209

L

Lanius collurio........... .. 72
Lanius excubitor........... 70
Lanius meridionalis......... 71
Lanius minor 71
Lanius rufus.............. 73
Larus argentatus .:.......... 241
Larus canus 242
Larus fuscus............. 240
Larus gelastes 242
Larus marinus............. 246
Larus melanocephalus...... 239
Larus minutus.......... ... 244
Larus ridibundus........... 243
Larus tridactylus........... 243
Limosa œgocephala........ 210
Limosa rufa............... 211
Locustella nœvia... 157
Loxia curvirostra........... 94

M

Machetes pugnax........... 220
Mergulus alle............. 287
Mergus albellus 278
Mergus merganser........ 278
Mergus serrator............ 279
Merops apiaster....... 57
Milvus niger.... 27
Milvus regalis............... 26

Motacilla alba............. 133
Motacilla flava............ 132
Motacilla sulphurea........ 132
Muscicapa albicollis 121
Muscicapa griseola 120
Muscicapa nigra.. 120

N

Nucifraga caryocatactes 69
Numenius arquata.......... 209
Numenius minor............ 210

O

Œdicnemus crepitans 186
Oriolus galbula 84
Otis tarda 164
Otis tetrax................. 165

P

Parus ater........ 79
Parus biarmicus.......... 82
Parus caudatus.... 81
Parus cœruleus. 79
Parus cristatus..... 80
Parus major............... 80
Parus palustris... 81
Parus pendulinus.......... 82
Pastor roseus............. 84
Pelecanus onocrotalus...... 236
Perdix cinerea............ 174
Perdix coturnix...... 173
Perdix rubra............. 176
Perdix saxatilis 177
Pernis apivorus........... 25
Phalacrocorax carbo........ 234
Phalacrocorax cristatus..... 235
Phalaropus fulicarius... 225
Phasianus colchicus........ 172
Phœnicopterus roseus..... 229
Phyllopneuste bonelli.... 150 151
Phyllopneuste rufa...... 150 151
Phyllopneuste trachilus . 150 152
Pica caudata 66
Picus canus 51
Picus major.............. 52
Picus martius 54
Picus medius 52
Picus minor 53
Picus viridis............. 51
Platalea leucorodia........ 207
Podiceps auritus.......... 282
Podiceps cristatus......... 281
Podiceps grisegena......... 282

Podiceps minor 283
Puffinus cinereus........ 232
Pyrrhocorax alpinus 68
Pyrrhula vulgaris 91

R

Rallus aquaticus 194
Rallus bailloni........... 195
Rallus crex 194
Rallus porzana 195
Recurvirostra avocetta .. 227
Regulus cristatus.......... 75
Regulus ignicapillus........ 75

S

Saxicola aurita 136
Saxicola leucura 136
Saxicola œnanthe 134
Saxicola rubetra.......... 137
Saxicola rubicola 137
Saxicola stapazina 135
Scolopax gallinago 211
Scolopax gallinula......... 212
Scolopax major............ 212
Scolopax rusticola.......... 213
Sitta europœa 161
Stercorarius cataractes 231
Stercorarius longicauda 232
Stercorarius pomarinus 231
Sterna anglica............. 245
Sterna cantiaca........... 245
Sterna dougallii 247
Sterna hirundo........... 246
Sterna minuta............ 247
Sterna paradisea.......... 246
Strepsilas interpres......... 193
Strix brachyotus 46
Strix bubo.. 47
Strix flammea............ 45
Strix noctua............. 44
Strix otus................ 48
Strix scops............... 47
Strix tengmalmi....... 45
Sturnus vulgaris......... 91
Sula bassana 238
Sylvia alpinus........... 143
Sylvia aquatica 158
Sylvia arundinacea........ 155
Sylvia atricapilla.... 143
Sylvia cetti. 156
Sylvia cinerea 146
Sylvia conspicillata......... 147

Sylvia curruca........... 145
Sylvia cysticola............ 159
Sylvia hortensis... 145
Sylvia tithys...... 140
Sylvia luscinia 139
Sylvia luscinoïdes 156
Sylvia melanocephala.. 144
Sylvia melanopogon..... ... 157
Sylvia modularis....... ... 143
Sylvia orphea 146
Sylvia palustris 155
Sylvia phœnicura........... 140
Sylvia phragmitis.. 158
Sylvia provincialis 148
Sylvia rubecula 141
Sylvia subalpina........... 147
Sylvia suecica............. 142
Sylvia turdoïdes........... 154
Syrnium aluco........ 44
Syrrhates paradoxus........ 181

T

Tetrao bonasia............. 179
Tetrao lagopus 178
Tetrao tetrix....... 180
Tetrao urogallus 183
Thalassidroma palagica 232
Tichodroma muraria........ 161
Totanus calidris 217
Totanus fuscus 215
Totanus glareola 218
Totanus griseus.. 216
Totanus hypoleucos.. 219

Totanus ochropus.......... 218,
Totanus stagnatilis 216
Tringa arenaria........ ... 225
Tringa canutus 221
Tringa cinclus...... ... 223
Tringa maritimus 222
Tringa minuta............. 223
Tringa subarcuata.......... 222
Tringa temmincki 224
Troglodytes parvulus 76
Turdus cyaneus. 90
Turdus iliacus........... .. 89
Turdus merula. 86
Turdus musicus 87
Turdus pilaris............. 89
Turdus saxatilis 90
Turdus torquatus... 86
Turdus viscivorus..... ... 88

U

Upupa epops........ 162
Uria grylle 286
Uria troile...:........ ... 286

V

Vanellus cristatus......... 192
Vanellus griseus......... ... 191
Vultur fulvus............. 8
Vultur monachus........... 10
Vultur percnopterus........ 11

Y

Yunx torquilla.............. 53

EXPLICATION DE LA PLANCHE 1

Grandeur 1/3 nature

1	Aigle bonelli......... ...	Aquila fasciata...	19
2	Buse boudrée......... .	Pernis apivorus..........	25
3	Balbuzard aigle pêcheur.	Aquila pandion haliœtus..	21
4	Buzard ordinaire....'...	Circus rufus	29
5	Buzard pâle	Circus pallidus	30-32
6	Buzard St-Martin... ...	Circus cyaneus	30-31
7	Buzard cendré	Circus cineraceus........	30
8	Epervier.........	Astur nisus..............	33
9	Faucon gerfaut........	Hierofalco gyrfalco.......	35
10	Autour	Astur palumbarius	34
11	Faucon hobereau..:....	Falco subbuteo..........	37
12	Faucon à pieds rouges..	Falco vespertinus........	40
13	Faucon cresserelle.. ...	Falco tinnunculus	39
14	Faucon émerillon... ...	Falco lithofalco	38
15	Faucon pélerin	Falco communis..	36

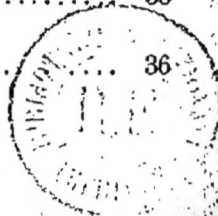

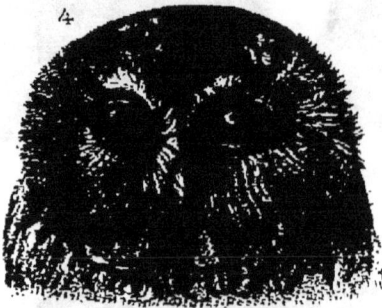

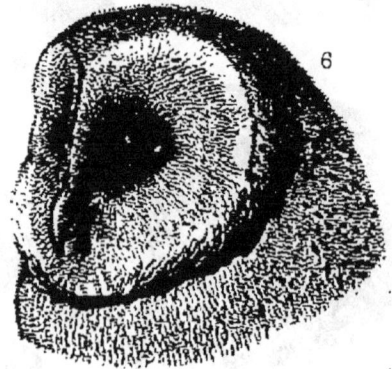

EXPLICATION DE LA PLANCHE 2

Grandeur 1/3 nature

1 Hibou grand duc ....   Strix bubo......   47

2 Hibou moyen duc .....   Strix otus........   48

3 Chouette brachyote.....   Strix brachyotus.........   46

4 Chouette hulotte........   Syrnium aluco.......   44

5 Chouette chevêche .....   Strix noctua.............   44

6 Chouette effraye........   Strix flammea   45

7 Chouette tengmalm.....   Strix tengmalmi..........   45

8 Chouette scops ou petit duc.   Strix scops...:.......   47

EXPLICATION DE LA PLANCHE 3

Grandeur 1/2 nature

1 Pic noir............. Picus martius......... .. 51

2 Pic vert............. Picus viridis 51

3 Pic cendré .. .. Picus canus 51

4 Pic épeiche .... Picus major 52

5 Pic mar .... Picus medius 52

6 Pic épeichette .... Picus minor 53

7 Coucou .... Cuculus canorus 55

8 Tichodrome échelette... Tichodroma muraria...... 161

Grandeur nature

9 Sitelle torchepot ...... Sitta europœa.......... . 161

10 Torcol. .... Yunx torquilla........... 53

11 Grimpereau .... Certhia familiaris....... . 160

12 Cysticole .... Sylvia cysticola......... 159

13 Locustelle tachetée .... Locustella nœvia 157

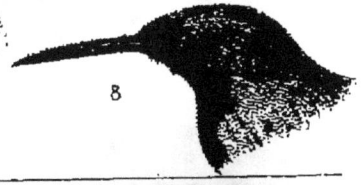

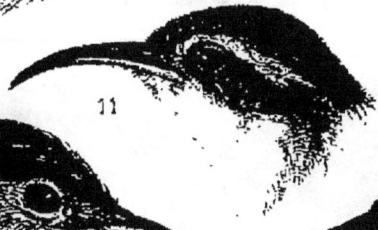

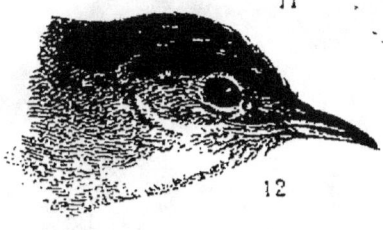

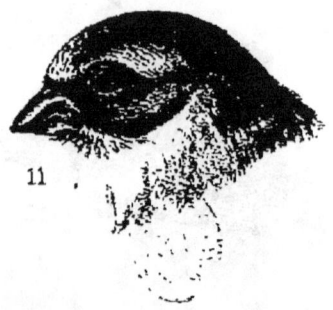

PL. 4

EXPLICATION DE LA PLANCHE 4

Grandeur 2/3 nature

1 Pie grièche méridionale Lanius meridionalis 71

2 Pie grièche grise .... Lanius excubitor 70

3 Pie grièche d'Italie. ... Lanius minor 71

4 Pie grièche rousse ..... Lanius rufus 73

5 Pie grièche écorcheur .. Lanius collurio 72

6 Jaseur .... Bombycilla garrula 119

7 Gros bec .... Coccothraustes vulgaris .. 97

8 Bouvreuil vulgaire .... Pyrrhula vulgaris 94

9 Bec croisé ordinaire .... Loxia curvirostra 94

Grandeur nature

10 Verdier .... Fringilla chloris 97

11 Bouvreuil cini .... Fringilla serinus 95

EXPLICATION DE LA PLANCHE 5

Grandeur nature

1 Friquet.............. .. Fringilla montanus 100

2 Moineau.............. ... Fringilla domestica 98

3 Moineau soulcie .... Fringilla petronia........ 100

4 Pinson ordinaire .... Fringilla cœlebs........ .. 101

5 Pinson des Ardennes... Fringilla montifringilla... 102

6 Pinson des neiges ...... Fringilla nivalis......... 102

7 Chardonneret........ .. Fringilla carduelis....... 103

8 Linotte ordinaire .... Fringilla linota....... ... 105

9 Linotte montagnarde ... Fringilla flavirostris..... 106

10 Tarin..... .... Fringilla spinus 104

PL. 6

EXPLICATION DE LA PLANCHE 6

Grandeur nature

1 Linotte venturon..... .. Fringilla citrinella. 106

2 Cabaret.......... .... Fringilla linaria......... 107

3 Bruant ortolan .. .. Emberiza hortulana 109

4 Bruant fou .. .. Emberiza cia 109

5 Bruant des roseaux ..... Emberiza schœniculus.... 110

6 Bruant zizi.......... . Emberiza cirlus. 108

7 Bruant jaune .... Emberiza citrinella 108

8 Bruant proyer .... Emberiza miliaria 111

9 Bruant des neiges ... .. Emberiza nivalis 111

EXPLICATION DE LA PLANCHE 7

Grandeur nature

1 Rousserolle turdoïde ... Sylvia turdoides 154

2 Rousserolle effarvata ... Sylvia arundinacea 155

3 Roitelet huppé ... . Sylvia regulus.......... 75

4 Roitelet moustache. ... Sylvia ignicapillus 75

5 Troglodyte .... Sylvia troglodytes 76

6 Rousserolle verderolle.. Sylvia palustris 155

7 Cettie luscinoïde .... Sylvia luscinoides........ 156

8 Cettie à moustaches .... Sylvia melanopogon 157

9 Cettie bouscarle.... .... Sylvia cetti 156

10 Phragmite des joncs ... Sylvia phragmitis 158

11 Phragmite aquatique.... Sylvia aquatica........... 158

PL. 7

1

2

3

5

4

6

7

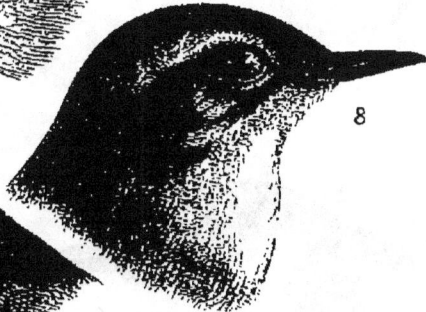

8

9

10

11

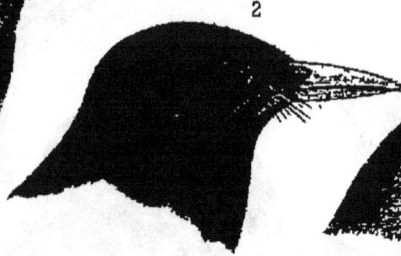

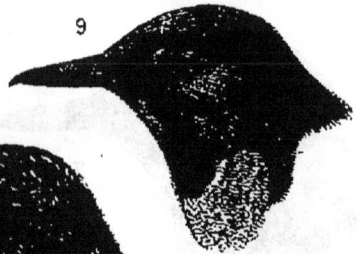

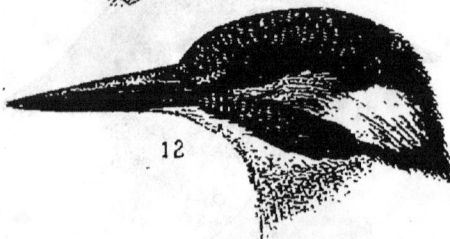

EXPLICATION DE LA PLANCHE 8

Grandeur 1/2 nature

1 Merle à plastron........ Turdus torquatus........ 86

2 Merle noir.............. Turdus merula.......... 86

3 Loriot................. Oriolus galbula......... 84

4 Grive musicienne....... Turdus musicus......... 87

5 Grive draine........... Turdus viscivorus...... 89

6 Grive litorne.......... Turdus pilaris......... 88

7 Grive mauvis........... Turdus iliacus......... 89

8 Petrocincle bleu....... Turdus cyaneus......... 90

9 Petrocincle de roche... Turdus saxatilis....... 90

10 Etourneau ou sansonnet. Sturnus vulgaris....... 91

11 Guépier............... Merops apiaster........ 57

12 Martin-pêcheur........ Alcedo ispida......... 56

13 Martin roselin........ Pastor roseus......... 54

EXPLICATION DE LA PLANCHE 9

Grandeur 1/3 nature

1 Corbeau choucas........ Corvus monedula..... ... 64

2 Corbeau ordinaire.., ... Corvus corax 62

3 Corbeau mantelé .. .... Corvus cornix ....: .. 63

4 Corbeau freux..... .... Corvus frugilegus.. 63

5 Casse-noix...... ... ... Nucifraga caryocatactes .. 69

6 Corbeau corneille....... Corvus corone 62

7 Pie..... ... ... Pica caudata 66

8 Crave ordinaire.. ...... Hacia gracula......... ... 68

9 Chocard alpin .... Pyrrhocarax alpinus.... . 68

10 Rollier .... Coracias garrula........: 64

11 Huppe .... Upupa epops..... 162

1

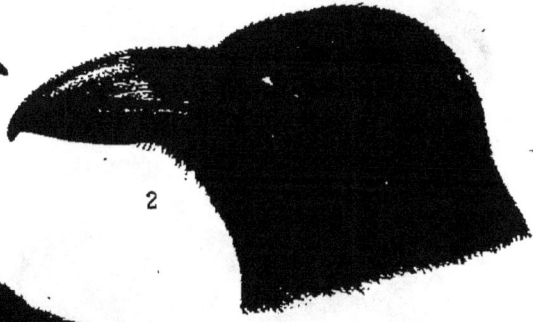

2

3

4

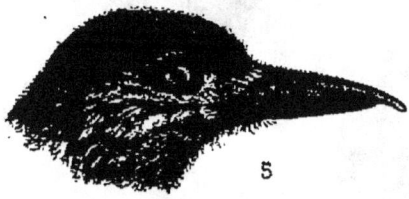

5

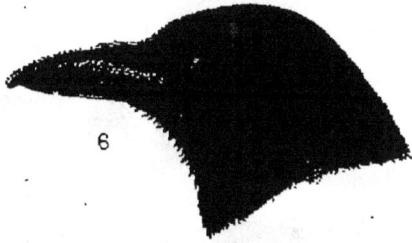

6

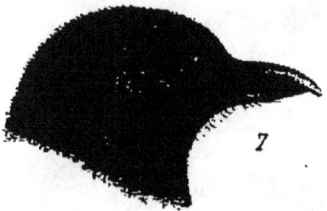

7

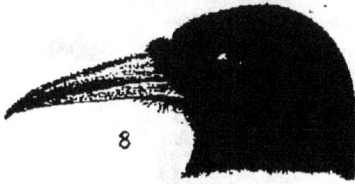

8

9

10

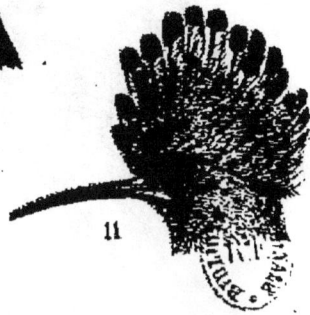

11

EXPLICATION DE LA PLANCHE 10

Grandeur nature

1 Mésange bleue.......... Parus cœruleus......... . 79

2 Mésange noire.. . ..... Parus ater...... 79

3 Mésange huppée .. .... Parus cristatus 80

4 Mésange à moustaches.. Parus biarmicus 82

5 Mésange nonette .... Parus palustris 81

6 Mésange à longue queue. Parus caudatus... 81

7 Mésange remiz .... Parus pendulinus....... 82

8 Mésange charbonnière.. Parus major......... 80

9 Gobe-mouches à collier.. Muscicapa albicollis 121

10 Gobe-mouches noir ..... Muscicapa nigra........ . 120

11 Gobe-mouches gris... . Muscicapa griseola........ 120

EXPLICATION DE LA PLANCHE 11

Grandeur nature

1 Engoulevent............ Caprimulgus europœus ... 113

2 Hirondelle de rivage.... Hirundo riparia......... . 116

3 Hirondelle de cheminée. Hirundo rustica 115

4 Martinet alpin......... Cypselus melba......... .. 118

5 Martinet noir.......... Cypselus apus... 117

6 Hirondelle de fenêtre... Chelidon urbica... ..'.... 116

7 Hirondelle de rocher ... Hirundo rupestris........ 117

8 Cincle plongeur... .... Cinclus aquaticus........,. 83

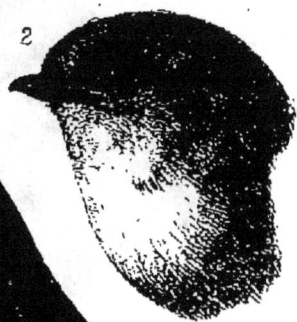
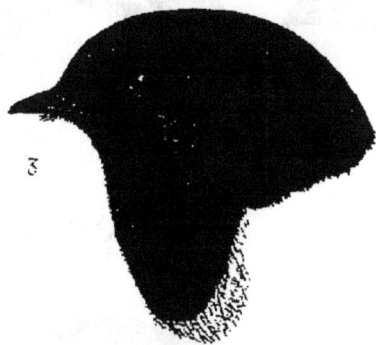

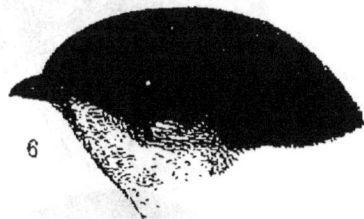

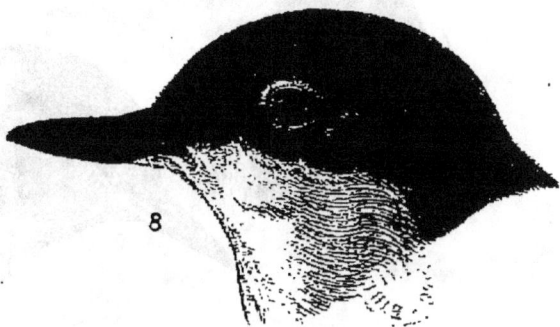

1

2

3

4

5

6

7

8

9

EXPLICATION DE LA PLANCHE 12

Grandeur nature

1 Alouette des champs ... Alauda arvensis 123

2 Alouette cochevis ou huppée. Alauda cristata......... . 124

3 Alouette calandre....... Alauda calandra... 125

4 Alouette lulu......... .. Alauda arborea.......... 124

5 Alouette calandrelle..... Alauda brachydactyla..... 125

6 Pipi richard .... Anthus richardi......... . 127

7 Pipi des prés........ .. Anthus pratensis...... ... 128

8 Pipi rousseline .... Anthus campestris 127

9 Pipi à gorge rousse..... Anthus cervinus......... 129

EXPLICATION DE LA PLANCHE 13

Grandeur nature

1 Pipi spioncelle . ... Anthus spinoletta......... 130

2 Pipi obscur........ .... Anthus obscurus. 130

3 Bergeronnette grise .... Motacilla alba 133

4 Bergeronnette boarule . Motacilla sulphurea... ... 132

5 Bergeronnette printanière ... Motacilla flava 132

6 Traquet tarier........ . Saxicola rubetra 137

7 Traquet oreillard........ Saxicola aurita 136

8 Traquet rieur........... Saxicola leucura 136

9 Traquet stapazin....... Saxicola stapazina........ 135

10 Traquet pâtre .... Saxicola rubicola. 137

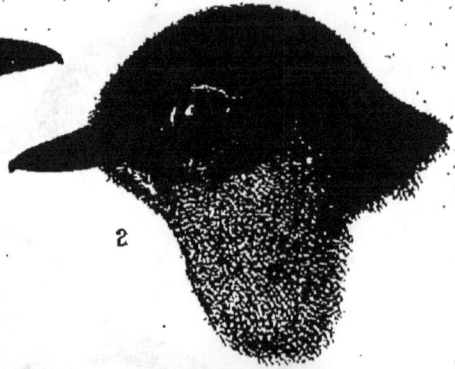

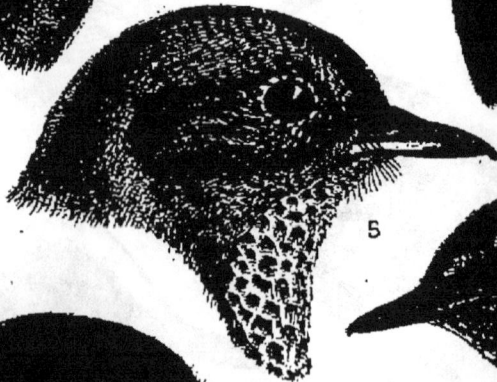

EXPLICATION DE LA PLANCHE 14

Grandeur nature

1 Rossignol . . . .   Sylvia luscinia. 139

2 Rouge-gorge . . . .   Sylvia rubecula. 141

3 Rossignol de murailles. .   Sylvia phœnicura. 140

4 Rubiette rouge-queue. . .   Sylvia lithys. 140

5 Accenteur alpin . . . .   Sylvia alpinus. 143

6 Fauvette tête noire. . . . .   Sylvia atricapilla 143

7 Fauvette gorge-bleue . . .   Sylvia succica. 142

8 Accenteur mouchet . .   Sylvia modularis. 143

9 Fauvette mélanocéphale.   Sylvia melanocephala 144

EXPLICATION DE LA PLANCHE 15

Grandeur nature

1 Fauvette babillarde..... Sylvia curruca 145

2 Fauvette des jardins.... Sylvia hortensis 145

2 Fauvette orphée .... Sylvia orphea............ 146

4 Fauvette grisette ...... Sylvia cinerea........... 146

5 Fauvette à lunettes..... Sylvia conspicillata. 147

6 Fauvette passerinette .. Sylvia subalpina 147

7 Pouillot bonelli........ Phyllopneuste bonelli 151

8 Fauvette pitchou .... Sylvia provincialis 148

9 Pouillot fitis........... Phyllopneuste trochilus... 152

10 Pouillot icterine..... .. Hypolais icterina........ 153

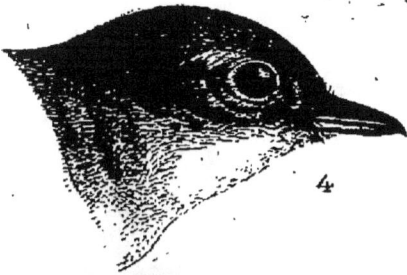

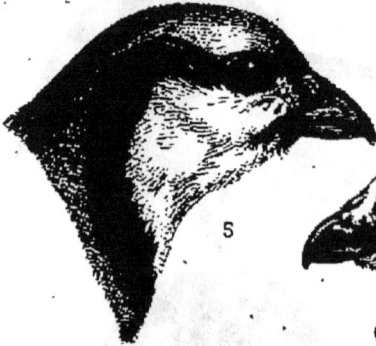

EXPLICATION DE LA PLANCHE 16

Grandeur 1/2 nature

1 Outarde canepetière .... Otis tetrax 165

2 Caille.......... ..... Perdix coturnix 173

3 Perdrix grise.......... Perdix cinerea 174

4 Perdrix rouge .. .. Perdix rubra 176

5 Perdrix bartavelle ..... Perdix saxatilis... 177

6 Lagopède alpin........ Tetrao lagopus 178

Grandeur 1/3 nature

7 Gélinotte .... Tetrao bonasia...... 179

8- Tétras lyre ♀ .... Tetrao tetrix............. 180

9- Tetras urogalle........ Tetrao urogallus 183

EXPLICATION DE LA PLANCHE 17

Grandeur 1/2 nature

1 Pigeon ramier........ ..... Columba palumbus....... 171

2 Tourterelle .... Columba turtur......... 169

3 Pigeon colombin........ Columba œnas........... 170

4 Glaréole giarole .. .... Glareola pratincola... ... 188

5 Pluvier doré...... .... Charadrius apricarius..... 188

6 Adicnème criard. ...... Ædicnemus crepitans 186

7 Pluvier guignard .... Charadrius morinellus.... 189

8 Vanneau suisse........ Vanellus griseus 191

9 Pluvier à collier interrompu.. Charadrius cantianus..... 191

10 Vanneau huppé........ Vanellus cristatus 192

11 Petit pluvier à collier... Charadrius minor......... 199

12 Pluvier à collier...... .. Charadrius hiaticula...... 190

PL. 17

EXPLICATION DE LA PLANCHE 18

Grandeur 1/2 nature

1 Tournepierre à collier .. Strepsilas interpes...... . 193

2 Huitrier pie .... Hœmatopus ostralegus.... 187

3 Râle de genêts .... Rallus crex............ 194

4 Râle marouette........ Rallus porzana.... 195

5 Râle d'eau............ Rallus aquaticus.... 194

6 Râle baillon . ... Rallus bailloni.... 195

7 Poule d'eau.. .... Gallinula chloropus...... 196

8 Poule sultane.......... Fulica porphyrio......... 197

9 Foulque macroule. .. ... Fulica atra......... 197

EXPLICATION DE LA PLANCHE 19

Grandeur 1/4 nature

1 Héron pourpré. ....   Ardea purpurea.. 201

2 Héron cendré..........   Ardea cinerea........... 199

3 Héron garde-bœuf. ....   Ardea bubulcus.. 201

4 Héron crabier..........   Ardea comata......,.. .. 202

5 Héron blongios... ....   Ardea minuta........... 205

6 Cigogne noire.. .. ..   Ciconia nigra.... 207

7 Grue cendrée ....   Grus cinerea 205

8 Spatule.......... ....   Platalea leucorodia 207

9 Ibis falcinelle.... ....   Ibis fascinellus 209

10 Courlis cendré..... ...   Numenius arquata.. 209

11 Courlis corlieu.........   Numenius minor........ . 210

PL. 20

EXPLICATION DE LA PLANCHE 20

Grandeur 1/2 nature

1 Barge commune .... Limosa œgocephala. 210

2 Barge rousse .... Limosa rufa........ 211

3 Bécassine double. . ... Scolopax major.......... 212

4 Petite bécassine... .... Scolopax gallinula 212

5 Bécassine ordinaire .... Scolopax gallinago 211

6 Bécasse ordinaire..... . Scolopax rusticola... 213

7 Chevalier stagnatile.. .. Totanus stagnatilis 216

8 Chevalier aboyeur ... .. Totanus griseus.......... 216

9 Chevalier arlequin...... Totanus fuscus 215

10 Chevalier gambette..... Totanus calidris 217

EXPLICATION DE LA PLANCHE 21

Grandeur 2/3 nature

1-2 Chevalier sylvain..... Totanus glareola........ 218

3 Chevalier cul-blanc... . Totanus ochropus... 218

4 Chevalier guignette..... Totanus hypoleucos....... 219

5 Bécasseau violet. ... .. Tringa maritimus........ 222

6 Bécasseau maubèche.... Tringa canutus. 221

7 Bécasseau brunette..... Tringa cinclus........... 223

8 Bécasseau cocorli ...... Tringa subarcuata 222

9 Chevalier combattant... Machetes pugnax 220

10 Bécasseau temmia ...... Tringa temmincki........ 224

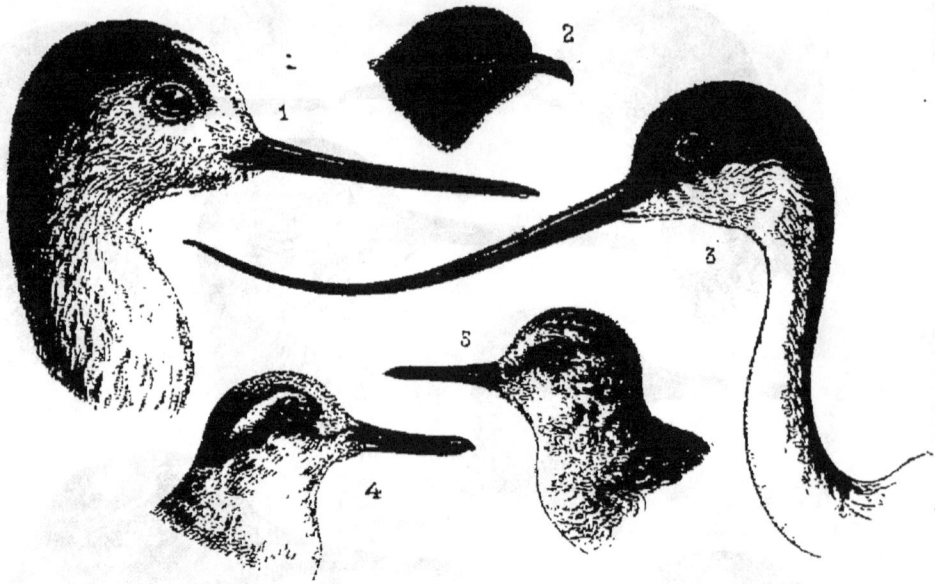

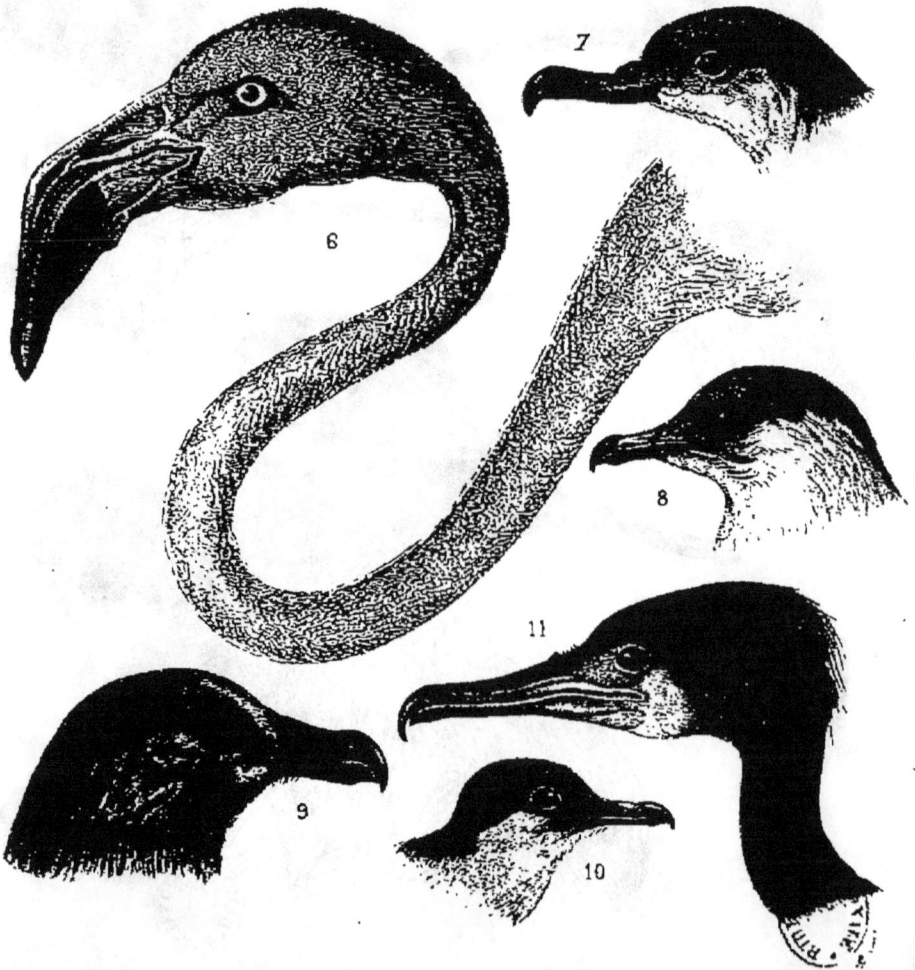

EXPLICATION DE LA PLANCHE 22

Grandeur 1/2 nature

1 Echasse manteau noir... Himantopus melanopterus. 228

2 Thalassidrome tempête.. Thalassidroma pelagica... 232

3 Avocette.............. Recurvirostra avocetta.... 227

4 Phalarope platyrhinque. Phalaropus fulicarius..... 225

5 Sanderling des sables .. Calidris arenaria...... ... 225

Grandeur 1/4 nature

6 Flamant rose .... Phenicopterus roseus....∴ 229

7 Puffin cendré,......... Puffinus cinereus........ 232

8 Stercoraire des rochers . Stercorarius pomarinus... 231

9 Stercoraire cataracte.... Stercorarius cataractes ... 231

10 Stercoraire longicaude.. Stercorarius longicaudus.. 232

11 Cormoran ordinaire..... Phalacrocorax carbo...... 234

EXPLICATION DE LA PLANCHE 23

Grandeur 1/3 nature

1 Goéland mélanocéphale.   Larus melanocephalus.... 239

2 Goéland pygmée. ......   Larus minutus. 244

3 Goéland tridactyle . ...   Larus tridactylus 243

4 Goéland rieur ....   Larus ridibundus........ 243

5 Goéland cendré.... ....   Larus canus............ 242

6 Goéland argenté.. .....   Larus argentatus...... .. 241

7 Goéland brun..........   Larus fuscus............. 240

8 Goéland marin.........   Larus marinus........... 240

9 Goéland railleur ... ...   Larus gelastes. 242

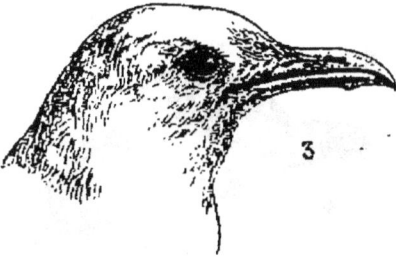

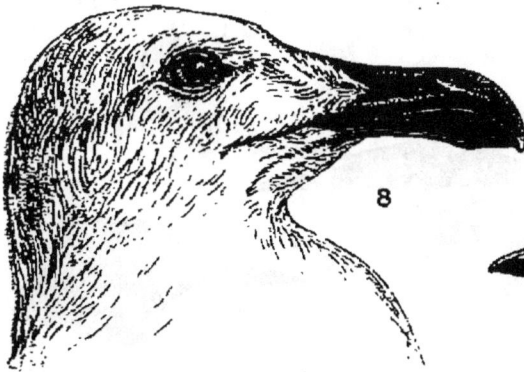

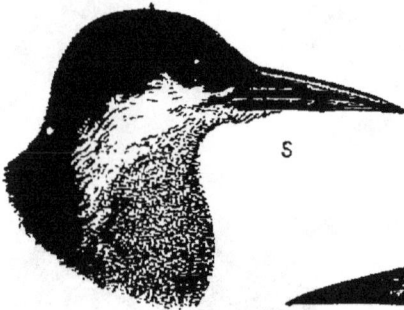

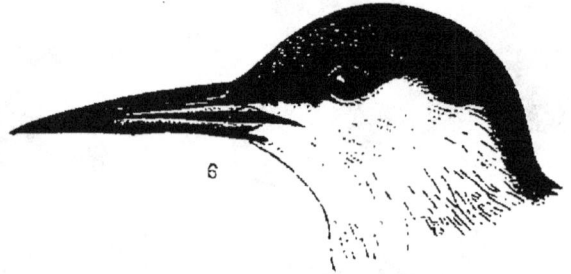

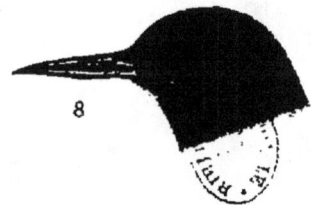

EXPLICATION DE LA PLANCHE 24

Grandeur 1/2 nature

1 Sterne petite........... Sterna minuta........... 247

2 Sterne hansel .... Sterna anglica........ . 245

3 Sterne leucoptère....... Hydrochelidon nigra...... 248

4 Sterne Dougall... . ... Sterna Dougallii......... 247

5 Sterne moustac........ Hydrochelidon hybrida... 249

6 Sterne Pierre Garin.. .. Sterna hirundo...... 246

7 Sterne caugek......... Sterna cantiaca..... 245

8 Sterne épouvantail...... Hydrochelidon fissipes.... 248

EXPLICATION DE LA PLANCHE 25

Grandeur 1/4 nature

1 Canard pilet........... Anas acuticauda... 266

2 Canard sauvage........ Anas boschas.... 262

3 Canard tadorne........ Anas tadorna........... 259

4 Canard souchet...... .. Anas clypeata 260

5 Oie cravan.... .... Anser brenta........... 256

6 Oie bernache .... Anser leucopsis 256

7 Oie vulgaire ou sauvage. Anser segetum 255

8 Oie cendrée. .... Anser cinereus... 255

9 Oie rieuse à front blanc. Anser albifrons......... 255

Grandeur 1/6 nature

10 Cygne domestique...... Cygnus mansuetus. 251

11 Cygne sauvage .... Cygnus ferus 252

12 Cygne de Bewick....... Cygnus minor 253

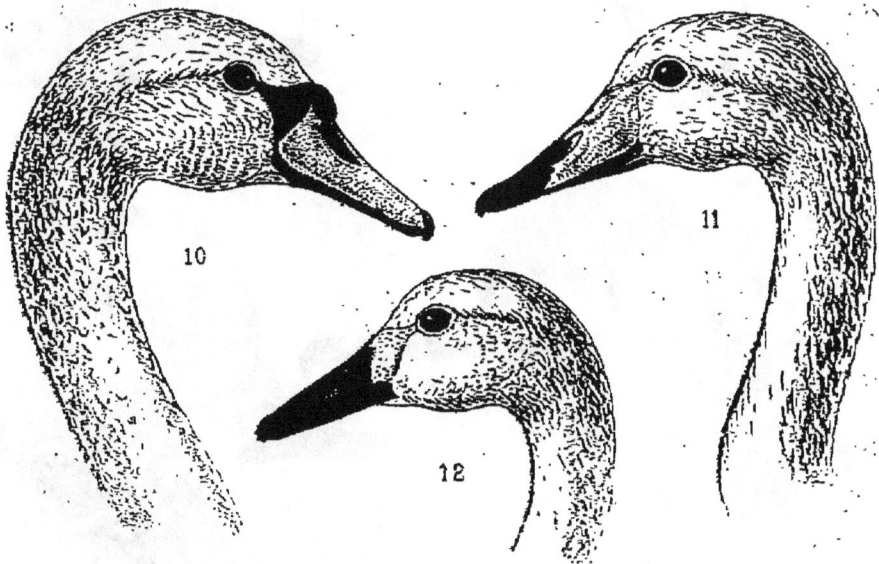

PL. 26

EXPLICATION DE LA PLANCHE 26

Grandeur 1/3 nature

1 Sarcelle d'été ... . Anas querquedula 267

2 Sarcelle d'hiver........ Anas crecca 268

3 Canard morillon ... . Anas cristata. 269

4 Canard milouinan..... . Anas marila.... 270

5 Canard milouin . . ... Anas ferina.... 271

6 Canard garrot.......... Anas clangula.. 274

7 Canard macreuse noire.. Anas nigra............. .. 274

8 Harle piette........... Mergus albellus 278

9 Harle bièvre........... Mergus merganser.... ... 278

10 Harle huppé........ ... Mergus serrator 279

EXPLICATION DE LA PLANCHE 27

Grandeur 1/3 nature

1 Grèbe jougris.......... Podiceps grisegena..... · 282

2 Grèbe huppé.......... Podiceps cristatus... 281

3 Guillemot troile......... Uria troile.............. 286

4 Plongeon catmarin .. ... Colymbus septentrionalis. 285

5 Pingouin torda......... Alca torda..... 288

6 Macareux moine......... Fratercula artica 287

Grandeur 1/2 nature

7 Grèbe castagneux....... Podiceps minor.......... 283

8 Grèbe oreillard .... Podiceps auritus.. 282

9 Guillemot grylle. ...... Uria grylle 286

10 Mergulle nain .... Mergulus alle............ 287

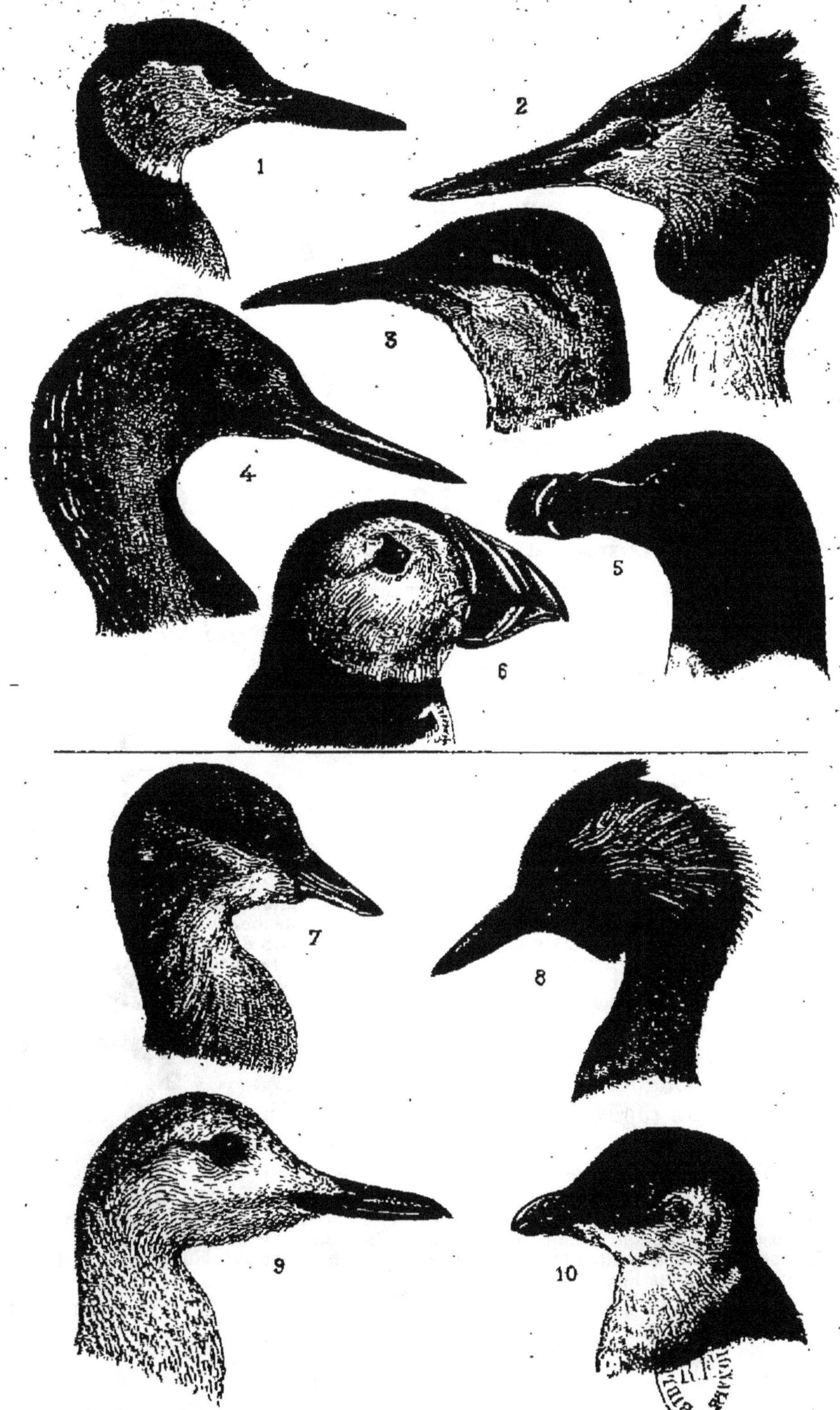
1
2
3
4
5
6
7
8
9
10

INSTRUMENTS

pour la

PRÉPARATION DES ANIMAUX

et leur

CLASSEMENT EN COLLECTION

En vente :

chez Émile DEYROLLE, naturaliste

46, Rue du Bac, à Paris

Extrait du Catalogue général de la Maison qui est adressé franco sur demande.

Argile smectique pulvérisée, le kilogr. **1 75**

Benzine rectifiée, la bouteille **0 40**, le litre........ **2 25**

Pour dégraisser les mammifères, les oiseaux, les insectes et tous les objets d'histoire naturelle, le meilleur ingrédient, n'altérant pas les couleurs les plus délicates des papillons eux-mêmes, c'est **la benzine**, mais elle doit être spécialement rectifiée. Lorsque l'animal à nettoyer a été immergé ou lavé avec ce liquide, il est bon de le sécher vivement; pour cela, en se sert **d'argile smectique pulvérisée** dans laquelle on enterre l'objet s'il n'est pas trop volumineux, sans craindre pour sa fragilité ou ses couleurs ; s'il est trop grand on étend l'argile sur la place mouillée ; la même argile peut servir à un grand nombre d'opérations.

Ciseaux droits (fig. 43) petit modèle, de 14 centimètres de longueur .... **2 »**

Ciseaux droits (fig. 43) de 18 centimètres de longueur. **2 75**

—   — (fig. 44) fins pour préparations anatomiques délicates....................................... **2 50**

Les ciseaux ordinaires ont généralement l'axe des deux branches trop près des oreilles, ce qui ôte une grande sûreté de main et ne permet pas les opérations délicates, comme sont obligés d'en faire à tout instant les personnes qui s'occupent d'histoire naturelle ; ces modèles spéciaux sont donc indispensables aux naturalistes.

*

Ciseaux courbes (fig. 45) de 15 cent. de longueur... **2 »**

—   —   —   de 18 cent. de longueur... **2 75**

—   —   (fig. 46) fins pour préparations anatomiques... **2 50**

Pour dépouiller les oiseaux ou les petits mammifères, il est nécessaire d'avoir des ciseaux dont les lames recourbées permettent de pénétrer entre les articulations.

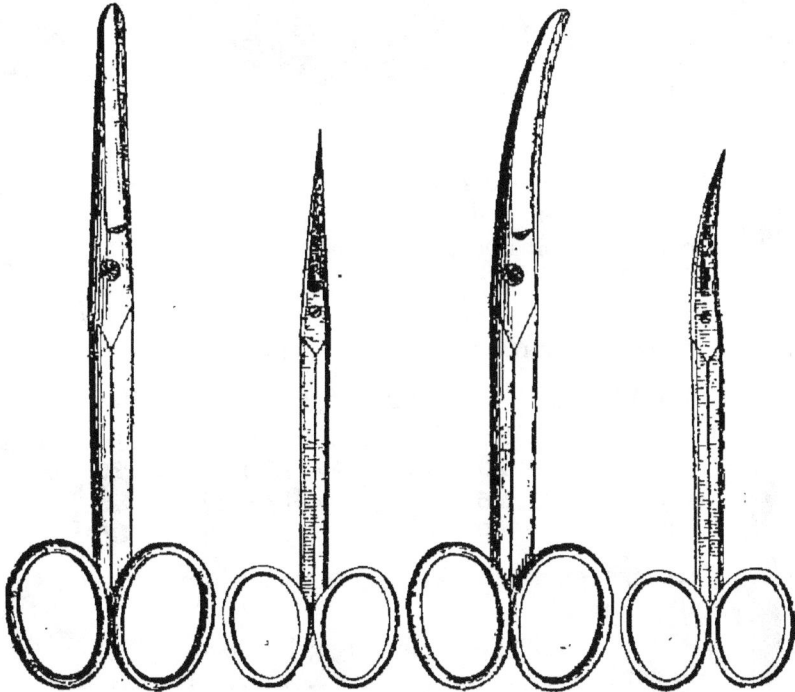

Fig. 43   Fig. 44   Fig. 45   Fig. 46

Fig. 47

Ciseaux très forts, grand modèle (fig. 47) .... **6 »**

Dans le montage des animaux on a besoin d'une paire de ciseaux très solides, soit pour couper la filasse ou le coton qui sert de bourre, soit pour dédoubler les peaux et enlever le muscle épidermique souvent fort adhérent.

Couteau de naturaliste (fig. 50), pour dépouiller les grands animaux.. .... **1 50**

Fig. 50

Cure-Crâne en buis (fig. 54)............... » **45**
— en acier....................... **1 25**

Cet instrument sert retirer à la cervelle du crâne des animaux qu'on veut conserver.

Fil de fer de 1re qualité, ne cassant pas, fabrication spéciale pour le montage des animaux.

Numéros de la jauge de Paris (fig. 88).

N° 1....... **1 25** le kilo	N°s 9 à 11. **1** » le kilo
» 2 et 3... **1 20** »	» 12 à 14. » **70** »
» 4....... **1 15** »	» 15 à 17. » **85** »
» 5 et 8.. **1 10** »	» 18 à 30. » **80** »

Carcasse en fil de fer avec anneaux pour le montage des oiseaux.

Oiseaux-mouches et souimanga, la pièce » **25** ;
le cent... **20** »

La taille du moineau au merle, la pièce » **30** ;
le cent... **25** »

La taille de la pie au toucan, la pièce » **40** ;
le cent... **35** »

La buse et tailles similaires, la pièce » **60** ;
le cent... **55** »

Le milan, la pièce » **85** ; le cent .... **80** »

Le grand-duc et tailles similaires, la pièce ... **1 50**

Taille de l'aigle **4** francs, du vautour **4 25**, du condor **4 50**

Ces montures sont exactement les mêmes que celles que nous employons dans nos ateliers de taxidermie, la grosseur du fil de fer est proportionnée à la taille de l'oiseau.

Fig. 54

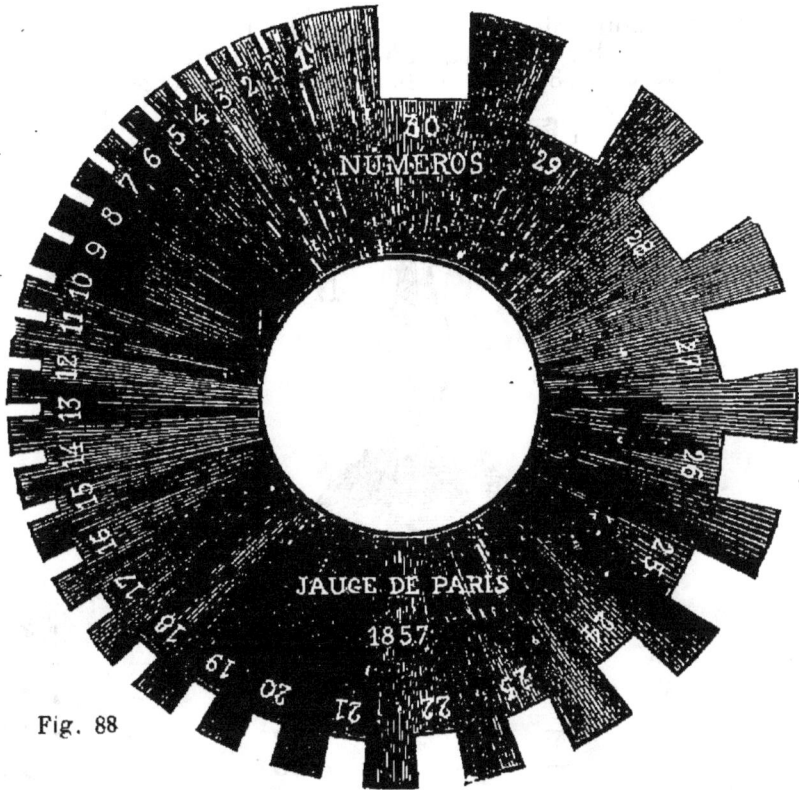

Fig. 88

Lime acier fondu, 1er qualité, bàtarde, 12 c/m 1/2 avec manche **1** »

—	—	—	—	—	15	—	—	**1 55**
—	—	—	—	—	17	—	—	**1 75**
—	—	—	—	douce,	12	—	—	**1** »
—	—	—	—	—	15	—	—	**1 50**
—	—	—	—	—	17	—	—	**1 50**
—	—	—	—	1/2 douce,	17	—	—	**1 75**

Lime acier fondu, triangulaire dite *tiers-point* (fig. 106) **1 50**

Fig. 106

Lime acier fondu, ronde, dite *queue de rat* (fig. 107).. **1 50**

Fig. 107

Perchoirs pour oiseaux (fig. 152). La hauteur du perchoir
se mesure depuis le bas du plateau jusqu'au haut du T.
Le numéro 0 a 32 mill. de haut: le numéro 20 246 mill.

Fig. 152

Nᵒˢ		42 millimètres...		brut			noir vernis		
	0	42 millimètres...	—	brut	» 20		noir vernis	» 25	
»	1	46	—	—	» 25		—	» 30	
»	2	52	—	—	» 25		—	» 30	
»	3	57	—	—	» 25		—	» 35	
»	4	64	—	—	» 30		—	» 35	
»	5	70	—	—	» 30		—	» 35	
»	6	78	—	—	» 30		—	» 35	
»	7	85	—	—	» 30		—	» 35	
»	8	91	—	—	» 35		—	» 40	
»	9	102	—	—	» 35		—	» 45	
»	10	106	—	—	» 45		—	» 55	
»	11	117	—	—	» 50		—	» 60	
»	12	129	—	—	» 55		—	» 65	
»	13	141	—	—	» 75		—	» 95	
»	14	154	—	—	» 80		—	1 »	
»	15	167	—	—	1 »		—	1 15	
»	16	181	—	—	1 20		—	1 35	
»	17	196	—	—	1 50		—	1 75	
»	18	211	—	—	1 75		—	2 »	
»	19	228	—	—	2 25		—	2 50	
»	20	246	—	—	2 50		—	2 75	

Perforateur en acier pour trouer les œufs d'oiseaux et les vider.

Petit modèle (fig. 154), **1 25**; grand modèle (fig. 153), **1 75.**

Pour percer les œufs d'oiseaux et les vider on se sert d'un instrument en acier à côtes saillantes qui permettent de faire un trou sans éclater l'œuf, ce qui arrive le plus souvent sans cet instrument.

Fig. 153   Fig. 154   Fig. 159   Fig. 162

Pinces à pointes fines nouveau modèle supérieur (fig. 159) **1 75**

Il est une foule d'objets qu'on ne saurait prendre avec les doigts sans les abîmer; une bonne paire de pinces avec les bouts s'appliquant très exactement est donc un instrument indispensable.

Pinces brucelles (fig. 162) ordinaires de 11 cent.

» **40.**, de 15 cent. . . . . » **75**

Pince coupante sur le côté de 14 cent. de long. (fig. 163) **2 50**

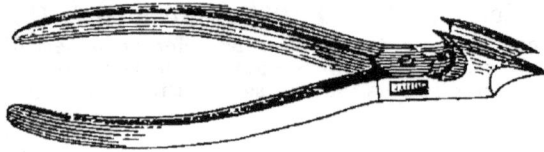

Fig. 163

Pince coupante de 13 cent. de longueur (fig. 164) **2 50**
    —   anglaise 1re qualité, de 17 cent. de long. **3 25**

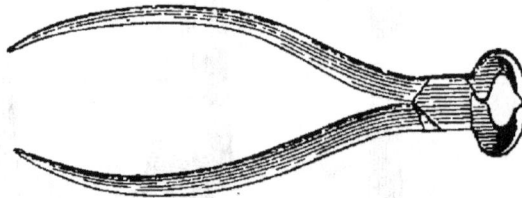

Fig. 164

Pince à corroyeur (fig. 165), pour étendre les peaux de mammifères pour les préparer **2 50**

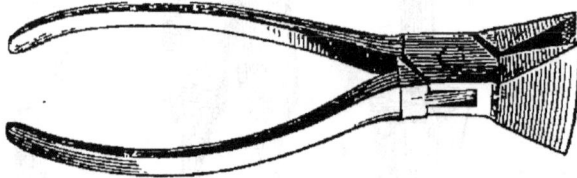

Fig. 165

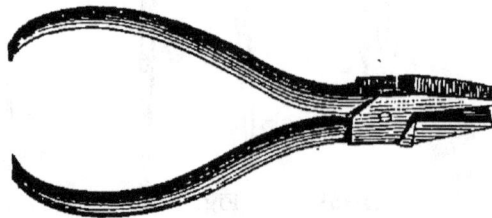

Fig. 166

Pinces à mors plats (fig. 166) de 13 cent. de long.
  1 10, de 18 cent. **2 25**
Pinces à mors plats fortes de 20 cen . de long **3 50**

Pince à dissection, à bouts droits, taillés intérieurement a leur extrémité (fig. 172)........ .... **2** »

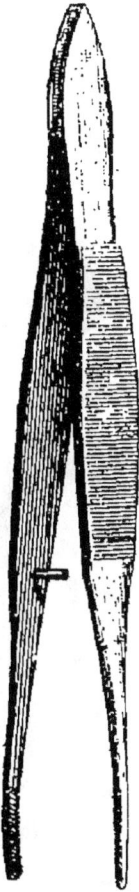

Fig. 172   Fig. 174   Fig. 175

Pince longue de 25 cent., pour chasse, (fig. 174), **2 50**, de 35 cent..................... .... **3 50**

Les pinces ordinaires sont souvent trop courtes pour fouiller dans les trous d'arbres ou de rocher, celle-ci est des plus utiles aux naturalistes dans une foule de cas ; elle sert aussi à bourrer les animaux lorsqu'on les met en peau ou qu'on les prépare.

Pince longue à oreilles en forme de ciseaux, de 30 cent. (fig. 175)............. .... **3 50**

Pinceaux de plumes pour coller les petits objets .... » **75**

Fig. 180

Fig. 177   Fig. 178   Fig. 179

Pinceaux en martre, très fins, avec virole de » **50** à   » **75**

Pinceaux blaireau, pour épousseter, avec virole métal (fig. 177)... » **40**

Pinceaux pour étaler le savon arsenical sur les peaux, (fig. 178), de » **50** à............................. **1** »

Pinceaux raides pour nettoyer (fig. 179) de » **40** à .. » **75**

Pipettes en verre de diverses dimensions, pour vider les œufs d'oiseaux (fig. 180, page 40)............. » **45**

Savon arsenical pour la préparation des peaux d'animaux, durci en pain, pour voyageurs, le kilogramme..... **4 50**

Scalpels petit modèle............................. **1 25**

Fig. 190

Fig. 191

Fig. 192

Fig. 193

Scalpels lame fixe manche ébène, modèle ordinaire, 1 ou 2 tranchants (fig. 190 à 193)............ **1** »

Les mêmes, grand modèle, 1 ou 2 tranchants **1 20**

Fig. 198

Scies à os et métaux de **8** à.... **15** »

Télégraphe pour placer les oiseaux, pendant la préparation, sur un perchoir mobile, où ils peuvent être facilement tournés en tous sens (fig. 198)...... **12** »

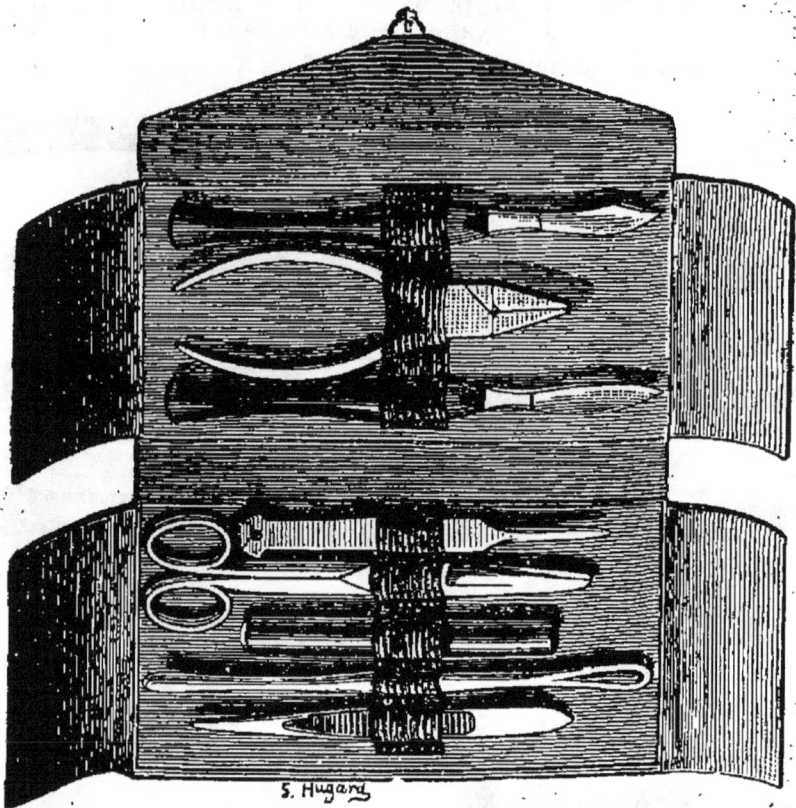

Fig. 201

Trousse de Taxidermie de poche , portefeuille élégant, avec
fermoir en maillechort (fig. 201) contenant :

    1 paire ciseaux courbes,

    1 pince brucelles.

    1 étui à aiguilles.

    1 pince à mors plats.

    1 cure-crâne.

    1 pince à dissection.

    2 scalpels.

    La trousse complète . . . . **15** »

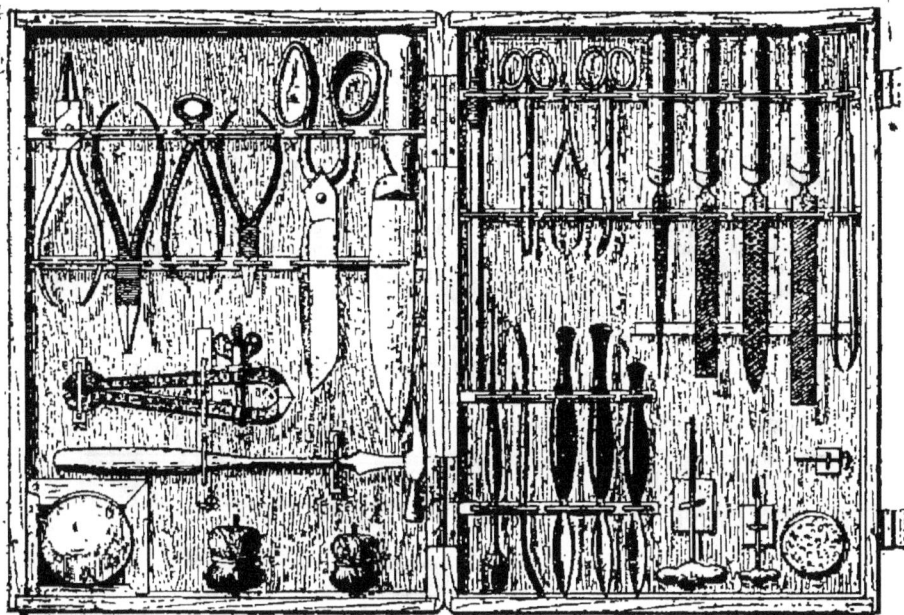

Fig. 202

Trousse de Taxidermie complète, dans une boîte de chêne poli et ciré, de 35 cent. de large, et 9 cent. de hauteur, avec poignée, charnières et fermeture en cuivre renfermant :

2 scapels.	1 cure-crâne.
1 pot avec savon arsenical.	1 marteau.
1 lime.	1 pince brucelles.
1 râpe en bois.	1 pinceau.
1 pince coupante.	1 blaireau.
1 pince à mors plats.	3 vrilles assorties.
1 paire ciseaux courbes.	La trousse complète. **25** »

Trousses complètes de Taxidermie (fig. 202) de **50** à **250** fr.

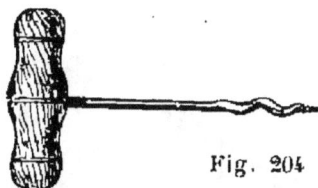

Fig. 204

Vrille (fig. 204) .... de » **25** à **7 50**

YEUX D'ÉMAIL

FABRICATION ARTISTIQUE

Les yeux qui sont fabriqués dans nos ateliers pour l'usage spécial de nos taxidermistes n'ont rien de commun avec ceux des emailleurs qui ne s'étant jamais occupés d'histoire naturelle, ni de la préparation des animaux, ne se doutent même pas des difficultés de placement que présentent les yeux qu'ils font avec pupille irrégulière, l'iris trop grêle et mal conformé. Nos modèles, dont nous employons une quantité considérable, sont spécialement fabriqués par un naturaliste et pour des naturalistes ; ils ne présentent donc aucun des inconvénients de ceux faits par des ignorants du métier.

YEUX DE COULEUR POUR OISEAUX, REPTILES ET POISSONS

Les numéros correspondent au diamètre en millimètres.

NUMÉROS	YEUX D'OISEAUX		REPTILES	POISSONS Prix par paire
	Prix par 100 paires	Prix par paire		
1	6f50	» 10		» 20
2	7 »	» 10		» 20
3	7 50	» 10		» 20
4	8 »	» 10		» 20
5	8 50	» 10		» 25
6	9 »	» 10		» 30
7	10 »	» 15		» 35
8	11 »	» 15		» 40
9	12 »	» 15		» 45
10	14 »	» 20		» 50
11	16 »	» 20		» 55
12	18 »	» 20		» 60
13	25 »	» 25		» 65

YEUX D'ÉMAIL (suite)

NUMÉROS	YEUX D'OISEAUX			REPLILES POISSONS Prix par paire	
	Prix par 100 paires		Prix par paire		
14......	33 f	»	» 35	»	70
15.....	40	»	» 45	»	75
16.....	50	»	» 55	»«	80
17....	65	»	» 70	1	»
18. ...	80	»	»» 85	1	30
19...	90	»	» 95	1	60
20...	110	»	1 20	2	»
21	150	»	1 65	2	25
22	160	»	1 80	2	50
23...... ...	250	»	2 75	2	75
24.....	275	»	3 »	3	»
25.....	300	»	3 25	3	50
26 Grand Duc..........			4 »		

(Voir page suivante les remarques concernant les yeux d'oiseaux, de reptiles et de poissons)

YEUX DE COULEUR POUR OISEAUX, REPTILES ET POISSONS

Les yeux de couleur dont le tarif est ci-contre, ont la pupille ronde et noire, l'iris varie de couleur, il est jaune paille, jaune citron, orange, carmin, rouge vif, rouge brique, noisette, sépia, brun foncé, blanc, vert, bleu franc, bleu cendré. Les yeux de poissons sont moins convexes que les yeux d'oiseaux ; les reptiles ont la pupille ronde ou ovale, l'iris brun ou bronzé.

Nous prions nos clients d'indiquer très exactement le numéro et la couleur, plutôt que l'espèce d'animal auquel ils destinent les yeux, il y a souvent des variations considérables que nous ne pouvons apprécier.

A moins d'ordre précis, nous les assortissons suivant les applications les plus fréquentes dans la contrée d'où provient la commande.

YEUX NOIRS

Les yeux noirs n'ont ni iris ni pupille distincts, ils sont en émail entièrement noir ; ceux de notre fabrication sont supérieurs en ce que l'émail est parfaitement noir, sans irisation ni bleuté ; de plus, ils ne sont pas fragiles comme ceux faits avec des émaux de qualité inférieure.

Les numéros correspondent au diamètre en millimètres (voir tarif ci contre pour les yeux de couleur pour oiseaux pour se rendre compte des dimensions des numéros.)

Nº	1	Les 100 paires	1	»	La paire	» 05
—	2	—	1	»	—	» 05
—	3	—	1 50		—	» 05
—	4	—	2	»	—	» 05
—	5	—	2 50		—	» 05
—	6	—	3 25		—	» 10
—	7	—	4 50		—	» 10
—	8	—	6	»	—	» 10
—	9	—	7	»	—	» 10
—	10	—	8	»	—	» 10
—	11	—	10	»	—	» 15
—	12	—	12	»	—	» 20
—	13	—	13	»	—	» 20
—	14	—	15	»	—	» 20
—	15	—	19	»	—	» 25
—	16	—	25	»	—	» 30
—	17	—	40	»	—	» 50
—	18	—	55	»	—	» 95
—	19	—	80	»	—	1 »
—	20	—	110	»	—	1 25

YEUX DE MAMMIFÈRES

Les numéros correspondent au diamètre des iris en millimètres

Numéros	Prix par paire
9	» 35
10	» 35
11	» 40
12	» 45
13	» 50
14	» 55
15	» 65
16	» 75
17	» 85
18	1 »
19	1 25
20	1 50
21	2 »
22	2 50
23	3 »
24	3 50
25	4 »
26	4 50
27	5 »
28	5 50
29	6 »
30	6 50
31	7 »
32	8 »
33	9 »
34	10 »

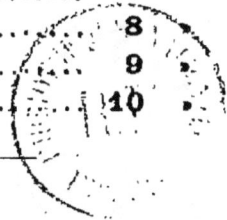